DIE NEUE BREHM-BÜCHEREI

666

gefördert durch

Bayer CropScience Deutschland GmbH, Langenfeld
Scotts Celaflor GmbH & Co. KG, Mainz
W. Neudorff GmbH KG, Emmerthal
und
Syngenta Agro GmbH, Maintal

MOVENTO®

2×SYS

**Systemische 2-Wege-Schädlingsbekämpfung:
Das Ende des Versteckspiels**

Profitieren Sie von einem Insektizid
mit völlig neuer Wirkweise:

- Neuartiger Wirkstoff gegen alle Schildläuse
  und weitere saugende Insekten
- Vollständige, akro- und basipetale Wirkstoff-
  mobilität in der Pflanze (2xSYS)
- Hervorragende langfristige Bekämpfung auch
  versteckter Schädlinge
- Kombinierte Strategien mit Nützlingen möglich
  (vollständige IPM-Tauglichkeit)

**Movento –
das systemische 2-Wege-Insektizid**

Weitere Informationen unter
www.bayercropscience.de

Die Schildläuse

Coccina

und ihre natürlichen Antagonisten

1. Auflage

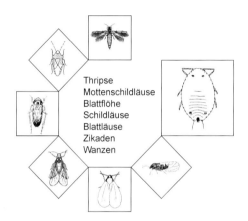

Thripse
Mottenschildläuse
Blattflöhe
Schildläuse
Blattläuse
Zikaden
Wanzen

Heinrich Schmutterer

Pflanzensaftsaugende Insekten – Band 4
Herausgeber: Gerald Moritz

W/V Die Neue Brehm-Bücherei Bd. 666
Westarp Wissenschaften · Hohenwarsleben · 2008

mit 124 Abbildungen, 21 Tabellen, 4 S/W- und 5 Farbtafeln

Titelbild: Kolonie der eingeschleppten Coccide *Pulvinaria regalis* bei der Eiablage an einem Lindenast (Foto: H. SCHMUTTERER).

Alle Rechte vorbehalten, insbesondere die der fotomechanischen Vervielfältigung oder Übernahme in elektronische Medien, auch auszugsweise.

© 2008 Westarp Wissenschaften-
Verlagsgesellschaft mbH, Hohenwarsleben
http://www.westarp.de

Satz und Layout: Alf Zander
Druck und Bindung: Freiburger Graphische Betriebe, Freiburg

Vorwort des Herausgebers zur Buchreihe Pflanzensaftsaugende Insekten

Vor mehr als 200 Millionen Jahren beginnen sich recht vielseitige Beziehungen zwischen Pflanzen und Insekten zu entwickeln. Ein Burgfrieden wird geschlossen, der einerseits den Insekten Nahrung und zahlreiche neue Nischen bietet und sie andererseits als unverzichtbare Boten mit Bestäuberfunktion engagiert.

Die Qualität der Nahrung und die Quantität des hervorgerufenen Schadens üben entscheidenden selektiven Druck auf die Evolution der Höheren Pflanzen aus. Dabei werden die äußerst vielseitigen Wehrstrategien gegenüber phytophagen Insekten immer ausgeklügelter und die Erschließung neuer Ressourcen erfordert neue raffinierte Varianten, wie die Abwandlung ursprünglich kauendbeißender Mundwerkzeuge zu einem hochspezialisierten Stech- und Saugapparat. Dieser dient ähnlich wie die Injektionsnadel bei der Blutspende dem Aussaugen der Wirtspflanze, wobei nach dem Saugakt der Wirt sowie einige angestochene Zellen am Leben bleiben. Eine dritte Liaison wird möglich und erfolgreich geschlossen, da Viren, Bakterien und auch Niedere Pilze die stechendsaugenden Mundwerkzeuge für ihre Verbreitung sehr effektiv nutzen können und sich mit Hilfe der Insekten zu beachtlichen Krankheitserregern etabliert haben.

Aus diesen Gründen schien mir die genauere Betrachtung aller Insektengruppen, die für ihre Ernährung Pflanzenteile mit einem speziell dafür konstruierten Stechapparat aussaugen, besonders interessant.

Die Nutzung einer derartigen Konstruktion zur pflanzlichen Nahrungsaufnahme eint alle in dieser Buchreihe behandelten Taxa, wenngleich qualitativ mit den Stechborsten äußerst unterschiedliche Nahrungsquellen erreicht werden. So sind Phloem- und Xylemsaftsauger hervorragend an die Aufnahme größerer Flüssigkeitsmengen aus den Leitbündeln der Pflanzen durch die Ausbildung von Filterkammern angepasst. Oberflächliche Zellsaftsauger hingegen benötigen wie Xylemsaftsauger kräftige Kopfmuskeln.

Die meisten Vertreter der zu behandelnden Taxa sind sehr klein, ein mögliches Resultat der eng an ihre Wirtspflanzen gebundenen Lebensweise sowie ihrer energetischen Bilanz. So erreichen mit Ausnahme der pflanzensaftsaugenden Wanzen und Zikaden fast alle Vertreter der Fransenflügler, Mottenschildläuse, Schildläuse und Blattläuse nur wenige Millimeter Körperlänge. Ein wahrscheinlich wesentlicher Grund, dass die Erforschung ihrer Biologie noch fast unglaubliche Neuigkeiten bringt und manches Dogma biologischer Anschauung in einem anderen Licht erscheinen lässt.

Diese faszinierende Welt dem Leser näher zu bringen, soll die Hauptaufgabe der 7 Bände über die Biologie pflanzensaftsaugender Insekten sein. Natürlich bemühen sich alle Autoren, den Text verständlich zu schreiben und mit Abbildungen zu erläutern. Jedoch liegt es in der Materie des Vorhabens, dass der interessierte Leser manchmal gezwungen sein wird, vertiefende und ergänzende Literatur zu verwenden und interessante Vernetzungen von Zusammenhängen erst durch das Studium aller Bände dieser Buchreihe erkannt werden.

Die Schildläuse stellen mit wahrscheinlich 6500 bis 7500 weltweit beschriebenen Arten ein vor allem durch ihren extremen Sexualdimorphismus spannendes und biologisch sowie auch in wirtschaftlicher Hinsicht äußerst interessantes Insektentaxon dar. Dem Autor gelingt es hervorragend, die faszinierende Biologie der zu den Pflanzenläusen gehörenden Schildläuse darzustellen. Kaum ein anderes Taxon zeigt in dieser vollkommenen Perfektion, welche spezifischen Wege die Evolution gehen und wie weit vom Bauplan des sogenannten typischen Insekts und von dessen Biologie abgewichen werden kann. Mit der vorliegenden monographischen Bearbeitung der Schildläuse liegt ein weiteres, für den deutschsprachigen Raum herausragendes Nachschlagewerk in der Reihe "Pflanzensaftsaugende Insekten" vor.

Es sei mir gestattet an dieser Stelle dem Autor, Herrn Prof. Dr. Schmutterer, für diesen exzellenten Band und dem Verlag im Namen aller Autoren für die Unterstützung unseres Vorhabens zu danken. Ein Dank der besonderen Art gilt unseren Sponsoren, die entscheidend die Herausgabe und das Erscheinungsbild des Bandes beeinflussen.

Oktober 2008   Gerald Moritz

Schildläuse bekämpfen mit

Naturen Austriebsspritzmittel

- Gegen die Überwinterungsstadien von Spinn- und Gallmilben, sowie gegen Schild-, Woll- und Blattläuse
- Eiabtötende Wirkung
- Nützlings- und bienenschonend

Naturen Schildlausfrei
- Gebrauchsfertiges Mittel speziell gegen Schildläuse! Wirkt auch gegen Blatt- und Wollläuse, Weiße Fliegen sowie Spinnmilben
- Keine Wartezeit
- Nicht bienengefählich

Naturen Pflanzenspray Hortex Neu
- Gebrauchsfertiges Spray gegen saugende Schädlinge wie Schild-, Blatt- und Wollläuse, Weiße Fliegen sowie Spinnmilben
- Für Zimmer-, Balkon- und Kübelpflanzen

Pflanzenschutzmittel und Biozide sicher verwenden, vor Gebrauch stets Kennzeichnung und Produktinformationen lesen.

 – **Pflanzenschutz Kraft der Natur**

Inhaltsverzeichnis

1	**Einleitung**		14
2	**Historischer Abriss**		20
3	**Stammesgeschichte und Systematik**		24
3.1	Stammesgeschichte		24
3.1.1	Paläontologie		24
3.1.2	Phylogenetische Überlegungen		28
3.2	Systematik		30
3.2.1	Überblick		30
3.2.2	Kurzbeschreibung und Bestimmungstabelle der Weibchen in Deutschland festgestellter Schildlausfamilien		33
3.2.2.1	Kurzbeschreibung		33
3.2.2.2	Bestimmungstabelle der Überfamilien und Familien		38
3.2.3	Systematische Übersicht über die in Deutschland im Freiland (F) lebenden sowie die an Gewächshaus-, Innenbegrünungs- und Zimmerpflanzen (GIZ) nachgewiesenen eingeschleppten Familien, Gattungen und Arten		41
4	**Dispersion und geographische Verbreitung**		109
4.1	Dispersion		109
4.2	Geographische Verbreitung		112
5	**Morphologie und Anatomie**		114
5.1	Morphologie		114
5.1.1	Weibchen		114
5.1.2	Männchen		117
5.2	Anatomie		125

5.2.1	Verdauungsorgane (und Exkretion)	125
5.2.2	Atmungssystem	126
5.2.3	Kreislaufsystem	127
5.2.4	Nervensystem	127
5.2.5	Innere Geschlechtsorgane	127
5.2.6	Hautdrüsen (und Sekretproduktion)	132
6	**Postembryonale Entwicklung, Schildbildung, Häutungen, Zahl der jährlichen Generationen und Überwinterung**	**139**
6.1	Entwicklungsgang beim Weibchen	139
6.2	Entwicklungsgang beim Männchen	141
6.3	Männchenschild- und Männchenkokonbildung	154
6.3.1	Männchenschilde bei Cocciden	154
6.3.2	Männchenkokons bei Pseudococciden und anderen Familien	154
6.4	Schildbildung und Tarnverhalten bei Diaspididen	155
6.4.1	Schildbildung	155
6.4.2	Tarnverhalten	156
6.5	Häutungen	156
6.6	Zahl der jährlichen Generationen	157
6.7	Überwinterung	158
7	**Fortpflanzung**	**161**
7.1	Bisexuelle Fortpflanzung	161
7.1.1	Sexualpheromone der Weibchen	163
7.1.2	Kopulation	163
7.2	Parthenogenetische Fortpflanzung	164
7.3	Bisexualität und Parthenogenese bei der gleichen Art	164
7.4	Zwittertum (Bisexualität und Parthenogenese beim gleichen Individuum)	165
7.5	Eiersackbildung und Eiablage	166

7.5.1	Bildung des Eiersackes	166
7.5.2	Viviparie – Ovoviviparie – Oviparie	167
7.5.3	Eiablage	168
7.5.4	Zahl der Eier (Nachkommen)	170
8	**Ökologie**	**173**
8.1	Abiotische Umweltfaktoren	173
8.2	Biotische Umweltfaktoren	175
8.2.1	Wirtspflanze	175
8.2.1.1	Erkennen der Wirtspflanze	175
8.2.1.2	Ernährungsformen	175
8.2.1.3	Wirtspflanze – Brutpflanze – Nährpflanze – Eiablagepflanze	176
8.2.1.4	Wirtspflanzenwahl nach Pflanzenarten	177
8.2.1.4.1	Monophage Arten	177
8.2.1.4.2	Oligophage Arten	178
8.2.1.4.3	Polyphage Arten	179
8.2.1.5	Wirtspflanzenwahl nach Pflanzenfamilien	180
8.2.1.6	Besiedelte Teile der Wirtspflanze	188
8.2.1.7	Wechsel der besiedelten Wirtspflanzenteile in Abhängigkeit von der Jahreszeit	192
8.2.1.8	Favoritenpflanzen	193
8.2.2	Natürliche Antagonisten	194
8.2.2.1	Vorbemerkungen	194
8.2.2.2	Parasiten	194
8.2.2.2.1	Entomopathogene Pilze	194
8.2.2.2.2	Nematoden	195
8.2.2.3	Prädatoren (Räuber)	195
8.2.2.3.1	Acari, Milben	195

8.2.2.3.2	Heteroptera, Wanzen	195
8.2.2.3.3	Lepidoptera, Schmetterlinge	196
8.2.2.3.4	Neuroptera, Netzflügler	196
8.2.2.3.5	Coleoptera, Käfer	196
8.2.2.3.6	Diptera, Zweiflügler (Mücken und Fliegen)	199
8.2.2.3.7	Aves (Vögel) und Mammalia (Säugetiere)	200
8.2.2.4	Parasitoide	200
8.2.3	Beziehungen zu Ameisen (Trophobiose)	210
8.2.4	Endosymbiose mit Mikroorganismen	217
8.2.5	Intra- und interspezifische Konkurrenz	219
8.2.6	Populationsdynamik (Massenwechsel)	220
8.2.7	Biotopansprüche	223
8.2.7.1	Waldbiotope	223
8.2.7.2	Feuchtbiotope	224
8.2.7.3	Hochgebirgsbiotope	224
8.2.7.4	Biotope in intensiv genutzten Agrarlandschaften	225
8.2.7.5	Steppenartige Biotope	225
8.2.7.6	Heidebiotope	226
8.2.7.7	Biotope in menschlichen Siedlungen	226
9	**Ökonomie**	**228**
9.1	Schädlinge und Nützlinge	228
9.1.1	Schädlinge	228
9.1.2	Nützlinge	233
9.2	Bekämpfung	234
9.2.1	Quarantäne	234
9.2.2	Kulturmaßnahmen	235
9.2.3	Mechanische Bekämpfungsmaßnahmen	236
9.2.4	Biologische Populationsregulierung	236

9.2.4.1	Einsatz von Sexualpheromonen zu Prognosezwecken	236
9.2.4.2	Verwendung von natürlichen Antagonisten (Nützlingen) im Freiland	237
9.2.4.3	Einsatz von Nützlingen in Räumen von Wohnhäusern und in Gewächshäusern	241
9.2.5	Chemische Bekämpfung	244
9.2.5.1	Vorbemerkungen	244
9.2.5.2	Insektizide zur Schildlausbekämpfung	245
9.2.5.2.1	Natürliche Insektizide aus Höheren Pflanzen (incl. Pflanzensamenöle) und Actinomycetenmetaboliten	245
9.2.5.2.2	Mineralöle	245
9.2.5.2.3	Vollsynthetische Produkte	246
9.2.6	Integrierte Bekämfung	248
9.2.7	Insektizidresistenz	249
10	**Sammeln, Haltung und Zucht**	**251**
10.1	Sammeln	251
10.2	Haltung und Zucht	253
10.3	Präparation und Aufbewahrung	254
10.3.1	Präparation	254
10.3.2	Aufbewahrung	256
11	**Naturschutzmaßnahmen für seltene Schildlausarten**	**257**
12	**Danksagung**	**260**
13	**Literaturverzeichnis**	**262**
14	**Glossar**	**269**
15	**Register**	**271**
15.1	Namen der Schildlaustaxa	271
15.2	Namen der Wirtspflanzentaxa	275
15.3	Namen der natürlichen Antagonisten und Trophobiose betreibenden Ameisenarten	276

1 Einleitung

Die Schildläuse (Coccina, Coccinea) sind eine in verschiedener Hinsicht bemerkenswerte Gruppe kleiner, pflanzensaftsaugender Insekten (Ordnung Hemiptera = Schnabelkerfe, Unterordnung Sternorrhyncha = Pflanzenläuse). Mit bisher 151 Freilandarten und ca. 84 weiteren Spezies, die in Deutschland an Gewächshaus-, Innenbegrünungs- und Zimmerpflanzen nachgewiesen worden sind, stellen sie aber nur eine relativ kleine Insektengruppe der deutschen Fauna dar. Dabei ist auch noch zu berücksichtigen, dass die sämtlich aus wärmeren Ländern eingeschleppten, meist nur wenige Jahre vorhandenen Arten, die in Gewächshäusern und an Zimmerpflanzen vorkommen, nicht als voll gültige Angehörige unserer Fauna betrachtet werden können, weshalb sie im vorliegenden Buch auch nur mehr am Rande behandelt werden. Im Mittelmeergebiet und besonders in den Tropen liegt die Artenzahl der Schildläuse bedeutend höher als bei uns. Weltweit sind bisher schätzungsweise 6500 bis 7000 Schildlausarten beschrieben worden; die Zahl der tatsächlich auf der Erde existierenden Spezies dürfte aber noch um ein Mehrfaches höher liegen.

Der deutsche Name Schildläuse (engl. scale insects und mealy bugs) ist dadurch leicht erklärbar, dass bei ihrer größten und gleichzeitig spezialisiertesten Familie, den Echten Schildläusen, Deckelschildläusen oder Austernschildläusen (Diaspididae) ein deckelähnlicher, mit dem Körper nicht fest verbundener Dorsalschild vorhanden ist, der aus Sekreten von Hautdrüsen und Exkreten wie der Malpighischen Gefäße zusammengesetzt ist. Dieser abnehmbare Schild kann als wirksamer Schutz gegen Witterungseinflüsse und andere Umweltfaktoren unter Einschluss natürlicher Feinde angesehen werden.

Zahlreiche, sehr verschieden gebaute, ein- oder mehr- bis vielzellige Hautdrüsen dienen den Schildläusen nicht nur zur Bildung eines deckelartigen Schildes wie bei den Diaspididen, sondern auch zur Erzeugung von meist weiß gefärbtem Wachs oder von anderen Sekreten, die ebenfalls als Schutz vor Benetzung mit Wasser und/oder gegen Transpirationsverluste gedeutet werden können. Die Röhrenschildläuse (Ortheziidae), die Riesenschmierläuse (Putoidae) und manche Wollläuse (Pseudococcidae) produzieren relativ dicke Wachsschichten oder -platten, die am Hinterende der

Ortheziidenweibchen Eiersäcke (Briträume, Marsupien) bilden, in denen die Eier und nach dem Schlüpfen auch die Junglarven für einige Tage aufgenommen werden. Wachsabsonderungen, v.a. in Faden- und Pulverform, erfolgen sonst insbesondere während der Eiablageperiode zur Bildung der Eiersäcke von Pseudococciden, Eriococciden und einigen Cocciden. Viele Cocciden bilden aber keinen Eiersack, sondern schützen ihre Brut dadurch, dass sie auf die stark sklerotisierte Rückenseite ihres Körpers zusammenschrumpfen und so einen napfförmigen »Schild« entstehen lassen, der dann den Eiern für einige Zeit Schutz gewährt. Diese Eigenschaft hat zu dem deutschen Namen Napfschildläuse für Cocciden geführt.

Als eine herausragende Eigenschaft der Schildläuse im Vergleich zu anderen Insekten fällt ihr extremer Sexualdimorphismus besonders auf (Abb. 1, 10, 15, 32, 39).

Die bisher bekannten Männchen haben meist eine bedeutend geringere Größe als die Weibchen. Sie besitzen, wenn sie Flügel haben, nur ein normales Vorderflügelpaar, das mit zwei Adern versehen ist. Hinterflügel fehlen entweder ganz oder sind zu sogenannten Hamulohaltern, d.h. kleinen, stöckchenförmigen, am Hinterende mit Haken versehenen Gebilden umgewandelt (Abb. 1).

Bei manchen Arten, z.B. *Chionaspis salicis* (Diaspididae), kommen geflügelte, stummelflügelige und ungeflügelte Männchen nebeneinander vor. Eine schrittweise Rückbildung der Vorderflügel ist v.a. bei Männchen von Wolläusen mit semi-subterraner Lebensweise wie beispielsweise *Atrococcus achilleae* und *Spinococcus calluneti* festzustellen.

Die flügellosen Weibchen der Schildläuse unterscheiden sich von den Männchen in vieler Hinsicht sehr deutlich. Sie besitzen, wenn man von den besonders spezialisierten Echten Schildläusen (Diaspididae) und Pockenschildläusen (Asterolecaniidae) absieht, in den meisten Fällen gut ausgebildete Fühler und Beine. Manche Weibchen nehmen nach der letzten Häutung eine kugelige, zysten- bis beerenähnliche Gestalt an und besitzen dann auch noch mehr oder weniger stark rudimentäre Antennen und Beine, z.B. die Gattungen *Physokermes* (Coccidae) und *Kermes* (Kermesidae). Bei den Pockenschildläusen und den Deckelschildläusen (Echten Schildläusen) werden Beine und Fühler schon bei der ersten Häutung sehr stark oder vollständig reduziert und der Körper nimmt dann eine annähernd sackähnliche Form an.

Bei der postembryonalen Entwicklung der Schildlausweibchen zeigt sich eine deutliche Tendenz zur Reduzierung der Zahl der Entwicklungsstadien. Bei einigen Napfschildläusen, allen Pockenschildläusen und Echten Schildläusen werden nur zwei Häutungen benötigt, um das Imaginalsta-

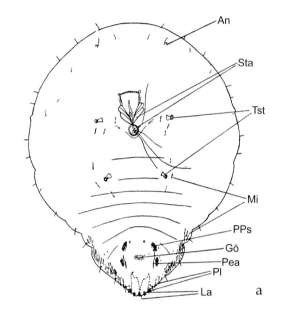

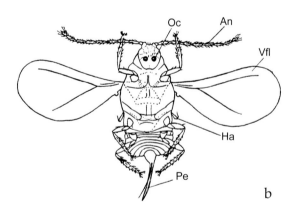

Abb. 1: Extremer Sexualdimorphismus bei Schildläusen am Beispiel der Diaspidide *Diaspidiotus pyri*.

a Weibchen (ventral); An - Antenne, Sta - Stechapparat (Mundwerkzeuge), Tst - Thorakalstigmen, Mi - Mikroporen, PPs - Perivulvare Porenscheiben, Gö - Geschlechtsöffnung. Pea - Perivulvarapophysen, Pl - Platten, La - Lappen.

b Männchen: Oc - Ocelle, An - Antenne, Vfl - Vorderflügel, Ha - Hamulohaltere, Pe - Penis in Penisscheide (nach Dusková 1953, veränd.).

dium zu erreichen. Diese Fähigkeit wird als Neotenie bezeichnet, d.h. die Geschlechtsreife wird schon im Larvenstadium erreicht. Die männlichen Schildläuse haben in der Regel ein bis zwei Entwicklungsstadien mehr als die artgleichen Weibchen.

Die mitteleuropäischen Schildläuse saugen je nach Art an verschiedenen Teilen der Wirtspflanzen, jedoch werden Blätter und Früchte im gemäßigten Klima meist weniger besiedelt, wohl weil sie im Laufe eines Jahres nur zeitweise zur Verfügung stehen. Die jüngeren Larvenstadien mancher Wollläuse, Filzschildläuse und Napfschildläuse finden sich im Frühjahr aber häufiger auch an Blättern und nicht verholzten jungen Trieben, von wo aus sie im Herbst vor dem Blattfall wieder auf verholzte Teile der Wirtspflanzen zurückwandern, wo sie dann überwintern und im Frühjahr ihre Eier ablegen.

Einige Schildlausarten haben dem Menschen schon seit langer Zeit durch verschiedene Produkte direkt oder indirekt genutzt. So wurden Farbstoffe, die von Schildläusen stammen, bereits im Mittelalter verwendet, u.a. Purpurfarbstoff aus der Polnischen Cochenilleschildlaus *Porphyrophora polonica* (Margarodidae) (Abb. 2).

Heute noch werden Dactylopiiden wie *Dactylopius coccus* auf den Kanarischen Inseln und in Mexiko auf Opuntien gehalten und gesammelt, um

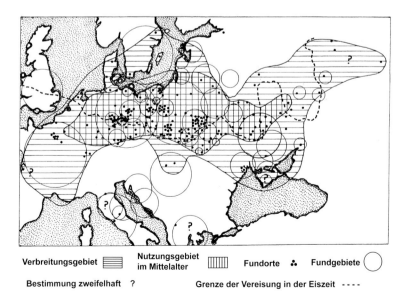

Abb. 2: Verbreitungs- und Nutzungsgebiet der Polnischen Cochenilleschildlaus *Porphyrophora polonica* (Magarodidae) im Mittelalter (nach JAKUBSKI 1965).

Farbstoffe, beispielsweise für Lippenstifte und Campari, einem rot gefärbten alkoholischen Getränk, zu gewinnen. Die Pseudococcide *Trabutina mannipara*, die an Tamarisken auf der Sinai-Halbinsel lebt, wird mit dem biblischen Manna in Verbindung gebracht, das nach der Überlieferung die »Kinder Israels« auf ihrer Wanderung von Ägypten ins »Gelobte Land« vor dem Hungertod bewahrt haben soll (Abb. 3). Manna wird auch heute noch von Nomaden als Süßigkeit verkauft (Kap. 9.1.2). Nordamerikanische Indianer (»red Indians«) verwendeten Weibchen der Cerococcide *Cerococcus quercus* in ähnlicher Weise wie Kaugummis.

Der Honigtau, der von Cocciden der Gattung *Physokermes* abgegeben wird, hat v.a. in nadelwaldreichen Gebieten Mitteleuropas im Frühjahr und Frühsommer eine große ökologische Bedeutung, da er vielen nützlichen Insekten und anderen Tieren als Nahrung dient und sich dadurch positiv auf die Artenvielfalt auswirken kann (Kap. 9.1.2). In modifizierter Form wird er auf dem Weg über die Honigbiene (*Apis mellifera*) als Waldhonig von Menschen genutzt.

Als Schädlinge haben Schildläuse in Mitteleuropa z.B. an Innenbegrünungs- und Zimmerpflanzen Bedeutung, weshalb nicht selten Bekämpfungsmaßnahmen erfolgen. Im Freiland richten sie auch an Obstbäumen und Ziersträuchern häufiger größere Schäden an, besonders die eingeschleppten Deckelschildlausarten *Diaspidiotus perniciosus* (früher *Quadraspidiotus perniciosus*) (San-José-Schildlaus), *Epidiaspis leperii* (Rote Austernschildlaus) und *Pseudaulacaspis pentagona* (Maulbeerschildlaus). In wärmeren Ländern

Abb. 3: Kolonie der Mannaschildlaus *Trabutina mannipara* (Pseudococcidae) von der Halbinsel Sinai (nach Borchsenius 1963).

sind Schildläuse z.B. als Zitrusschädlinge wirtschaftlich besonders wichtig. Hier werden sie oft Jahr für Jahr mit synthetischen Mitteln bekämpft, was zu Rückstandsproblemen v.a. an Früchten führen kann. In den letzten Jahrzehnten des vergangenen Jahrhunderts wurde der Anbau der Wurzelknollenfrucht Maniok (*Manihot utilissima*) in Afrika durch die aus dem tropischen Amerika eingeschleppte Wolllaus *Phenacoccus manihoti* so stark bedroht, dass Milliardenverluste, ja sogar Hungersnöte zu befürchten waren (Kap. 9.2.4.2). Erst durch Massenzucht und Einbürgerung der Encyrtide *Apoanagyrus lopezi*, einem gleichfalls aus dem tropischen Amerika stammenden Parasitoiden, konnte diese Gefahr mit erheblichem finanziellen Aufwand gebannt werden.

Natürliche Antagonisten, v.a. Parasitoide aus den Hymenopterenfamilien Encyrtidae und Aphelinidae, spielen als Regulatoren der Populationsdynamik der Schildläuse überhaupt eine bedeutsame Rolle. In fast jeder Schildlausart entwickeln sich eine oder mehrere Parasitoidenarten, was dazu führt, dass die winzigen Schlupfwespen für die Existenz mancher Schildlausart an bestimmten Standorten oft mitbestimmend sind. Diese Erkenntnis hat den Menschen dazu veranlasst, bei Massenauftreten von Schildläusen an Kulturpflanzen hymenoptere Parasitoide, manchmal auch Prädatoren aus der Käferfamilie Coccinellidae zur biologischen Populationsregulation einzusetzen, oft mit gutem Erfolg. Diese natürlichen Antagonisten sind so eng mit ihren Schildlauswirten verbunden, dass die Betrachtung nur einer der beiden Gruppen für sich allein unbefriedigend bleiben würde. Dies sollte wohl auch im Logo des von Zeit zu Zeit abgehaltenen »International Symposium of Scale Insect Studies« zum Ausdruck kommen, das ein Männchen der Schildlausgattung *Matsucoccus* (als »lebendes Fossil«) auf einer Mumie (parasitierte Schildlaus mit verhärteter Körperhülle; vgl. Kap. 9.2.4.3) eines Diaspididenweibchens mit einem Ausschlupfloch einer parasitischen Amphelinide zeigt.

Im vorliegenden Buch wurde aufgrund der geschilderten Gegebenheiten außer auf die Besprechung der Schildläuse und ihrer Eigenschaften auch auf die ihrer bedeutendsten Antagonisten, insbesondere Parasitoide aus den Hymenopterenfamilien Encyrtidae und Aphelinidae, Wert gelegt.

2 Historischer Abriss

Die Schildläuse haben trotz mancher besonderen Eigenschaft bei deutschen Entomologen in der Vergangenheit nur ein begrenztes, relativ geringes Interesse gefunden, wenn man sie mit anderen, auf den ersten Blick auch attraktiveren, da bunt gefärbten Insekten wie z.b. Libellen, Schmetterlingen und Käfern vergleicht. Aus diesem Grund sind bei einer Aufzählung von Fachleuten, die sich in Deutschland bisher mit Schildlausforschung beschäftigt haben, nur einige wenige zu nennen. Wenn diese Insektengruppe in Mitteleuropa dennoch als einigermaßen ausreichend bekannt gelten kann, ist dies v.a. auch den Arbeiten von Entomologen aus Nachbarländern wie Frankreich, Niederlande, Polen, Tschechien, Schweiz sowie aus England und Ungarn zu verdanken.

Zu den ersten, die sich in Mitteleuropa mit Schildläusen beschäftigt, zunächst v.a. biologische Beobachtungen veröffentlicht und neue Arten beschrieben haben, gehören BOUCHÉ (1833, 1844), HARTIG (1839), RATZEBURG (1844) und BÄRENSPRUNG (1849). Später, d.h. um die Wende zum 20. Jh. und kurz danach hat sich REH (1900, 1901, 1904) intensiver mit Deckelschildläusen (Diaspididae) der Gattung *Diaspidiotus* (früher *Aspidiotus*) befasst. LINDINGER veröffentlichte 1912 beim E. Ulmer Verlag (Stuttgart) ein Buch mit dem Titel »Die Schildläuse (Coccidae) Europas, Nordafrikas und Vorderasiens, einschließlich der Azoren, Kanaren und Madeiras«, das in einem »Besonderen Teil« auch Bestimmungstabellen der Schildläuse nach ihren Wirtspflanzen enthält. Heute ist diese damals sehr wichtige Publikation nur noch begrenzt nutzbar (KOSZTARAB & KOZÁR 1988). 1918 erschien in Deutschland eine Dissertation von HERBERG über die Coccide *Eriopeltis lichtensteini*, 1929 veröffentlichten ZILLIG & NIEMEYER ihre Forschungsergebnisse, die während einer Massenvermehrung der Pseudococcide *Heliococcus bohemicus* (syn. *H. hystrix*) an Weinrebe im Moseltal erzielt worden waren. Etwa gleichzeitig während der zwanziger Jahre des 20. Jhs. konnte WÜNN (1924, 1925a, b, 1929 u.a.) durch faunistische Untersuchungen insbesondere in Südwest- und Westdeutschland die Zahl der bis dahin in Deutschland bekannten Schildlausarten deutlich steigern. In den 30er-Jahren erschienen in Mitteleuropa mehrere Arbeiten über Cocciden (Napfschildläuse), u.a. von ŠULC (1932) in der früheren Tschechoslowakei über die Morphologie, speziell auch den Bau von Hautdrüsen bei Arten der Gattungen *Eulecanium* und *Parthenolecanium* (syn. *Lecanium*), von WELSCH (1937) über die Populationsdynamik der Pflaumenschildlaus *Parthenolecanium corni* (syn. *Eulecanium corni*) und von THIEM (1938) über die Bedingungen von Massenvermehrungen von Insekten, insbesondere Schildläusen. Eine weitere Publikation während dieses Zeitraumes stammte von THIEM & GERNECK (1934) über die bis dahin in Deutschland aufgefundenen Austernschildläuse. WALCZUCH (1932) leistete auf dem Gebiet der Erforschung der Endosymbiose der Schildläuse mit Mikroorganismen Pionierarbeit. ZIELKE legte 1942 ebenfalls in Deutschland eine größere Veröffentlichung über die Eschenwollschildlaus *Pseudochermes fraxini* (syn. *Fonscolombia fraxini*, Eriococcidae) vor. Zehn Jahre vorher erschien in der Schweiz eine detaillierte Studie von SUTER über die Kommaschildlaus *Lepidosaphes ulmi*, einige Jahre später eine weitere von GEIER (1949) über die Rote Austernschildlaus *Epidiaspis leperii*, die damals als eingeschleppte Art in Obstplantagen und -gärten empfindliche Schäden angerichtet hatte. Durch eine andere, kurz nach dem 2. Weltkrieg nach Südwestdeutschland eingeschleppte Diaspidide, die San-José-Schildlaus *Diaspidiotus perniciosus* (SJS) (syn. *Quadraspidiotus perniciosus*) stimuliert, konzentrierte sich zunächst THIEM (1948, 1954) auf diesen im Obstbau sehr gefürchteten Schädling. Mit einer Schritt für Schritt intensivierten biologischen Bekämpfung der SJS mit natürlichen Feinden kamen später noch weitere Publikationen hinzu (z.B. von NEUFFER 1962, 1964, 1969, 1990a, b).

In der zweiten Hälfte des 20. Jhs. brachte ZAHRADNÍK (1952b) in der früheren Tschechoslowakei eine sehr gut illustrierte »Revision der tschechoslowakischen Arten aus der Unterfamilie der Diaspidinen« heraus. Im Vorjahr erschien in Deutschland eine Veröffentlichung von SCHMUTTERER über »Die Lebensweise der Nadelholz-Diaspidinen und ihrer Parasiten in den Nadelwäldern Frankens«. Dieser Arbeit folgte 1952 eine wesentlich umfangreichere mit dem Titel »Die Ökologie der Cocciden Frankens« nach. In dieser Publikation wurden u.a. abiotische und biotische Umweltfaktoren in ihrer Bedeutung für Schildläuse in Süddeutschland genauer behandelt. Zwei der untersuchten Arten wurden als ganz neu und vierzehn weitere als neu für die deutsche Fauna erkannt. In den Folgejahren setzte der zuletzt genannte Autor seine vorwiegend ökologisch-faunistischen Studien v.a. in Südbayern, Hessen und Rheinland-Pfalz fort, wodurch die Zahl der bisher aus Deutschland bekannten Arten noch wesentlich gesteigert werden konnte. Besonderes Interesse galt dabei Napfschildläusen, wie mehrere Publikationen über *Parthenolecanium*- (syn. *Eulecanium*) und *Physokermes*-Arten belegen (SCHMUTTERER 1952b, 1954, 1956b, 1965). Die *Physokermes*-Arten fanden wegen ihrer Bedeutung als Honigtauerzeuger für die Bienenzucht besondere Aufmerksamkeit. Ende der 50er-Jahre kam eine monographische Bearbeitung der mitteleuropäischen Deckelschildläuse in der »Tierwelt Deutschlands« hinzu (SCHMUTTERER 1959), in welcher 65 Arten aus dem Freiland und Gewächshäusern im Detail besprochen und abgebildet wurden. REYNE (1954, 1965) untersuchte in den Niederlanden die Morphologie von Putoiden und einigen anderen Schildläusen. EISENSCHMIDT (1954) beschäftigte sich im Rahmen einer Diplomarbeit mit der Schildlausfauna des mittleren Saaletales in Thüringen. REHAČEK, ein weiterer Autor aus der früheren Tschechoslowakei, stellte 1956 und 1957 die Ergebnisse seiner Untersuchungen über Napfschildläuse (Cocciden) vor. KOTEJA (1964, 1966,1979 u.a.) hat in Polen von den sechziger bis in die neunziger Jahre des vorigen Jahrhunderts hinein einige besonders sorgfältige morphologische Studien, z.b. über die Coccidengattung *Luzulaspis* vorgelegt. Von den achtziger Jahren an wandte er sich dann v.a. fossilen Schildläusen als Inklusen im baltischen Bernstein zu. Außer diesem Autor haben noch weitere polnische Entomologen wichtige Beiträge zur Erforschung der Schildläuse und ihrer natürlichen Feinde in Mitteleuropa i.w.S. geliefert, z.B. KAWECKI (1948, 1954, 1961), BORATYŃSKI et al. (1982), ZAK-OGAZA (1961) und ŁAGOWSKA (1987). ŁAGOWSKA (1996) untersuchte später u.a. auch die Variabilität von Hautdrüsen und anderen Merkmalen von *Pulvinaria vitis* (Coccidae) mit besonderer Sorgfalt, was zu bemerkenswerten neuen Erkenntnissen über die Beeinflussbarkeit mancher Merkmale, z.B. der Zahl der auf der Dorsalseite befindlichen sog. submarginalen Tuberkel von der Art der Wirtspflanze führte.

1988 erschien in Ungarn eine bedeutende Monografie der Schildläuse Zentraleuropas von KOSZTARAB & KOZÁR. Sie trägt den Titel »Scale Insects of Central Europe«, wobei Mitteleuropa durch Einbeziehung von fast ganz Polen, großer Teile der Ukraine und südosteuropäischer Länder wie Ungarn und Rumänien ungewöhnlich weit gefasst wurde. Das Buch enthält Beschreibungen und sonstige Angaben verschiedenster Art über die Morphologie, Biologie und Ökologie praktisch aller bis dahin in Mitteleuropa i.w.S. bekannten Schildlausarten, daneben auch viele Bestimmungstabellen sowie Informationen über natürliche Feinde. 1990 wurde von ZAHRADNÍK in Tschechien eine weitere bedeutende Arbeit mit dem Titel »Die Schildläuse (Coccinea) auf Gewächshaus- und Zimmerpflanzen in den tschechischen Ländern« herausgebracht. Neben sehr guten Illustrationen (Fotos und Strichzeichnungen) enthält sie auch Bestimmungstabellen.

KÖHLER (1983) untersuchte im mitteldeutschen Raum, speziell in Thüringen, die Einnischung und Dormanz bei der Nesselröhrenschildlaus *Orthezia urticae*. LUNDERSTÄDT (1990, 1992) beschäftigte sich in den neunziger Jahren intensiv mit der Buchenwollschildlaus *Cryptococcus fagisuga*

(Cryptococcidae), die am Komplexgeschehen »Buchensterben« ursächlich wesentlich beteiligt ist und deshalb zu den schädlichsten einheimischen Schildlausarten gerechnet wird.

Jansen (2000) publizierte in den Niederlanden eine Studie über die Gattung *Pulvinaria* und verwandte Napfschildlausarten. Die Einschleppung der zu Massenvermehrung tendierenden Coccide *Pulvinaria regalis* nach Deutschland um die achtziger und neunziger Jahre veranlasste Şengonca & Faber (1995, 1996) sowie andere Autoren, sich mit dieser Coccide, teilweise auch ihren Parasitoiden, näher zu beschäftigen.

Um die Wende zum 21. Jh. und kurz danach erschienen in Mitteleuropa zwei Dissertationen, die erste von Hippe (2000) über die Verwendung von Pheromonen bei der San-José-Schildlaus. Sie beruhte auf Versuchen, die in der Schweiz stattgefunden hatten. Die zweite Arbeit stammte von Hoffmann (2002) und behandelte v.a. Napfschildläuse der Gattung *Parthenolecanium* und ihre Antagonisten im Weinbau Südwestdeutschlands. Etwa um die gleiche Zeit veröffentlichten Schmutterer & Hoffmann (2003) eine Studie über die Schildlausfauna von Baden-Württemberg und Hoffmann & Schmutterer (2003) eine weitere über Schildlausantagonisten in Süddeutschland. Wiederum im gleichen Jahr stellte der zuletzt genannte Autor eine Liste der bisher in Deutschland nachgewiesenen Schildlausarten und ihrer wichtigsten Wirtspflanzen in der »Entomofauna Germanica« (Bd. 6, Hrsg. B. Klausnitzer) zusammen.

Wichtige und sehr umfangreiche neuere Informationensquellen über Schildläuse, v.a. ökonomisch wichtige Arten, sind in der Reihe »World Crop Pests« (Hrsg. M.W. Sabelis) erschienene Bücher wie »Armored Scale Insects, Their Biology, Natural Enemies and Control (Hrsg. D. Rosen, Elsevier, Amsterdam) und »Soft Scale Insects, Their Biology, Natural Enemies and Control (Hrsg. Y. Ben-Dov & C.J. Hodgson, Elsevier, Amsterdam 1997). Eine Monografie der »Ortheziidae of the World« wurde 2004 von Kozár in Ungarn veröffentlicht.

Der Aufbau der elektronischen Datenbank ScaleNet seit den 1990er-Jahren (Miller et al. 1999) ermöglicht es heute, Informationen über Systematik, geographische Verbreitung, Morphologie, Biologie, ökonomische Bedeutung als Schädlinge und Bekämpfung sowie über natürliche Feinde im Internet abzurufen, was die Arbeit mit Schildläusen ganz erheblich erleichtern kann.

3 Stammesgeschichte und Systematik

3.1 Stammesgeschichte

3.1.1 Paläontologie

Soweit Funde von Inklusen und Abdrücke solche Schlüsse überhaupt erlauben, erscheinen die Schildläuse »plötzlich« als häufige und relativ vielgestaltige Gruppe in der Unteren Kreidezeit, ohne dass ihre Wurzeln bekannt geworden sind. Legt man bisherige Fossilienfunde zugrunde, kann die Folgerung gezogen werden, dass es auch beim Übergang von der Kreide zum Tertiär ein »plötzliches Aussterbeereignis« gegeben hat (Abb. 4). Fossile Schildläuse, deren paläontologisches Alter vor der Kreidezeit zu datieren wäre, fehlen praktisch ganz (KOTEJA 2001, s. a. Abb. 4).

Ähnliches scheint sich auch zwischen Unterer und Oberer Kreide ereignet zu haben (KOTEJA 2001). Jedenfalls klafft auch hier im phylogenetischen Stammbaum eine deutliche Lücke. In Deutschland erfolgten die ersten Beschreibungen fossiler Schildläuse etwa um die Mitte des 19. Jhs. durch GERMAR & BEHRENDT (1856) und kurz darauf durch MENGE (1858) aus baltischem (samländischem) Bernstein, der im Tertiär (Eozän) entstanden ist. 1941 beschrieb FERRIS in den USA eine weitere fossile Schildlausart aus dem gleichen Material und schließlich auch BEARDSLEY (1969) ein Männchen aus kanadischem Bernstein, der in der Oberen Kreidezeit gebildet worden ist.

Schätzungsweise 1% aller in Bernstein eingeschlossenen Insekten (Inklusen) sind Schildläuse. Schildlausabdrücke wurden aber auch aus anderen erdgeschichtlichen Ablagerungen beschrieben. Ob *Mesococcus asiaticus* aus der Oberen Triaszeit den bisher ältesten, bekannten Schildlausabdruck darstellt, ist nicht sicher. Einige Inklusen stammen, wie bereits erwähnt, aus der Kreidezeit, die weitaus meisten aber aus dem Tertiär (Eozän, Oligozän, Miozän) (Abb. 4). Heute kennt man mehr als 1300 Inklusen von Schildläusen aus Ablagerungen der Oberen Trias (?) bis zum Oberen Miozän. Bernstein, der mehr als 90% dieser Inklusen liefert, hat besonders

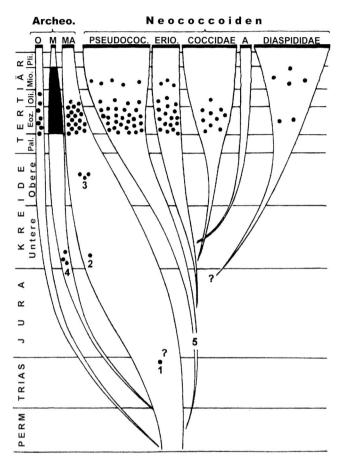

Abb. 4: Phylogenetischer Baum der Schildläuse, basierend auf paläontologischen Funden. 1 - *Mesococcus asiaticus* BECKER-MIGDISOVA, vermeintliches Mitglied des Schildlausstammbaumes, 2 - *Baisococcus*, 3 - *Electrococcus*, 4 - *Eomatsucoccus*, 5 - hypothetischer Vorläufer der Neococciden. A = Asterolecaniiden, O = Ortheziiden, M = Matsucocciden, MA = Margarodiden (nach KOTEJA 2001, veränd.).

gute konservierende Eigenschaften und ermöglicht auch eine genauere Untersuchung der Objekte. Abdrücke aus der Kreidezeit können überdies manche Informationen über äußere Hautstrukturen von Schildläusen liefern (KOTEJA 1998).

Unter den Fossilien sind bereits sämtliche Hauptgruppen (Familiengruppen im Sinne von KOTEJA 1974b) der Schildläuse vertreten. Mehrere Röhrenschildläuse (Ortheziidae) sind bis jetzt nur mit je einem Exemplar be-

Abb. 5: Dorsalansicht des Weibchens einer fossilen Ortheziide der Gattung *Newsteadia* aus baltischem Bernstein (nach KOTEJA 1986).

kannt geworden. Sie gehören zu einigen Gattungen, von denen ein Teil ausgestorben ist und stammen sämtlich aus dem Bernstein des Samlandes und Jütlands. Die Weibchen gehören zu den heute noch existierenden Gattungen *Arctorthezia*, *Orthezia* und *Newsteadia* oder sind mit diesen nah verwandt (Abb. 5).

Die Kiefernborkenschildläuse (Matsucoccidae) (Abb. 6, 7) haben unter den fossilen Schildläusen außer den Röhrenschildläusen besondere Bedeutung. Sie stellen nämlich etwa zwei Drittel aller Schildlausinklusen. Männchen sind unter ihnen zu etwa 80%, Weibchen zu ca. 20% vertreten, außerdem Erstlarven (Abb. 6) und wahrscheinlich auch Pronymphen. Die Häufigkeit der Kiefernborkenschildläuse wurde mit ihren Wirtspflanzen, sehr wahrscheinlich *Pinus*-Arten (Pinaceae) im »Bernsteinwald« in Verbindung gebracht, wo starke Harzabsonderungen im Tertiär zur Bildung des Bernsteins geführt haben dürften, was aber auch in Zweifel gezogen worden ist (KOTEJA 1984, 1986a), da in Bernstein bisher noch keine Koniferennadeln nachweisbar waren. Von den bisher beschriebenen fossilen *Matsucoccus*-Arten ist *M. pinnatus* am häufigsten (Abb. 7).

Die Matsucocciden sind die ältesten sicher bekannten fossilen Schildläuse, die sich seit der Unteren Kreidezeit im Bernstein finden. Da die fossilen Kiefernborkenschildläuse hinsichtlich der Struktur ihres Thorax und der Flügel den rezenten Arten stark ähneln, kann man bei den heute existierenden Spezies, z.B. *Matsucoccus pini* und *M. mugo* in Mitteleuropa, von »lebenden Fossilien« sprechen (KOTEJA 1989). Eine weitere Orthezioide aus baltischem Bernstein (Eozän) ist *Monophlebus irregularis*, eine vierte *Electrococcus canadensis* aus kanadischem Bernstein (Obere Kreidezeit). Einige Inklusen in baltischem Bernstein, die Margaroliden-Männchen mit typischen Borstenbüscheln am Hinterende des Abdomens aufweisen, müssen

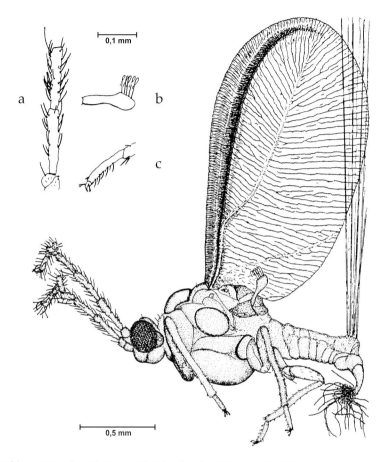

Abb. 6: Männchen (Seitenansicht) der fossilen Matsucoccide *Matsucoccus saxonicus* aus dem sächsischen Bernstein von Bitterfeld. **a** Teil der Antenne, **b** Hamulohaltere, **c** Tarse (nach Koteja 1968).

noch genauer untersucht werden. Es sind aber auch einige Abdrücke von Xylococciden aus der frühen Kreidezeit erhalten geblieben.

Was die Coccoidea betrifft, so treten im libanesischen und baltischen Bernstein Formen auf, die der Gattung *Puto* (Putoidae) verwandtschaftlich sehr nahe stehen. Daneben finden sich in diesem Material auch Pseudococciden, die heute ja eine der dominierenden Schildlausfamilien bilden. Filzschildläuse (Eriococcidae) waren erstmalig seit der Oberen Kreidezeit im Bernstein von New Jersey in den USA und Kanadas zu finden und treten auch in Ablagerungen des Eozäns auf. Eichenschildläuse (Kermesidae) sind nur als Junglarven aus dem baltischen Bernstein bekannt, ebenso Larven und

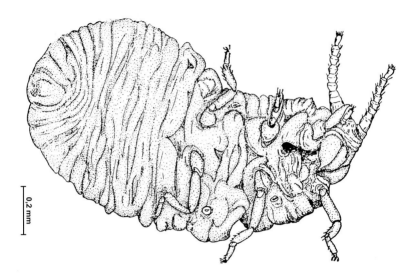

Abb. 7: Weibchen (Ventralansicht) der fossilen Matsucoccide *Matsucoccus pinnatus* aus baltischem Bernstein (nach KOTEJA 1981).

Männchen von Cocciden. Geflügelte Männchen von Diaspididen hat man im baltischen Bernstein vereinzelt nachgewiesen, während sie im dominikanischen viel häufiger sind. Auch die Diaspididen sind heute bekanntlich eine der dominierenden Schildlausfamilien.

3.1.2 Phylogenetische Überlegungen

BORCHSENIUS (1958) hat um die Mitte des vergangenen Jahrhunderts die Meinung vertreten, dass sich die Schildläuse, ausgehend von einer »homopteren Basis«, zwischen Karbon und Perm in mindestens zehn Äste aufgespalten haben. DANZIG (1980) betrachtete sie dagegen als relativ junge Insektengruppe und vermutete, dass sie in der Kreidezeit mit dem Beginn der Epoche der Angiospermen entstanden seien. Dieser Ansicht kann jedoch entgegen gehalten werden, dass im Eozän bereits alle wichtigen Schildlausfamilien vorhanden waren (Abb. 4) und dass auch alle wesentlichen Organisationsmerkmale, wie wir sie bei den rezenten Gruppen kennen, damals bereits existiert haben.

Nach Auffassung von KOTEJA (2001) können die Orthezioidea (Paleococcoidea) von mehreren (3) phylogenetischen Ästen abgeleitet werden, die Coccoidea (Neococcoidea) nur von einem Ast.

Die im Bernstein der Oberen Kreide in Kanada nachgewiesene Eriococcide *Electrococcus canadensis* hatte im Gegensatz zu rezenten Orthezioiden (Archeococcoidea im Sinne von BORCHSENIUS) bereits Merkmale der Spezialisierung wie einfache Augen (Ocellen) und eine federähnliche Flügelstruktur. Die Matsucocciden erwarben ihre derzeitige Organisation, besonders die Flügelstruktur, spätestens in der Unteren Kreidezeit und behielten sie bis heute bei, d.h. bis ca. 140 Millionen Jahre später, ebenso ihre Spezialisierung auf Koniferen der Gattung *Pinus* als Wirtspflanzen. Unter den Fossilien der Unteren Kreide finden sich auch solche, die zu den Xylocossiden gerechnet werden können. Aufgrund paläontologischer Befunde und der Ergebnisse von Untersuchungen an rezenten Arten zog KOTEJA (1989) bezüglich der Phylogenie der Schildläuse folgende Schlüsse: Das Vorkommen von gut definierbaren Matsucocciden und Xylocossiden in der Unteren Kreidezeit weist darauf hin, dass ihre spezialisierteren Schwestergruppen (im Sinne von HENNIG 1981) wie *Steingelia* und Margarodiden in der gleichen erdgeschichtlichen Periode vorhanden gewesen sind und dass diese den rezenten Formen sehr ähnlich waren, vielleicht mit Ausnahme der Margarodiden, die sich erst später zu grabfähigen Schildläusen entwickelt haben. Die relativ primitiven Ortheziiden und Monophlebiden dürften um diese Zeit ebenfalls schon existiert haben, woraus abgeleitet werden kann, dass die Orthezioiden (Archeococciden) sich schon viel früher aufgespalten haben und dass von vielen Gruppen, die im Mesozoikum vorhanden gewesen sein dürften, heute nur noch wenige Relikte übriggeblieben sind.

Die ältesten fossilen Coccoiden sind in Ablagerungen des Eozäns gefunden worden, wobei die Putoiden als deren Vorläufer betrachtet werden können. Wahrscheinlich haben die Letzteren mit den Orthezioiden während einer längeren Periode zusammen existiert, bis dann während der Kreidezeit oder schon früher die Entwicklung und Differenzierung der Pseudococciden erfolgt ist.

Es ist nicht bekannt, wann die Abspaltung der Eriococciden von den Pseudococciden erfolgt ist. Wahrscheinlich erst gegen Ende der Kreidezeit bildeten sich mehrere Gruppen, darunter die Kermesiden. Auch der Zeitpunkt der Trennung der Cocciden von den Pseudococciden ist unbekannt. Keinerlei Hinweise existieren überdies im Hinblick auf die Stammesgeschichte der Asterodiaspididen, deren Anfänge in der Unteren Kreide vermutet werden. Was die stammesgeschichtliche Entwicklung der Diaspididen als heute dominierender Familie betrifft, so können anhand nur weniger Fossilien aus dem Eozän oder aus jüngeren Ablagerungen keine Verwandtschaftsverhältnisse dieser spezialisiertesten Schildlausgruppe abgeleitet werden. Wahrscheinlich hat sie sich etwa um die Mitte des Mesozoikums von den anderen Cocciden (Neococciden) getrennt.

Alle bekannten fossilen Schildläuse ähneln rezenten Formen stark, d.h. Zwischenformen zwischen Schildläusen und Blattläusen als ihrer vermuteten Schwestergruppe (HENNIG 1981) sind bisher nicht mit Sicherheit nachgewiesen worden. Es kann aber angenommen werden, dass die Schildlausmännchen im Laufe ihrer frühen Stammesgeschichte funktionierende Mundwerkzeuge und ein zweites Flügelpaar besaßen und dass auch ihre Weibchen geflügelt waren. Die Tarsen waren ursprünglich mit zwei Klauen versehen.

Je weiter die Spezialisierung der Schildläuse im Laufe ihrer stammesgeschichtlichen Entwicklung voranschritt, desto stärker wurde ihre Mobilität eingeschränkt, was sich v.a. in der Reduzierung der Beine äußerte. Auch die Augen der Männchen erfuhren eine zunehmende Rückbildung. Während die Ortheziiden-Männchen heute noch – wie bei den Blattläusen – Komplexaugen besitzen, findet man bei den weiter entwickelten Familien nur noch 4 bis 14 einfache Augen (Ocellen). Bei den Diaspididen-Weibchen können die Augen sogar ganz fehlen. Weitere Kriterien der Fortentwicklung sind die Verminderung der Körpergröße und der Zahl der Entwicklungsstadien bei den Weibchen bis zu einem Minimum von drei (zwei Häutungen). Schließlich ist in diesem Zusammenhang noch die Verminderung der Zahl der Segmente des Labiums (KOTEJA 1974a) und der Antennen zu erwähnen.

3.2 Systematik

3.2.1 Überblick

Die Schildläuse werden ins System der Insekten (Insecta) wie folgt eingereiht:

Ordnung: Sternorrhyncha – Pflanzenläuse

    Unterordnung: Psyllina – Blattflöhe

    Unterordnung: Aleyrodina – Mottenläuse, Weiße Fliegen

    Unterordnung: Aphidina – Blattläuse

    Unterordnung: Coccina: Schildläuse

Die Schildläuse oder Coccin(e)a werden heute von der überwiegenden Mehrzahl der Autoren als Unterordnung der Pflanzenläuse oder Sternorrhyncha betrachtet. Sie galten bis weit ins 20. Jh. hinein nur als eine Familie der Schnabelkerfe (Rhynchota), die Coccidae. Erst dann wurden Überfamilien und neue Familien anerkannt. Auch Lindinger ging in seinem Buch »Die Schildläuse« (1912) von nur einer Familie, den Coccidae aus und unterschied für das von ihm bearbeitete Gebiet neun Unterfamilien, die er als Ortheziinae, Monophlebinae, Margarodinae, Dactylopiinae, Coccinae, Hemicoccinae, Lecaniinae, Asterolecaniinae und Diaspidinae bezeichnete.

In der vorliegenden Veröffentlichung werden für Deutschland insgesamt 16 Schildlausfamilien genannt; im übrigen Europa kommen noch weitere vor. Weltweit gesehen gibt es etwa 20 Familien. Die Merkmale der Schildlausweibchen spielen in der Systematik nach wie vor die dominierende Rolle; auf die der Männchen wird nur in bestimmten Fällen zurückgegriffen, wofür es verschiedene Gründe gibt. Durch den extremen Sexualdimorphismus bedingt, sind beide Geschlechter sehr verschieden. Männchen sind bei vielen Arten, die sich rein parthenogenetisch (telytok) fortpflanzen, naturgemäß überhaupt nicht bekannt und bei vielen anderen werden sie viel seltener als Weibchen oder nur während kurzer Zeiträume gefunden. Schließlich weisen die Weibchen in der Regel auch mehr taxonomisch verwertbare Merkmale auf als die Männchen, was auch daran liegt, dass Letztere bisher weniger untersucht worden sind. Bestimmungstabellen sind deshalb auch im Wesentlichen nur auf Weibchen aufgebaut.

Balachowsky schlug 1942 vor, nach morphologischen Merkmalen der Weibchen und soweit möglich auch der Männchen die Schildläuse in drei Phyla (Stämme) zu unterteilen. Das erste Phylum seines Systems bildeten die primitiveren Margaroiden, das zweite die vielgestaltigeren und weiterentwickelten Lecanoiden, die die erwähnten Merkmale der Margaroiden nicht (mehr) besitzen, bei denen der Kopf der Männchen vom Thorax aber durch eine deutliche Einkerbung abgesetzt ist. Beim dritten Phylum, den am weitesten entwickelten Diaspidoiden, geht der Kopf der Männchen ohne Einkerbung in den Thorax über. Die weiblichen Zweitlarven und Weibchen besitzen zu einer Platte (Pygidium) verschmolzene Abdominalsegmente, außerdem bilden sie einen aus Drüsensekreten und Exkrementen bestehenden, mit dem Körper nicht fest verbundenen Schild.

Borchsenius (1950) und wenige Jahre später Bodenheimer (1953) teilten die Schildläuse in zwei große Gruppen ein, die primitivere Überfamilie Palaeococcoidea (auch Archaeococcoidea oder Archeococcoidea genannt) mit den Familien Ortheziidae und Margarodidae sowie die weiterentwickelten Neococcoidea mit den Familien Pseudococcidae, Kermococcidae, Asterolecaniidae, Coccidae und Diaspididae. Koteja (1974b) hat später aufgrund spezieller morphologischer Studien die Überfamilien Orthezioidea und Coccoidea errichtet und deshalb die Bezeichnung Paleococcoidea (im Sinne von Borchsenius und Bodenheimer) für die primitiveren Gruppen und Neococcoidea für die weiterentwickelten nicht mehr berücksichtigt. MILLER (1984) veränderte diese später zunehmend anerkannte Systematik dadurch deutlich, dass er die Ortheziidae und einige Margarodidae, deren Männchen Komplexaugen besitzen, zu den Neococcoidea (Coccoidea sensu KOTEJA) stellte, was aber bisher keine allgemeine Anerkennung gefunden hat.

In der Monographie der mitteleuropäischen Schildläuse verwendeten KOSZTARAB & KOZÁR (1988) weitgehend das von KOTEJA (1974b) modifizierte System von BORCHSENIUS (1950). Es wird auch in der vorliegenden Veröffentlichung mit wenigen Abweichungen übernommen. So wird hier die Familie Margarodidae in mehrere Familien aufgeteilt, die Kuwaniidae, Margarodidae, Matsucoccidae, Monophlebidae, Steingeliidae und Xylococcidae. Auch die Putoidae werden als eigene Familie geführt, was schon von BEARDSLEY (1969) vorgeschlagen worden ist.

Hinsichtlich der Nomenklatur der Eriococcidae (Filzschildläuse) bestehen noch deutliche Meinungsunterschiede, die z.T. auch dadurch hervorgerufen worden sind, dass von MILLER & GIMPEL (1998) mehrere früher anerkannte Gattungen der Gattung *Eriococcus* zugeschlagen worden sind. Der Änderungsvorschlag wurde damit begründet, dass die Definition einiger Eriococcidengenera wie *Acanthococcus, Gossyparia, Kaweckia* etc. als zweifelhaft anzusehen ist, was auch eine Eingliederung in die elektronische Datenbank ScaleNet problematisch machte. Wenn z.B. nach Anwendung phylogenetischer systematischer Methoden zusammen mit molekularen, sowie sorgfältiger Analyse des 1. Larvenstadiums und der Männchen neue Informationen gewonnen worden sind, ist auch eine deutliche Verbesserung der Klassifikation der Filzschildläuse zu erwarten. Gleichzeitig dürfte es dann zu einem deutlichen Rückgang der Zahl monotypischer Gattungen kommen (MILLER & GIMPEL 2000). Um dem noch unbefriedigenden gegenwärtigen Zustand Rechnung zu tragen, wurde im vorliegenden Buch den früher gebräuchlichen Gattungsnamen *Eriococcus* s.l. (sensu lato) in Klammern hinzugefügt. Entsprechend hatte sich schon KOZÁR (briefl. Mitt.) verhalten.

Bei den Diaspididen wurde von DANZIG & PELLIZZARI (1998) die lange Zeit gültige Gattungsbezeichnung *Quadraspidiotus* durch *Diaspidiotus* ersetzt. Die taxonomische Stellung einiger Arten, v.a. in revisionsbedürftigen Gattungen der Pseudococciden wie *Dysmicoccus, Phenacoccus* und *Trionymus* ist noch nicht voll geklärt, so dass auch in dieser Hinsicht noch Forschungsbedarf besteht.

Zur Bestimmung der in Deutschland vorhandenen Schildlausfamilien kann Kap. 3.2.2.2 herangezogen werden, während in Kap. 3.2.3 eine Gesamtübersicht über die mitteleuropäischen Überfamilien, Familien und Gattungen und Arten erstellt worden ist.

3.2.2 Kurzbeschreibung und Bestimmungstabelle der Weibchen in Deutschland festgestellter Schildlausfamilien

3.2.2.1 Kurzbeschreibung

A. Überfamilie Ortheziodea – Primitive Schildläuse, Urschildläuse

1. Familie Ortheziidae – Röhrenschildläuse

Weibchen zeitlebens freibeweglich, im Leben mit weißen Wachsplatten bedeckt; Hinterende mit röhrenförmigem Eiersack (Marsupium); Körperform nach Entfernung der Wachsbedeckung rundlich bis oval, Länge (ohne Marsupium) ca. 3mm; Augen auf sklerotisiertem, gestieltem Sockel; Labium 3-gliedrig und ohne apikale Borsten; Antennen und Beine kräftig; Tibia und Tarsus sowie Trochanter und Femur bei manchen Arten verschmolzen; zahlreiche dornartige Borsten ähnlicher Größe in breiten Bändern auf beiden Körperhälften, dazwischen scheibenförmige Hautdrüsen; Analring gut entwickelt, mit 6 langen Borsten und zahlreichen rundlichen Poren; 2 Paar Thorakalstigmen und 1 bis 8 Paare, zum Teil schwer erkennbarer, kleiner Abdominalstigmen vorhanden; polyphag an Kräutern und Sträuchern.

2. Familie Monophlebidae – Riesenschildläuse

Weibchen länglich bis breit oval, etwa 8mm lang und 3mm breit, im Leben mit Wachspuder oder -fäden bedeckt, ohne Wachsbedeckung Haut rötlich; Segmentierung gut erkennbar; Antennen dunkelbraun, 10- bis 11-gliedrig; Mundwerkzeuge gut entwickelt; Beine wie Antennen gefärbt, Trochanter mit 4 Sinnesporen, Klaue mit 3 kleinen Zähnchen an der Innenseite und 2 Klauenborsten; Thorax mit 2, Abdomen mit 7 dorsalen Stigmenpaaren; scheibenförmige Hautdrüsen mit Porenöffnungen unterschiedlicher Größe auf beiden Körperseiten verstreut; Cicatrixen zwischen 7. und 8. Abdominalsegment vorhanden; in Rindenrissen von Nadel- und Laubbäumen (selten).

3. Familie – Steingeliidae

Körper langgestreckt und schmal, Länge etwa 4-5mm, Segmentierung gut sichtbar; Antennen dicht beieinander stehend, mit breitem Basalglied, meist 8-gliedrig; Mundwerkzeuge stark rudimentär (keine Nahrungsaufnahme möglich); Beine kräftig, mit längeren Borsten, Klaue breit und kurz, mit etwa 10 geknöpften Borsten, Klauenborsten etwas länger als Klaue; Tarsen eingliedrig; 2 thorakale und 6 dorsal-abdominale Stigmenpaare; Analöffnung und Analtubus stark reduziert; Haut der Ventralseite des Thorax in Coxennähe und im submedianen Bereich der vorderen Abdominalsegmente mit längeren Borsten; vielporige, scheibenförmige Hautdrüsen auf beiden Körperseiten, besonders der hinteren Abdominalsegmente; Larven oligophag an Wurzeln von Bäumen wie *Betula* spp., besonders in Moorgebieten.

4. Familie Kuwaniidae – Krummtarsenschildläuse

Körperform oval bis länglich oval, Länge etwa 2-5mm; Antennen nah beieinander stehend, neungliedrig, Basalglied am größten; Mundwerkzeuge und Analöffnung stark reduziert oder ganz fehlend; Beine kräftig und mit kurzen Borsten v.a. auf den Tibien, eingliedrige Tarsen stärker gekrümmt, distales Ende der Tibien mit geknöpften Borsten; 4-7 abdominale Stigmenpaare mit scheibenförmigen Hautdrüsen im Atrium; scheibenförmige Drüsenöffnungen über ganzen Körper verstreut, v.a. auf Ventralseite der hintersten Abdominalsegmente in der Umgebung der Vulva.

5. Familie Matsucoccidae – Kiefernborkenschildläuse

Körper langgestreckt oval, Segmentierung gut erkennbar, Länge etwa 3-7mm; Antennen 9-gliedrig, dicht beieinander stehend, 1. und 2. Glied am breitesten; Mundwerkzeuge und Analöffnung fehlend; Beine mit 2-gliedrigen Tarsen, Klauenborsten geknöpft und länger als Klaue; 2 Thorakalstigmenpaare größer als 7 dorsal-abdominale Paare. Zweiporige, scheibenförmige Hautdrüsen in der Umgebung der Coxen und in den Randbereichen des Thorax, auf dem Abdomen in Querreihen entsprechend den Segmenten; Hautdrüsen mit 2, 4 oder mehr Porenöffnungen in Bändern, Reihen oder Gruppen auf dem Abdomen. Larven unter der Borke ausschließlich von Kiefern (*Pinus* spp.).

6. Familie Margarodidae – Grabschildläuse

Körper breit oval bis nahezu rundlich, Färbung im Leben dunkelrot bis violett, Länge ca. 2-6mm, Segmentierung gut sichtbar; Mundwerkzeuge fehlend; Antennen 7- bis 8-gliedrig, Endglied mit mehreren Sinnesborsten; Vorderbeine zu kräftigen Grabbeinen umgewandelt, Coxa breit, Femur und Trochanter sowie Tarsus und Klaue verschmolzen; 2 thorakale Stigmenpaare annähernd trichterförmig, Vorhof mit mehreren scheibenförmigen, vielporigen Hautdrüsen, 2 bis 3 dorsal-abdominale Stigmenpaare deutlich kleiner als thorakale; Haut mit zahlreichen längeren, dicht stehenden, in breiten Bändern angeordneten Borsten und dazwischen liegenden, scheibenförmigen vielporigen Hautdrüsen; Analöffnung und Analtube vorhanden; Larven polyphag an Wurzeln v.a. krautiger Pflanzen.

7. Familie Xylococcidae – Holzgallenschildläuse

Körper oval, etwa 2mm lang, rötlich, Segmentierung nicht erkennbar; Antennen stummelförmig, Endglied mit mehreren Borsten; Beine fast vollständig reduziert; Thorax mit 2 ventralen Stigmenpaaren; Abdomen mit 8 Paar größeren Stigmen, Atrium mit einigen scheibenförmigen, mehrporigen Drüsen; Haut mit schwacher Beborstung und verstreut liegenden runden oder ovalen Drüsen, z.B. solchen mit mehreren zentral und 16 am Rande liegenden Porenöffnungen; Analring mit stark sklerotisierter Umgebung; Hinterende mit Wachsröhrchen und Honigtautröpfchen an dessen Ende; im Inneren verholzter Zweige und schwacher Äste von Linden (*Tilia* spp.).

B. Überfamilie Coccoidea – Weiterentwickelte Schildläuse

8. Familie Putoidae – Riesenschmierläuse

Weibchen oval bis breit oval, im Leben mit dicker weißer Wachsschicht oder schuppenartigen Wachsplatten; Körperlänge ca. 5-6mm; Antennen und Beine kräftig und stark sklerotisiert, Klaue mit basalem und subapikalem Zähnchen, Trochanter mit 3 bis 4 Sinnesporen auf jeder Seite; Dorsalseite mit 2 Paar Ostiolen; Ventralseite mit rundlichem oder ovalem Circulus; Cerarien stark sklerotisiert, mit einigen spitzen Drüsendornen im Randbereich aller Segmente, außerdem zusätzliche Cerarienreihen im submarginalen und submedianen Bereich der Dorsalseite (*Puto superbus*); Haut mit zahlreichen scheibenförmigen, 5- oder mehrporigen Drüsen; röhrenförmige (tubulöse) Hautdrüsen besonders in der Kopfregion; Analring mit 6 bis 10 starken Borsten und zahlreichen rundlichen Poren; an Gräsern und Nadelbäumen.

9. Familie Pseudococcidae – Woll- oder Schmierläuse

Körperform des Weibchens rundlich, breit oval bis langgestreckt oval; Körpergröße 2-8mm; Haut beim lebenden Insekt mit Wachspuder oder fadenförmigem Wachs; Antennen und Beine meist gut entwickelt, selten sehr stark reduziert (z.B. *Chaetococcus*), Hinterbeine oft mit lichtbrechenden Poren; Circulus meist rundlich bis oval, manchmal auch in Zwei-, Drei- oder Mehrzahl entwickelt; 2 dorsale Ostiolenpaare meist vorhanden, gelegentlich ein Paar oder beide Paare fehlend; Cerarien am Körperrand paarweise meist in 1 bis 18 Paaren mit Wachsfortsätzen; Filamente am Körperrand lebender Weibchen auf hinteren Segmenten meist länger und dicker als auf vorderen; röhrenförmige (tubulöse) Hautdrüsen v.a. auf der Dorsalseite, scheibenförmige mit 3, 5 oder mehr Porenöffnungen oft in der Umgebung der trichterförmigen Stigmen und der Vulva; Eiablage typischerweise in fädigen Eiersack im Bereich des Abdomens; an Gräsern, Kräutern und verholzten Pflanzen.

10. Familie Coccidae – Napfschildläuse

Weibchen rundlich, oval oder langgestreckt oval; vor der Eiablage meist relativ flach oder nur leicht gewölbt, später oft bis halbkugelig oder seltener mehr als halbkugelig (Gattung *Eulecanium*) und napf- bis beerenförmig; hinteres Drittel der Dorsalseite mit 2 dreieckigen, stark sklerotisierten Analplatten und anschließender Analspalte; Analring gut entwickelt und mit 6 starken Borsten und einigen Poren; Körperrand mit einer oder mehreren Reihen von Borsten; auf der Höhe der Stigmen vielfach 3 in Größe und Form von den normalen Randborsten abweichende kräftigere, auch als parastigmale Borsten bezeichnete Borsten/Dornen (oder Drüsendornen); zahlreiche scheibenförmige, mehrporige Hautdrüsen auf Abdominalsegmenten um die Genitalöffnung; röhrenförmige (tubulöse) Hautdrüsen v.a. auf der Ventralseite in submarginaler Lage oft sehr häufig, verstreut auch auf der Dorsalseite; Doppelzylinderdrüsen bei der Coccidengattung *Parthenolecanium* im submarginalen Bereich der Dorsalseite; besonders auf verholzten Pflanzen und Gräsern.

11. Familie Kermesidae – Eichenschildläuse

Weibchen bei der Eiablage stark sklerotisiert und kugel-, nieren- oder beerenförmig, Breite und Länge etwa 3-5mm; Haut braun und mit dunkelbraunen oder schwarzen Querbinden und Flecken; rudimentäre Antennen und Beine gegliedert; Labium 3-gliedrig; besonders hinteres Paar der 2 Thorakalstigmenpaare gut entwickelt; wesentliche Teile der dorsalen Haut über Ventralseite gewölbt, wodurch Platz im Inneren des Körpers für zahlreiche Eier entsteht; Dorsalseite mit zwei Formen röhrenförmiger (tubulöser) Hautdrüsen und scheibenförmigen, meist 5-porigen, oft um stärkere Borsten angeordnete Drüsen; Ventralseite v.a. im Bereich der Stigmen mit zahlreichen scheibenförmigen, vorwiegend 5-porigen Hautdrüsen; Abdominalsegmente besonders hinter den Hinterstigmen und um die Geschlechtsöffnung mit vielporigen, scheibenförmigen Drüsen; in Rindenrissen von Eichen (*Quercus* spp.).

12. Familie Cryptococcidae – Rindenrissschildläuse

Weibchen sehr klein, d.h. nur 1-2mm lang, Körperform breit oval; Antennen 1-gliedrig; Labium kurz und breit, 3-gliedrig und mit 8 Borstenpaaren; Beine fehlend, Antennen bis auf kleine Stummel reduziert; Stigmen mit stärkerer Sklerotisierung und 5-porigen Hautdrüsen; Analring stark sklerotisiert, mit 4 dornenartigen Borsten und mit oder ohne Poren; Haut mit scheibenförmigen, 3-porigen Drüsen; röhrenförmige (tubulöse) Drüsen auf beiden Körperseiten verstreut; an Stämmen und Ästen von Laubbäumen wie *Fagus sylvatica* oder *Acer pseudoplatanus* (Bergahorn).

13. Familie Eriococcidae – Filzschildläuse

Weibchen länglich oval, manchmal nahezu rundlich; Haut deutlich sklerotisiert; Färbung im Leben oft gelblich, rötlich oder violett; Antennen 6- oder 7-gliedrig; Labium meist 3-gliedrig; Beine schlank, mit kräftigen Borsten und Dornen, Klauenborsten deutlich geknöpft, Klaue mit Zähnchen, Coxa und Femur der Hinterbeine, manchmal auch Tibia mit lichtbrechenden Poren; Thorax der Ventralseite mit sklerotisiertem Porenfeld unbekannter Bedeutung vor den Hintercoxen (*Pseudochermes fraxini*); Anallappen gut entwickelt, mit kräftiger Terminalborste; Analring stärker sklerotisiert, meist mit 6 bis 8 langen Borsten und einer Porenreihe; Haut der Dorsalseite mit Querbändern spitzer, manchmal abgestutzter, meist kräftiger Drüsendornen; scheibenförmige Hautdrüsen mit 3, 5, 7 oder 9 Porenöffnungen besonders auf der Ventralseite der hinteren Abdominalsegmente im Bereich der Vulva, manchmal auf der ganzen Dorsalseite; röhrenförmige (zylindrische) Hautdrüsen von unterschiedlicher Größe auf beiden Körperseiten; Eiersack meist oval, mit seltenen Ausnahmen (*Gossyparia* [*Eriococcus* s.l.] *spuria*) zum großen Teil geschlossen; an Gräsern, Zwergsträuchern und Bäumen.

14. Familie Cerococcidae – Schmuckschildläuse

Weibchen weißlich gefärbt, etwa birnenförmig und in rundlicher bis ovaler, filzähnlicher und mit einigen langen, weißen Sekretfortsätzen versehener Hülle eingeschlossen; Beine fehlend; Antennen stummelförmig; Analöffnung von nur einer Analplatte bedeckt; Anallappen deutlich ausgeprägt und mit langer Terminalborste; Haut der Dorsalseite mit 8-förmigen Drüsenöffnungen; Ventralseite des Abdomens mit 7 Querreihen scheibenförmiger, meist mit porenartigen Öffnungen versehener Hautdrüsen; tubulöse Drüsen auf beiden Körperseiten verstreut; hintere Stigmenfurche zwischen Stigma und Körperrand nach normalem Beginn in zwei Furchen geteilt.

15. Familie Asterolecaniidae – Pockenschildläuse

Weibchen in kapselartiger, teildurchsichtiger, pergamentähnlicher, oft gelblichgrüner Hülle; Körperrand mit Fortsätzen aus Drüsensekreten; Weibchen bei fortschreitender Eiablage im vorderen Teil der Kapsel zusammenschrumpfend; Körperform kugelig bis oval, konkav und 2-3mm lang; Antennen stummelförmig; Labium eingliedrig; scheibenförmige, 5-porige Hautdrüsen in bandartiger Anordnung (Stigmenfurche) zwischen Stigmen und seitlichem Körperrand; Hautdrüsen mit 8-förmiger Öffnung meist in einer Reihe, seltener (*Planchonia*) in mehreren Reihen am Körperrand; einige 7- bis 8-porige scheibenförmige Drüsen auf der Ventralseite um die Geschlechtsöffnung; röhrenförmige (tubulöse) Hautdrüsen über die Dorsalseite verstreut; Analring stark reduziert oder relativ gut entwickelt und mit 6 längeren Borsten (*Planchonia*); Saugtätigkeit bewirkt Entwicklung pockennarbenähnlicher Gallen besonders an Eiche (*Quercus* spp.) und Efeu (*Hedera helix*).

16. Familie Diaspididae – Echte Schildläuse, Deckelschildläuse, Austernschildläuse

Weibchen unter deckelartigem, abnehmbarem, aus Hautdrüsensekreten, Exkrementen und Exuvien bestehendem Schild, Schildform rundlich, oval oder miesmuschelähnlich; Körperform rund, oval, birnförmig oder elliptisch; Färbung meist weißlich, gelb, orange oder rötlich; Schildfärbung weiß, gelblich, grau, schwarz oder braun; Körpergröße meist nur 1-3mm; Antennen sehr klein und stummelförmig; Mundwerkzeuge gut entwickelt, Labium eingliedrig; Augen meist zu kleinen, pigmentierten Flecken reduziert oder ganz fehlend; Beine fehlend; ventrale, thorakale Stigmenpaare (2) trichterförmig; hintere Abdominalsegmente zu sklerotisierter Platte (Pygidium) verschmolzen, Hinterrand des Pygidiums mit Lappen, Platten und Drüsendornen; Dorsalseite mit röhrenförmigen (tubulösen) Hautdrüsen unterschiedlicher Größe, Ventralseite mit scheibenförmigen, 5-porigen, meist in Gruppen um die Vulva angeordneten Hautdrüsen; Schild oft »getarnt« unter den äußeren Rindenschichten; meist an verholzten Pflanzen.

3.2.2.2 Bestimmungstabelle der Überfamilien und Familien

1. Abdominale Stigmenpaare vorhanden
    Überfamilie Orthezioidea – Primitive Schildläuse, Urschildläuse 2
    -Abdominale Stigmenpaare fehlend
    Überfamilie Coccoidea – Weiterentwickelte Schildläuse 9

2. Analring vorhanden, mit 6 langen Borsten und zahlreichen Poren (Abb. 9); Beine und Fühler kräftig; Körper im Leben mit weißen Wachsplatten bedeckt, Hinterende mit röhrenförmigem Eiersack

    Familie Ortheziidae – Röhrenschildläuse

    -Analring fehlend, Beine rudimentär oder gut entwickelt ……………..3

3. Beine stark reduziert; Mundwerkzeuge (Unterlippe, Stechborsten) vorhanden; Antennen stummelförmig; Körper rötlich, in zystenförmiger, verholzter Galle in Lindenzweigen eingeschlossen; Hinterende des Abdomens mit langem Wachsröhrchen und endständigem Honigtautropfen (SW-Tafel 1a)

    Familie Xylococcidae – Holzgallenschildläuse

    -Beine gut ausgebildet ………………………………………………….4

4. Vorderbeine Grabbeine mit starker Kralle; Mundwerkzeuge (Unterlippe, Stechborsten) fehlend; Körper dicht behaart; Entwicklung an Wurzeln und am Wurzelhals vorwiegend krautiger Pflanzen; letztes weibliches Larvenstadium kugelig-zystenförmig und beinlos

    Familie Margarodidae – Grabschildläuse

    -Vorderbeine als Laufbeine entwickelt ……………………………………5

5. Mundwerkzeuge (Unterlippe, Stechborsten) vorhanden; Beine und mehrgliedrige Fühler stark sklerotisiert und dunkelbraun gefärbt; Körper im Leben mit pulverigen und fädigen Wachssekreten bedeckt; Ventralseite des Abdomens mit Cicatrixen (»Narben«)

    Familie Monophlebidae – Riesenschildläuse

    -Mundwerkzeuge fehlend, Antennen 8- bis 9-gliedrig ……………….6

6. Klaue kurz und breit, mit ca. 10 geknöpften Borsten; Entwicklung an Wurzeln, besonders von Birken in Moorgebieten; letztes weibliches Larvenstadium kugelig-zystenförmig und beinlos

    Familie Steingeliidae

    -Klaue normal, mit zwei geknöpften Klauenborsten …………………..7

7. Tarsen gerade und zweigliedrig; Entwicklung unter Borke von Kiefern (*Pinus* spp.); letztes weibliches Larvenstadium kugelig-zystenförmig und beinlos

    Familie Matsucoccidae – Kiefernborkenschildläuse

    -Tarsen deutlich gekrümmt …………………………………………...8

8. Tarsen eingliedrig; an Laubhölzern wie Eichen (*Quercus* spp.)

    Familie Kuwaniidae – Krummtarsenschildläuse

9. (1) Weibchen unter deckelartigem, abnehmbarem Sekretschild; Beine

fehlend; Antennen stummelförmig; hintere Abdominalsegmente zu Analplatte (Pygidium) verschmolzen

Familie Diaspididae – Deckelschildläuse, Echte Schildläuse, Austernschildläuse

-Weibchen nicht unter deckelartigem, abnehmbarem Sekretschild, Pygidium fehlend 10

10. Weibchen in kapselartiger, teildurchsichtiger, pergamentähnlicher Hülle eingeschlossen; Haut v.a. am Körperrand mit 8-förmigen Drüsenöffnungen; besonders an Eichen und Efeu gallbildend

    Familie Asterolecaniidae – Pockenschildläuse

    -Weibchen nicht in kapselartiger, teildurchsichtiger Hülle eingeschlossen 11

11. Weibchen in weißlicher bis rötlicher, filzartiger, mit einigen langen, weißen Fortsätzen versehener Hülle; Hinterende mit deutlich ausgeprägten, spitzen Anallappen; Analöffnung mit nur einer Analplatte bedeckt; hintere Stigmenfurche zwischen Stigmen und seitlichem Körperrand in zwei Furchen aufgeteilt

    Familie Cerococcidae – Schmuckschildläuse

    -Weibchen nicht in Sekrethülle mit langen Fortsätzen.....................12

12. Weibchen bei der Eiablage stark sklerotisiert; Körper mehrere Millimeter lang und breit, Körperform kugelig, beeren- oder nierenförmig; in Rindenrissen von Eichen

    Familie Kermesidae – Eichenschildläuse

    -Weibchen bei der Eiablage nicht kugelig, beeren- oder nierenförmig (Ausnahme *Physokermes* an Fichte und Tanne), aber oft mit stark gewölbter Dorsalseite 13

13. Dorsal gelegene Analöffnung mit zwei dreieckigen, sklerotisierten Analklappen; hinteres Körperviertel hinter Analklappen mit Analspalte

    Familie Coccidae – Napfschildläuse

    -Dorsalseite ohne dreieckige Analklappen über der Analöffnung......14

14. Trochanter mit zwei Sinnesporen an beiden Seiten, Klaue meist mit einem subapikalen Zähnchen; Dorsalseite vielfach mit zwei Paar Ostiolen; Mitte der vorderen Abdominalsegmente ventral oft mit rundlichem oder ovalem, seltener mehr als einem Circulus; Körperrand meist mit 1 bis 18 Paar Cerarien

    Familie Pseudococcidae – Woll- oder Schmierläuse

    -Trochanter mit 3 bis 4 Sinnesporen an beiden Seiten 15

15. Klaue mit subapikalem und basalem Zähnchen
    Familie Putoidae – Riesenschmierläuse
    -Klaue ohne basales Zähnchen 16
16. Anallappen sehr gut entwickelt; Beine und Antennen meist schlank; Haut der Dorsalseite sklerotisiert und oft mit Reihen spitzer oder stumpfer Drüsendornen; Eiablage in ovalem, meist nahezu geschlossenem Eiersack (Ausnahme *Gossyparia* [*Eriococcus* s.l.] *spuria*)
    Familie Eriococcidae – Filzschildläuse
    -Anallappen fehlend; Beine stark zurückgebildet; in Rindenrissen von Laubbäumen
    Familie Cryptococcidae – Rindenrissschildläuse

3.2.3 Systematische Übersicht über die in Deutschland im Freiland (F) lebenden sowie die an Gewächshaus-, Innenbegrünungs- und Zimmerpflanzen (GIZ) nachgewiesenen, eingeschleppten Familien, Gattungen und Arten

Unterordnung Coccina FALLÉN 1814 – Schildläuse

Überfamilie Orthezioidea AMYOT et SERVILLE 1843 (= Paleococcoidea) – Primitive Schildläuse, Urschildläuse

Familie Ortheziidae AMYOT et SERVILLE 1943 – Röhrenschildläuse
    Gattung *Arctorthezia* COCKERELL 1902
        Art   F --- *cataphracta* (OLAFSEN 1772) (Abb. 8b)
    Gattung *Graminorthezia* KOZÁR 2004
        Art   GIZ --- *tillandsiae* (MORRISON 1925)
    Gattung *Insignorthezia* KOZÁR 2004
        Art   GIZ --- *insignis* (BROWNE 1787)
    Gattung *Newsteadia* GREEN 1902
        Art   F --- *floccosa* (DE GEER 1778) (Abb. 8a, 9)
    Gattung *Orthezia* BOSC 1784
        Art   F --- *urticae* (LINNAEUS 1758) (Abb. 10, 11)

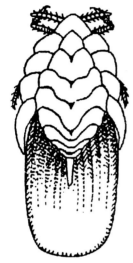

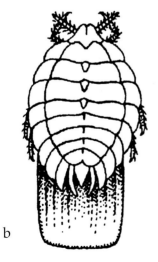

Abb. 8: Weibchen von Ortheziiden. **a** *Newsteadia floccosa* (dorsal), **b** *Arctorthezia cataphracta* (dorsal) mit Wachsplatten und Marsupium (nach SCHMUTTERER 2000).

Stammesgeschichte und Systematik 43

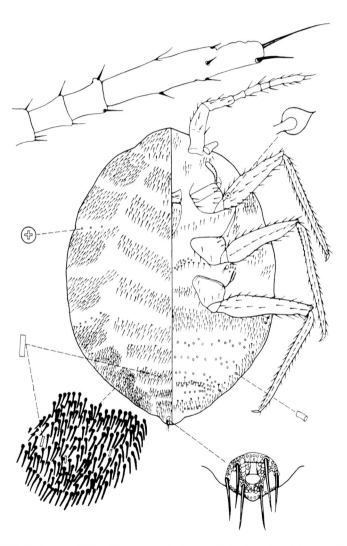

Abb. 9: Weibchen der Ortheziide *Newsteadia floccosa* (links dorsal, rechts ventral) (nach KOSZTARAB & KOZÁR 1988).

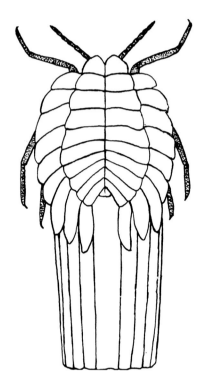

a

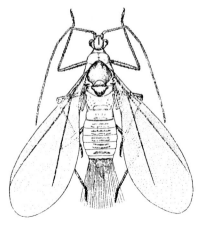

b

Abb. 10: a Dorsalansicht des Weibchens mit Eiersack und **b** des Männchens von *Orthezia urticae* (Ortheziidae) (**a** nach Schmutterer et al. 1957, **b** nach Silvestri aus Schmutterer et al. 1957).

Stammesgeschichte und Systematik

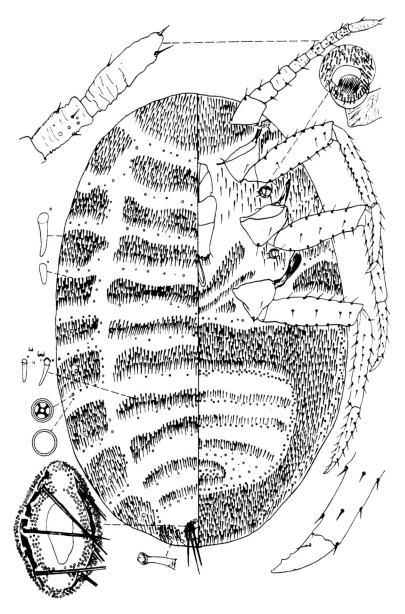

Abb. 11: Weibchen von *Orthezia urticae* (Ortheziidae) (links dorsal, rechts ventral) (nach KOSZTARAB & KOZÁR 1988).

Gattung *Ortheziola* Šulc 1894
    Art   F --- *vejdovskyi* Šulc 1894

Familie Margarodidae Cockerell 1899 – Grabschildläuse
Gattung *Porphyrophora* Brandt 1883
    Art   F --- *polonica* (Linnaeus 1758) (Abb. 12)

Familie Matsucoccidae Morrison 1927 – Kiefernborkenschildläuse
Gattung *Matsucoccus* Cockerell 1909
    Arten F --- *mugo* (Siewniak 1970)
           F --- *pini* (Green 1926)

Familie Monophlebidae Signoret 1875
Gattung *Icerya* Signoret 1875 – Riesenschildläuse
    Art   GIZ --- *purchasi* Maskell 1878 (Farbtafel 2b)
Gattung *Palaeococcus* Cockerell 1894
    Art   F --- *fuscipennis* (Burmeister 1935)

Familie Steingeliidae Morrison 1927 – Knopfborstenschildläuse
Gattung *Steingelia* Nassonov 1909
    Art   F --- *gorodetskia* Nassonov 1909 (Abb. 13)

Familie Kuwaniidae Koteja 1974 – Krummtarsenschildläuse
Gattung *Kuwania* Cockerell 1903
    Art   GIZ --- sp.

Familie Xylococcidae Pergande 1898 – Holzgallenschildläuse
Gattung *Xylococcus* Löw 1883
    Art   F --- *filiferus* Löw 1883 (Abb. 14, SW-Tafel 1a)

Stammesgeschichte und Systematik

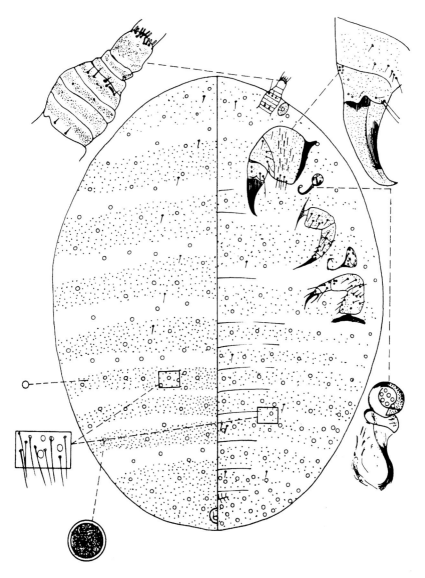

Abb. 12: Weibchen von *Porphyrophora polonica* (Margarodidae) (links dorsal, rechts ventral) (nach KOSZTARAB & KOZÁR 1988).

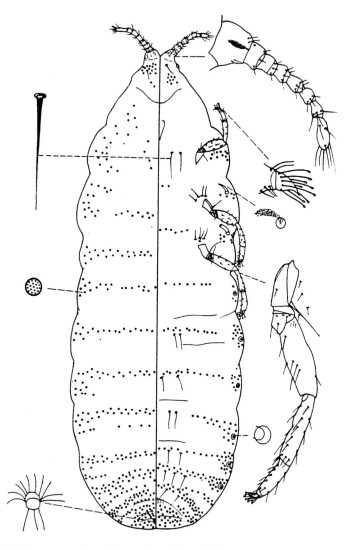

Abb. 13: Weibchen von *Steingelia gorodetskia* (Steingeliidae) mit Ventral- und Abdominalstigmen (links dorsal, rechts ventral) (nach KOSZTARAB & KOZÁR 1988).

Stammesgeschichte und Systematik

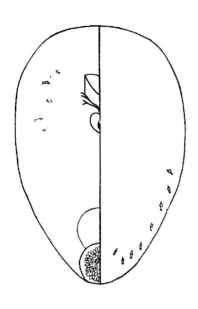

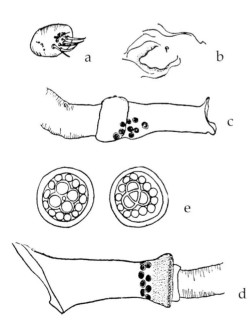

Abb. 14: Weibchen von *Xylococcus filiferus* (Xylococcidae) mit Ventral- und Abdominalstigmen (links ventral, rechts dorsal) **a** Antenne, **b** Beinrudiment, **c** thorakal-ventrale Stigme mit Atrium, **d** abdominal-dorsale Stigme mit Atrium, **e** Porenöffnungen scheibenförmiger Hautdrüsen (nach MORRISON 1928, veränd.).

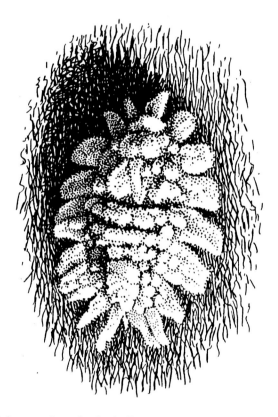

Abb. 15: Weibchen von *Puto pilosellae* (= *Ceroputo p.*) mit starken Wachsabsonderungen (nach DANZIG 1980). Die genaue systematische Position dieser ovoviviparen bis viviparen Art ist noch nicht vollständig geklärt, da sie von manchen Autoren zu den Pseudococciden, von anderen zu den Putoiden gestellt wird.

Stammesgeschichte und Systematik

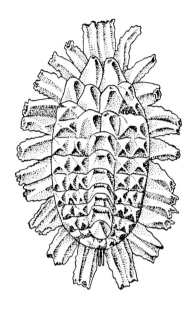

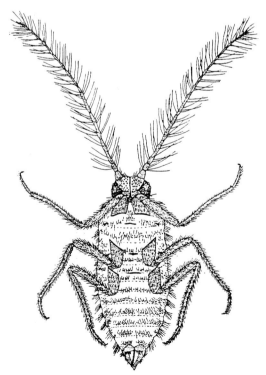

Abb. 16: Dorsalansicht des Weibchens (oben) und Männchens (unten) der Putoide *Puto superbus* (Männchen nach SCHMUTTERER 1952, Weibchen nach BORCHSENIUS 1963).

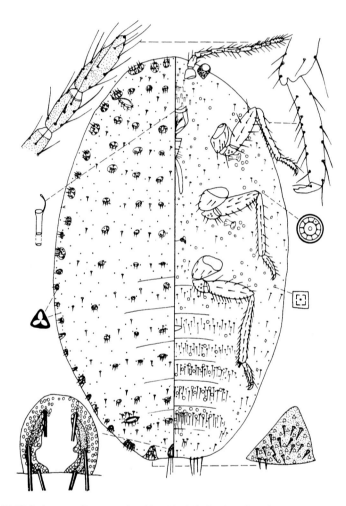

Abb. 17: Weibchen von *Puto superbus* (Putoidae) (links dorsal, rechts ventral) (nach Kosztarab & Kozár 1988).

Stammesgeschichte und Systematik 53

Überfamilie Coccoidea FALLÉN 1814 (= Neococcoidea) – Weiterentwickelte Schildläuse

Familie Putoidae BEARDSLEY 1969 – Riesenschmierläuse
    Gattung *Puto* SIGNORET 1875
        Arten   F --- *antennatus* SIGNORET 1875
                F --- *pilosellae* ŠULC 1898 (= *Ceroputo p.*) (Abb. 15)
                F --- *superbus* (LEONARDI 1907) (Abb. 16, 17)

Familie Pseudococcidae COCKERELL 1905 – Woll- und Schmierläuse
    Gattung *Antoninella* KIRITCHENKO 1938
        Art   F --- *parkeri* (BALACHOWSKY 1936) (= *A. inaudita*)
    Gattung *Atrococcus* GOUX 1941
        Arten   F --- *achilleae* KIRITCHENKO 1936
                F --- *cracens* WILLIAMS 1962
    Gattung *Balanococcus* WILLIAMS 1962b
        Arten   F --- *boratynskii* WILLIAMS 1962
                GIZ --- *diminutus* (LEONARDI 1918)
                F --- *scirpi* (WILLIAMS 1962)
                F --- *singularis* (SCHMUTTERER 1952) (Abb. 57c, 59b, 62b)
    Gattung *Brevennia* GOUX 1940
        Art   F --- *pulveraria* (NEWSTEAD 1892)
    Gattung *Chaetococcus* MASKELL 1898
        Arten   F --- *phragmitis* (MARCHAL 1909) (Farbtafel 2c, Abb. 18)
                F --- *sulcii* (GREEN 1934)
    Gattung *Coccidohystrix* LINDINGER 1943
        Art   F --- *samui* KOZÁR et KUNCZYNE BENEDICTY 1997 (*C. echinatus* Fehlb.)
    Gattung *Coccura* ŠULC 1898
        Art   F --- *comari* (KÜNOW 1880) (Farbtafel 1c, Abb. 64c)
    Gattung *Dysmicoccus* FERRIS 1950
        Arten   GIZ --- *brevipes* (COCKERELL 1875)
                F --- *multivorus* (KIRITCHENKO 1935) (= *Trionymus m.*)
                F --- *walkeri* (NEWSTEAD 1891) (Abb. 19)

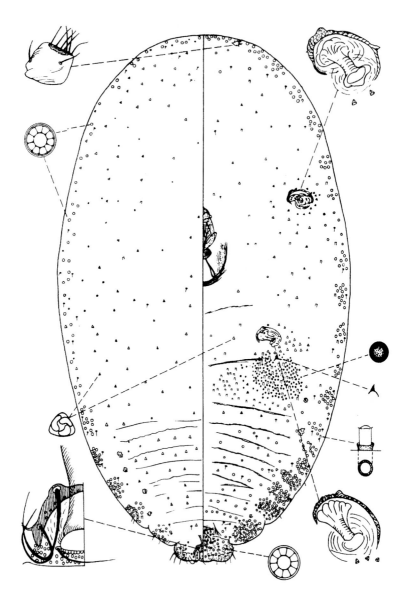

Abb. 18: Weibchen von *Chaetococcus phragmitis* (links dorsal, rechts ventral) (nach Kosztarab & Kozár 1988).

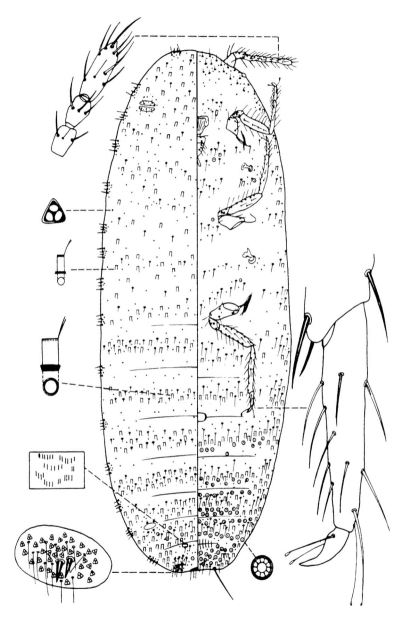

Abb. 19: Weibchen von *Dysmicoccus walkeri* (links dorsal, rechts ventral) (nach Kosztarab & Kozár 1988).

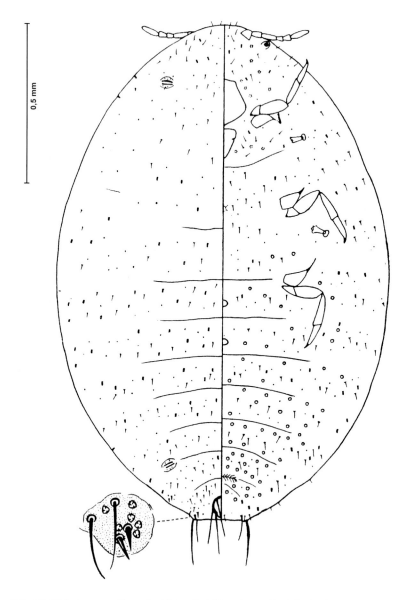

Abb. 20: Weibchen von *Fonscolombia tomlinii* (Pseudococcidae) (links dorsal, rechts ventral) (nach ZARADNÍK 1956).

Stammesgeschichte und Systematik 57

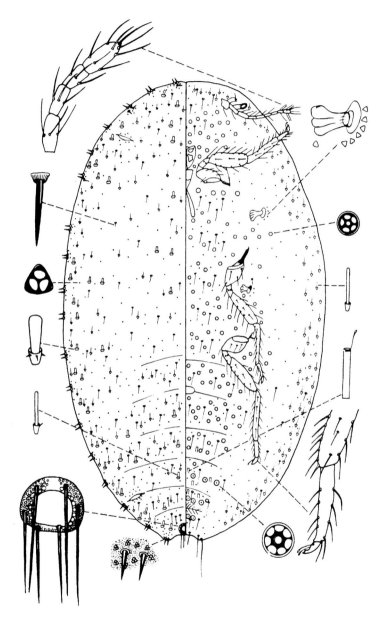

Abb. 21: Weibchen von *Heliococcus bohemicus* (Pseudococcidae) (links dorsal, rechts ventral) (nach KOSZTARAB & KOZÁR 1988).

Gattung *Fonscolombia* LICHTENSTEIN 1877
    Arten   F --- *europaea* (NEWSTEAD 1897)
              F --- *tomlinii* (NEWSTEAD 1892) (Abb. 20)
Gattung *Geococcus* GREEN 1902
    Art   GIZ --- *coffeae* GREEN 1933
Gattung *Heliococcus* ŠULC 1912
    Arten   F --- *bohemicus* ŠULC 1912 (Abb. 21)
              F --- *sulci* GOUX 1934 (Abb. 63a) (*H. radicicola* Fehlb.)
Gattung *Heterococcus* FERRIS 1918
    Art   F --- *nudus* (GREEN 1926) (Abb. 61b)
Gattung *Metadenopus* ŠULC 1933
    Art   F --- *festucae* ŠULC 1933
Gattung *Mirococcopsis* BORCHSENIUS 1948
    Art   F --- *nagyi* KOZÁR 1981
Gattung *Nipaecoccus* ŠULC 1945
    Art   GIZ --- *nipae* (MASKELL 1893)
Gattung *Peliococcus* BORCHSENIUS 1948
    Art   F --- *balteatus* (GREEN 1928) (Abb. 22)
Gattung *Phenacoccus* COCKERELL 1893
    Arten   F --- *aceris* (SIGNORET 1875) (Abb. 23)
              F --- *evelinae* (TERENZNIKOVA 1868)
              F --- *hordei* (LINDEMANN 1886)
              F --- *interruptus* GREEN 1923
              F --- *phenacoccoides* (KIRITCHENKO 1932)
              F --- *piceae* (Löw 1883) (= *Paroudablis p.*)
              F --- *sphagni* (GREEN 1915)
Gattung *Planococcus* FERRIS 1950
    Arten   GIZ --- *citri* (RISSO 1813) (Farbtafel 5b)
              F --- *vovae* (NASSANOV 1908) (= *Allococcus v.*)
Gattung *Pseudococcus* WESTWOOD 1840
    Arten   GIZ --- *affinis* (MASKELL 1894) (Farbtafel 3d, Abb. 24, 25)
              GIZ --- *calceolariae* (MASKELL 1879)

Stammesgeschichte und Systematik 59

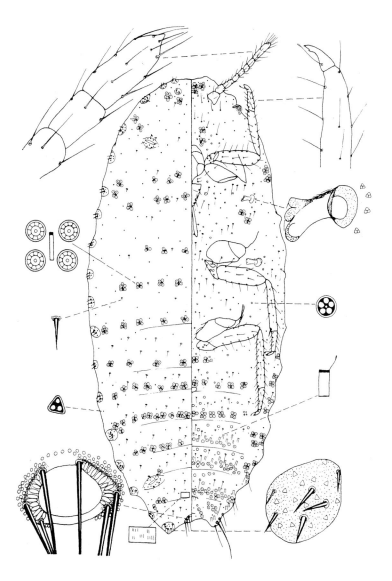

Abb. 22: Weibchen von *Peliococcus balteatus* (Pseudococcidae) (links dorsal, rechts ventral) (nach KOSZTARAB & KOZÁR 1988).

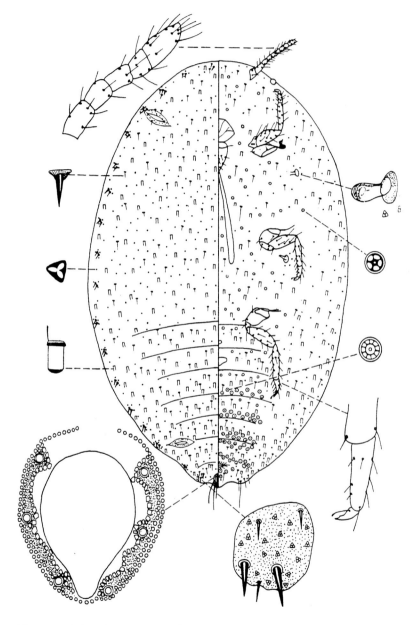

Abb. 23: Weibchen der Pseudococcide *Phenacoccus aceris* (links dorsal, rechts ventral) (nach KOSZTARAB & KOZÁR 1988).

Stammesgeschichte und Systematik

Abb. 24: Dorsalansicht des Weibchens der Pseudococcide *Pseudococcus affinis* mit charakteristischen, körperrandständigen Wachsfilamenten, erzeugt durch 17 Paar Cerarien (Foto: H. SCHMUTTERER).

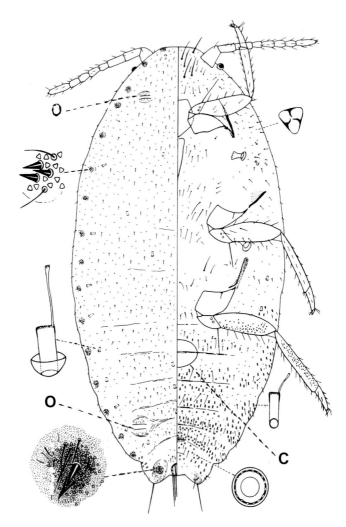

Abb. 25: Weibchen von *Pseudococcus affinis* (Pseudococcidae) (links dorsal, rechts ventral) O = Ostiolen, C = Circulus (nach Zahradník 1990, etw. veränd.).

Stammesgeschichte und Systematik 63

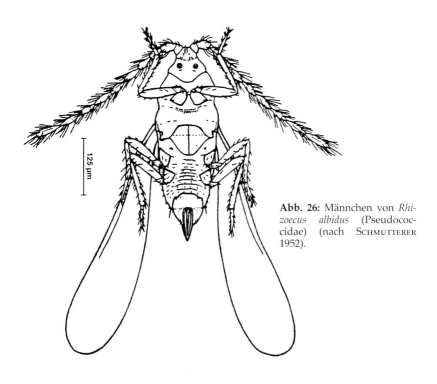

Abb. 26: Männchen von *Rhizoecus albidus* (Pseudococcidae) (nach SCHMUTTERER 1952).

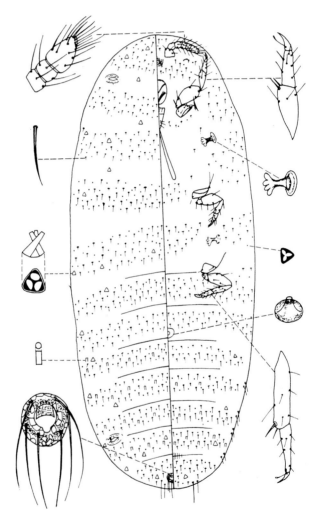

Abb. 27: Weibchen von *Rhizoecus albidus* (Pseudococcidae) (links dorsal, rechts ventral) (nach KOSZTARAB & KOZÁR 1988).

GIZ --- *longispinus* (TARGIONI-TOZZETTI 1867)

Gattung *Rhizoecus* KÜNCKEL D'HERCULAIS 1878

    Arten   F --- *albidus* GOUX 1936 (Abb. 26, 27, 57a, 61d, 63d)

              GIZ --- *cacticans* (HAMBLETON 1946)

              GIZ --- *dianthi* GREEN 1926

              GIZ --- *falcifer* KÜNCKEL D'HERCULAIS 1878

              F --- *franconiae* SCHMUTTERER 1956

Gattung *Rhodania* GOUX 1935

    Arten   F --- *occulta* SCHMUTTERER 1952 (Abb. 58b, 59c, 61c)

              F --- *porifera* GOUX 1935

Gattung *Ripersiella* TINSLEY 1899

    Arten   F --- *caesii* (SCHMUTTERER 1956)

              F --- *halophila* (HARDY 1868)

Gattung *Spilococcus* FERRIS 1950

    Arten   GIZ --- *mamillariae* (BOUCHÉ 1844)

              F --- *nanae* SCHMUTTERER 1957

Gattung *Spinococcus* BORCHSENIUS 1931

    Arten   F --- *calluneti* (LINDINGER 1912) (Abb. 66)

              F --- *kozari* SCHMUTTERER 2002 (Abb. 63c)

Gattung *Trionymus* BERG 1899

    Arten   F --- *aberrans* GOUX 1938 (Abb. 59a, 61a, 62c und d)

              F --- *dactylis* GREEN 1925

              F --- *isfarensis* BORCHSENIUS 1949

              F --- *levis* BORCHSENIUS 1937

              F --- *newsteadi* (GREEN 1917) (Abb. 64b)

              F --- *perrisii* (SIGNORET 1875)

              F --- *phalaridis* (GREEN 1925)

              F --- *placatus* BORCHSENIUS 1949 (= *Dysmicoccus p.*)

              F --- *radicum* (NEWSTEAD 1895)

              F --- *subterraneus* (NEWSTEAD 1893)

              F --- *thulensis* GREEN 1931

              F --- *tomlini* GREEN 1925

Gattung *Vryburgia* DE LOTTO 1967

    Art   GIZ --- *amaryllidis* (BOUCHÉ 1837)

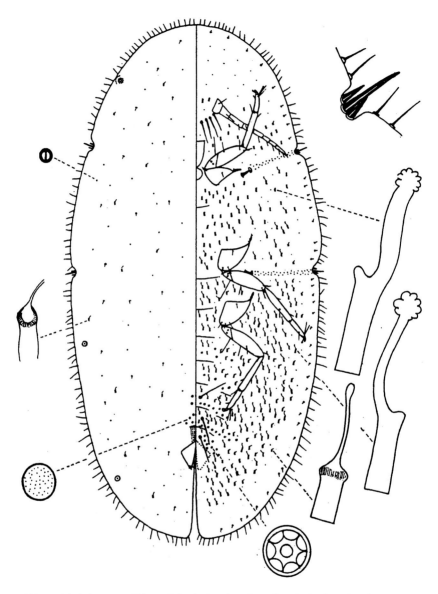

Abb. 28: Weibchen von *Chloropulvinaria floccifera* (Coccidae) (links dorsal, rechts ventral) (nach Zahradník 1990).

Stammesgeschichte und Systematik

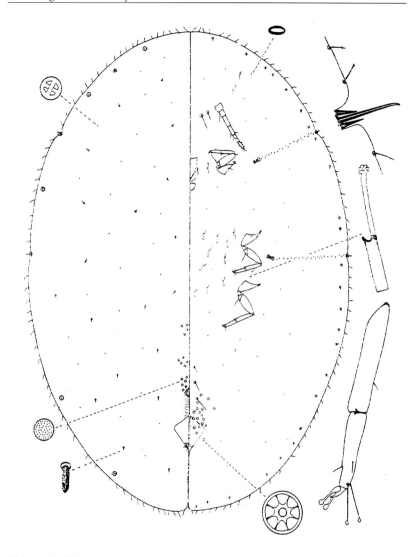

Abb. 29: Weibchen von *Coccus hesperidum* (Coccidae) (links dorsal, rechts ventral) (nach Zaradník 1990).

Familie Coccidae FALLÉN 1814 – Napfschildläuse
   Gattung *Chloropulvinaria* BORCHSENIUS 1952
      Arten   GIZ und F --- *floccifera* (WESTWOOD 1970) (Farbtafel 3c, Abb. 28)
               GIZ --- *psidii* (MASKELL 1893)
   Gattung *Coccus* LINNAEUS 1758
      Arten   GIZ --- *bromeliae* BOUCHÉ 1833
               GIZ --- *hesperidum* LINNAEUS 1758 (Farbtafel 5d, Abb. 29)
               GIZ --- *longulus* (DOUGLAS 1887)
   Gattung *Eriopeltis* SIGNORET 1872
      Arten   F --- *festucae* (FONSCOLOMBE 1834) (SW-Tafel 2c)
               F --- *lichtensteini* SIGNORET 1876 (Farbtafel 1a)
               F --- *stammeri* SCHMUTTERER 1952
   Gattung *Eucalymnatus* COCKERELL 1901
      Art   GIZ --- *tessellatus* (SIGNORET 1874)
   Gattung *Eulecanium* COCKERELL 1893
      Arten   F --- *ciliatum* (DOUGLAS 1891) (SW-Tafel 2a, Abb. 60a)
               F --- *douglasi* (ŠULC 1895)
               F --- *franconicum* (LINDINGER 1912)
               F --- *sericeum* (LINDINGER 1906) (SW-Tafel 2b)
               F --- *tiliae* (LINNAEUS 1758) (SW-Tafel 1c, Abb. 30, 60b)
   Gattung *Eupulvinaria* BORCHSENIUS 1953
      Art   F --- *hydrangeae* (STEINWEDEN 1946) (Farbtafel 3b)
   Gattung *Lecanopsis* TARGIONI-TOZZETTI 1868
      Art   F --- *formicarum* NEWSTEAD 1893 (Abb. 86-88)
   Gattung *Lichtensia* SIGNORET 1873
      Art   F --- *viburni* SIGNORET 1873
   Gattung *Luzulaspis* COCKERELL 1902
      Arten   F --- *dactylis* GREEN 1928 (Abb. 31)
               F --- *frontalis* GREEN 1928 (Abb. 96)
               F --- *luzulae* (DUFOUR 1864)
               F --- *nemorosa* KOTEJA 1966
               F --- *pieninica* KOTEJA et ZAK-OGAZA 1966 (SW-Tafel 2d)
               F --- *scotica* GREEN 1926

Stammesgeschichte und Systematik 69

Abb. 30: Jüngeres, auffällig bunt gefärbtes und charakteristisch gezeichnetes Weibchen von *Eulecanium tiliae* (Coccidae) an einem Eichenzweig (Foto: H. WÜNN).

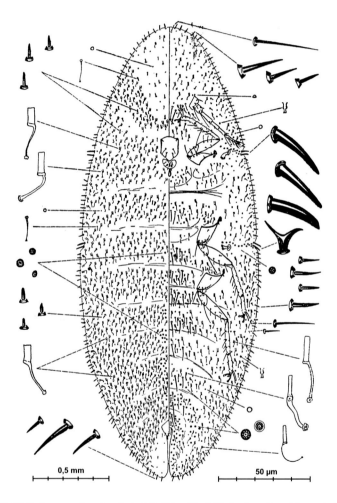

Abb. 31: Weibchen von *Luzulaspis dactylis* (Coccidae) (links dorsal, rechts ventral) (nach KOTEJA 1979).

Stammesgeschichte und Systematik

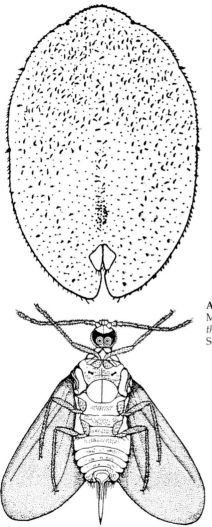

Abb. 32: Weibchen (oben, dorsal) und Männchen (unten, ventral) von *Parthenolecanium corni* (Coccidae) (nach SCHMUTTERER 1972, veränd.).

Gattung *Milviscutulus* WILLIAMS & WATSON 1990
    Art   GIZ --- *mangiferae* (Green 1889)
Gattung *Nemolecanium* BORCHSENIUS 1955
    Art   F --- *graniforme* (WÜNN 1921) (= *N. graniformis*)
Gattung *Palaeolecanium* ŠULC 1908
    Art   F --- *bituberculatum* (TARGIONI-TOZZETTI 1868)
Gattung *Parafairmairia* COCKERELL 1899
    Arten   F --- *bipartita* (SIGNORET 1872)
            F --- *gracilis* (GREEN 1916) (Abb. 99)
Gattung *Parasaissetia* TAKAHASHI 1955
    Art   GIZ --- *nigra* (NIETNER 1861)
Gattung *Parthenolecanium* ŠULC 1908
    Arten   F --- *corni* (BOUCHÉ 1844) (SW-Tafel 1b, Abb. 32)
            F --- *fletcheri* (COCKERELL 1893)
            F --- *persicae* (FABRICIUS 1776)
            F --- *pomeranicum* (KAWECKI 1954) (Farbtafel 1b)
            F --- *rufulum* (COCKERELL 1903)
Gattung *Phyllostroma* ŠULC 1942
    Art   F --- *myrtilli* (KALTENBACH 1874)
Gattung *Physokermes* TARGIONI-TOZZETTI 1868
    Arten   F --- *hemicryphus* (DALMAN 1801) (Abb. 33, 113)
            F --- *piceae* (SCHRANK 1801) (Farbtafel 2d)
Gattung *Protopulvinaria* COCKERELL 1894
    Art   GIZ --- *pyriformis* (COCKERELL 1894)
Gattung *Psilococcus* BORCHSENIUS 1952
    Art   F --- *ruber* BORCHSENIUS 1952
Gattung *Pulvinaria* TARGIONI-TOZZETTI 1865
    Arten   GIZ --- *cestri* (BOUCHÉ 1833)
            F --- *regalis* CANARD 1968 (Farbtafel 3a)
            F --- *salicis* (BOUCHÉ 1851)
            F --- *vitis* (LINNAEUS 1758) (Abb. 34)
Gattung *Pulvinariella* BORCHSENIUS 1953
    Art   GIZ --- *mesembryanthemi* (VALLOT 1830)

Stammesgeschichte und Systematik

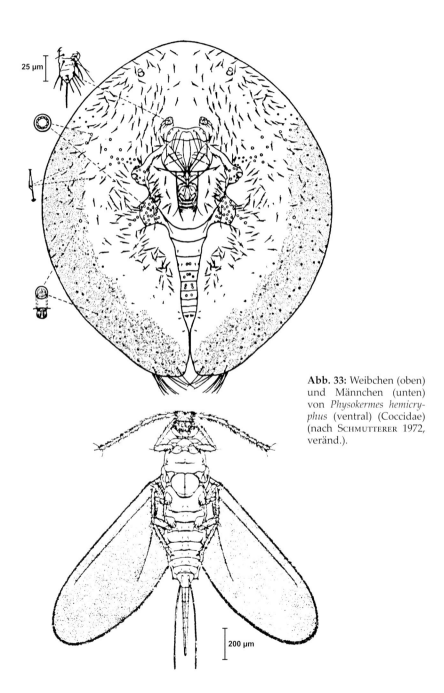

Abb. 33: Weibchen (oben) und Männchen (unten) von *Physokermes hemicryphus* (ventral) (Coccidae) (nach SCHMUTTERER 1972, veränd.).

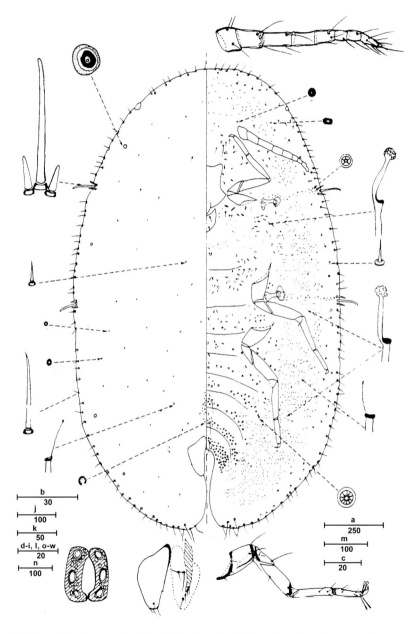

Abb. 34: Weibchen von *Pulvinaria vitis* (Coccidae) (links dorsal, rechts ventral) (nach Łagowska 1996, veränd.).

Stammesgeschichte und Systematik 75

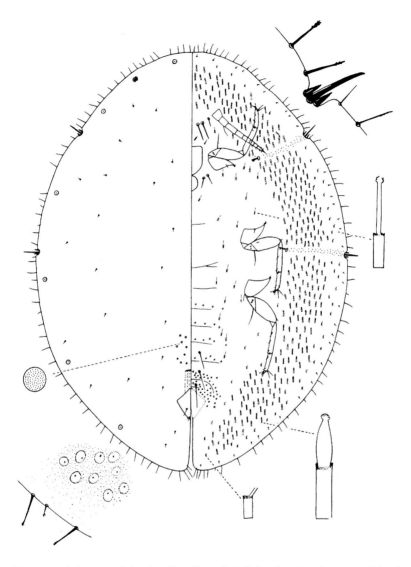

Abb. 35: Weibchen von *Saissetia coffeae* (Coccidae) (links dorsal, rechts ventral) (nach ZAHRADNÍK 1990).

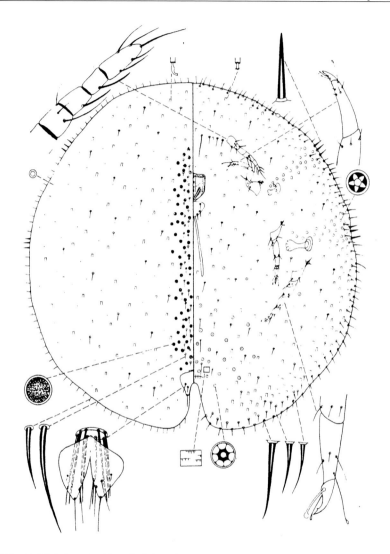

Abb. 36: Weibchen der Coccide *Sphaerolecanium prunastri* (Coccidae) (links dorsal, rechts ventral) (nach Kosztarab & Kozár 1988).

Gattung *Rhizopulvinaria* Borchsenius 1952
    Art   F --- *artemisiae* (Signoret 1873) (Abb. 110)

Gattung *Saissetia* Deplanche 1859
    Arten   GIZ --- *coffeae* (Walker 1852) (Abb. 35)
              GIZ --- *neglecta* De Lotto 1969
              GIZ --- *oleae* (Olivier 1791)

Gattung *Sphaerolecanium* Šulc 1908
    Art   F --- *prunastri* (Fonscolombe 1834) (SW-Tafel 1d, Abb. 36)

Gattung *Vinsonia* Signoret 1872
    Art   GIZ --- *stellifera* (Westwood 1871)

Gattung *Vittacoccus* Borchsenius 1952
    Art   F --- *longicornis* (Green 1916)

Familie Cerococcidae Balachowsky – Schmuckschildläuse

Gattung *Cerococcus* Comstock 1882
    Art   F --- *cycliger* Goux 1932 (Abb. 37, 38)

Familie Kermesidae Signoret 1875 – Eichenschildläuse

Gattung *Kermes* Boitard 1828
    Arten   F --- *quercus* (Linnaeus 1758) (SW-Tafel 3d, Abb. 39, 40)
              F --- *roboris* (Fourcroy 1786)
              F --- *gibbosus* Signoret 1875

Familie Cryptococcidae Kosztarab 1968 – Rindenrissschildläuse

Gattung *Cryptococcus* Douglas 1890
    Arten   F --- *aceris* Borchsenius 1937
              F --- *fagisuga* Lindinger 1936 (SW-Tafel 3c, Abb. 41)

Familie Eriococcidae – Filzschildläuse

Gattung *Acanthococcus* (*Eriococcus* s.l.) Signoret 1875
    Arten   F --- *aceris* Signoret 1875 (Abb. 98a)
              F --- *azaleae* (Comstock 1881)
              F --- *cantium* Williams 1985

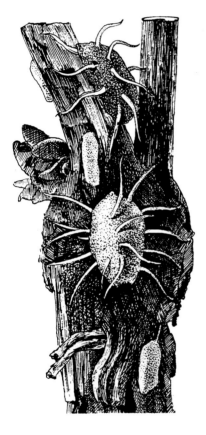

Abb. 37: Zwei Weibchen mit Sekrethülle und Fortsätzen sowie drei Männchenkokons von *Cerococcus cycliger* (Cerococcidae) an der Wirtspflanze (nach KOSZTARAB & KOZÁR 1988).

Stammesgeschichte und Systematik

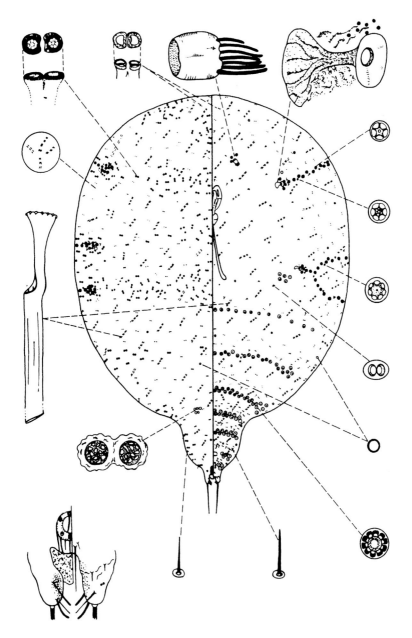

Abb. 38: Weibchen von *Cerococcus cycliger* (Cerococcidae) (links dorsal, rechts ventral) (nach KOSZTARAB & KOZÁR 1988).

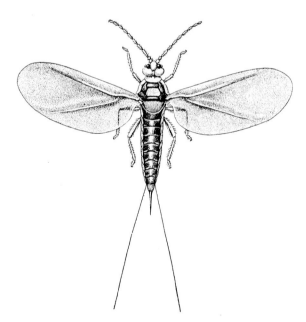

Abb. 39: Dorsalansicht des Weibchens (oben) von *Kermes quercus* (Kermesidae) an Rindenstück von Eiche und des Männchens (unten) (Weibchen nach SCHMUTTERER 2000, Männchen nach BORCHSENIUS 1963).

Stammesgeschichte und Systematik 81

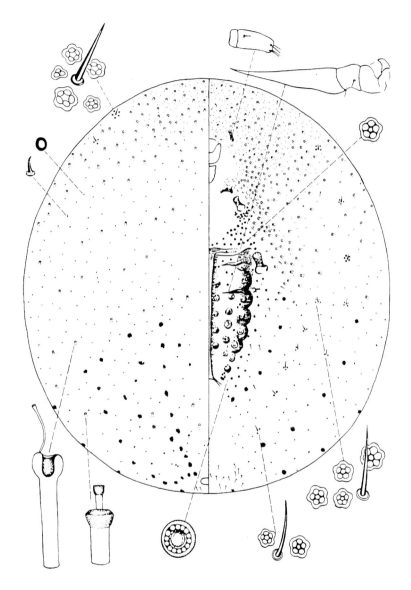

Abb. 40: Weibchen von *Kermes quercus* (Kermesidae) (links dorsal, rechts ventral) (nach KOSZTARAB & KOZÁR 1988).

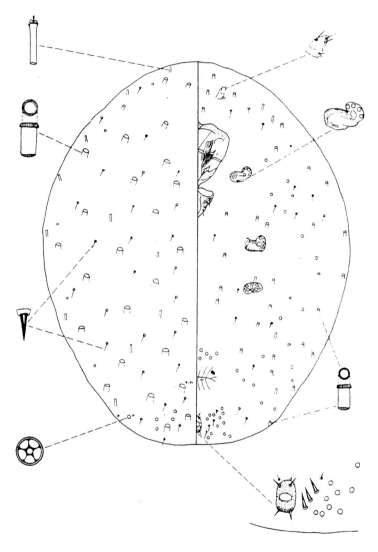

Abb. 41: Weibchen von *Cryptococcus fagisuga* (Cryptococcidae) (links dorsal, rechts ventral) (nach KOSZTARAB & KOZÁR 1988).

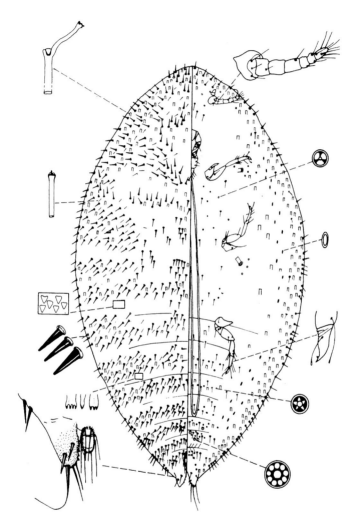

Abb. 42: Weibchen von *Gossyparia* (*Eriococcus* s.l.) *spuria* (Eriococcidae) (links dorsal, rechts ventral) (nach KOSZTARAB & KOZÁR 1988).

GIZ --- *coccineus* Cockerell 1894

F --- *devoniensis* (Green 1896) (SW-Tafel 3b)

F --- *greeni* Newstead 1898

F --- *munroi* Boratynski 1962

F --- *reynei* Schmutterer 1952 (kein Synonym zu *A. thymi* sensu Williams 1985)

F --- *uvaeursi* (Linnaeus 1761)

Gattung *Eriococcus* (Targioni-Tozzetti 1868)

    Art   F --- *buxi* (Fonscolombe 1834)

Gattung *Gossyparia* (*Eriococcus* s.l.) Signoret 1875

    Art   F --- *spuria* (Modeer 1878) (SW-Tafel 3a, Abb. 42, 98b)

Gattung *Greenisca* (*Eriococcus* s.l.) Borchsenius 1948

    Arten F --- *brachypodii* Borchsenius & Danzig 1866 (Farbtafel 1d)

           F --- *gouxi* (Balachowsky 1954)

Gattung *Kaweckia* (*Eriococcus* s.l.) Koteja & Zak-Ogaza 1981

    Art   F --- *glyceriae* (Green 1921) (Abb. 43)

Gattung *Pseudochermes* Nitsche 1895

    Art   F --- *fraxini* (Kaltenbach 1860) (Abb. 44)

Gattung *Rhizococcus* (*Eriococcus* s.l.) Signoret 1875

    Arten GIZ --- *araucariae* (Maskell 1879)

           F --- *herbaceus* Danzig 1962

           F --- *inermis* (Green 1915)

           F --- *insignis* (Newstead 1891)

           F --- *pseudinsignis* (Green 1923)

Familie Asterolecaniidae Cockerell 1896 – Pockenschildläuse, Sternschildläuse

Gattung *Asterodiaspis* Signoret 1870

    Arten F --- *quercicola* (Bouché 1844) (Abb. 45)

           F --- *variolosa* (Ratzeburg 1870) (SW-Tafel 4a)

Gattung *Asterolecanium* Targioni-Tozzetti 1868

    Art   GIZ --- *epidendri* (Bouché 1844)

Gattung *Bambusaspis* Cockerell 1902

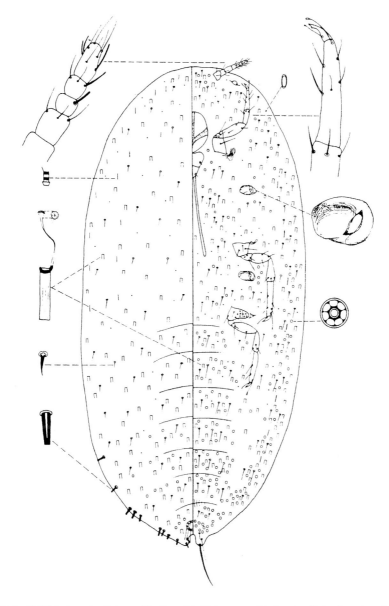

Abb. 43: Weibchen der Eriococcide *Kaweckia* (*Eriococcus* s.l.) *glyceriae* (links dorsal, rechts ventral) (nach KOSZTARAB & KOZÁR 1988).

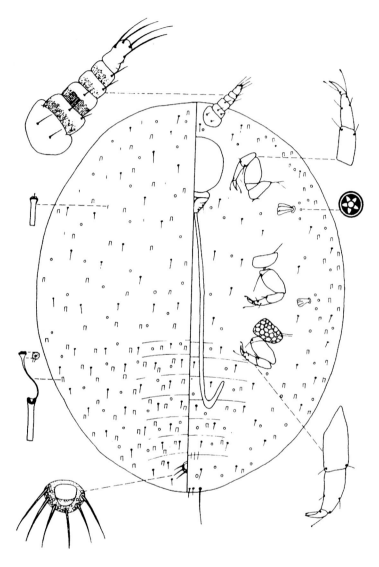

Abb. 44: Weibchen der Eriococcide *Pseudochermes fraxini* (links dorsal, rechts ventral) (nach KOSZTARAB & KOZÁR 1988).

Stammesgeschichte und Systematik 87

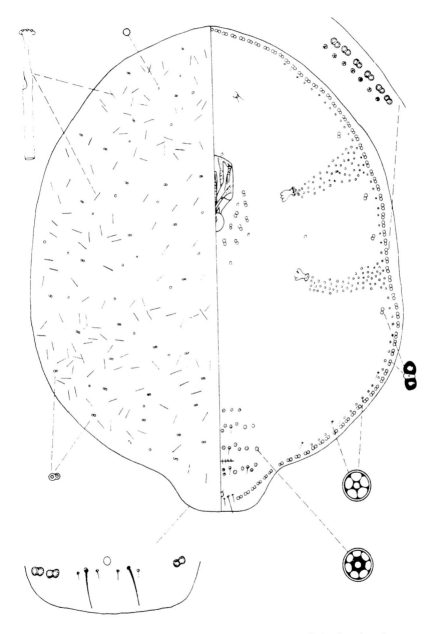

Abb. 45: Weibchen der Asterolecaniide *Asterodiaspis quercicola* (links dorsal, rechts ventral) (nach KOSZTARAB & KOZÁR 1988).

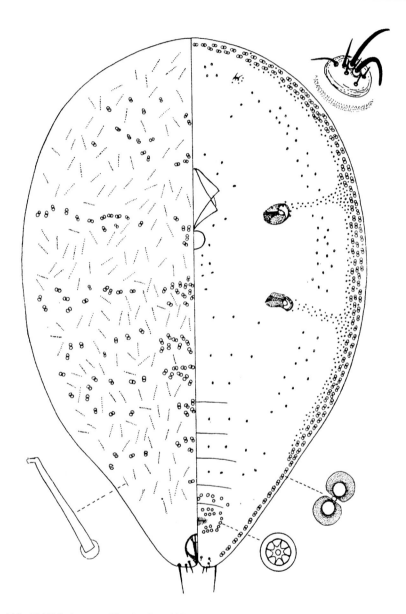

Abb. 46: Weibchen von *Planchonia arabidis* (Asterolecaniidae) (links dorsal, rechts ventral) (nach ZAHRADNÍK 1990).

Art   GIZ --- sp.
Gattung *Planchonia* Signoret 1870
    Art   F --- *arabidis* Signoret 1877 (Abb. 46)

Familie Diaspididae – Echte Schildläuse, Deckelschildläuse, Austernschildläuse
  Gattung *Acutaspis* Ferris 1841
    Art   GIZ --- *perseae* (Comstock 1881)
  Gattung *Adiascaspis* Gomez-Menor 1967
    Art   GIZ --- *barrancorum* (Lindinger 1911)
  Gattung *Aonidia* Targioni-Tozzetti
    Art   GIZ --- *lauri* (Bouché 1833)
  Gattung *Aonidiella* Berlese et Leonardi 1895
    Art   GIZ --- *inornata* MacKenzie 1938
  Gattung *Aspidiotus* Bouché 1833
    Arten GIZ --- *destructor* Signoret 1869
           GIZ --- *nerii* (Bouché 1833) (SW-Tafel 4d)
           GIZ --- *spinosus* Comstock 1883
  Gattung *Aulacaspis* Cockerell 1893
    Art   F --- *rosae* (Bouché 1833) (Abb. 49c, 51d)
  Gattung *Carulaspis* MacGillivray 1921
    Arten F --- *juniperi* (Bouché 1851)
           F --- *visci* (Schrank 1781)
  Gattung *Chionaspis* Signoret 1868
    Arten GIZ --- *cacti* Kuwana 1931
           F --- *salicis* (Linnaeus 1758) (Abb. 47)
  Gattung *Chrysomphalus* Ashmed 1880
    Arten GIZ --- *aonidum* (Linnaeus 1758) (Abb. 51b)
           GIZ --- *dictyospermi* (Morgan 1889)
  Gattung *Diaspidiotus* Berlese et Leonardi 1896
    Arten F --- *alni* (Marchal 1909)
           F --- *bavaricus* (Lindinger 1912)
           F --- *gigas* (Thiem et Gerneck 1934)

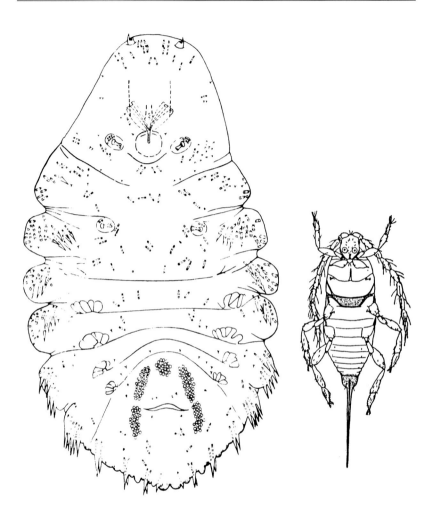

Abb. 47: Ventralansicht eines Weibchens und flügellosen Männchens von *Chionaspis salicis* (Diaspididae) (nach Van Dinther 1950, veränd.).

Stammesgeschichte und Systematik

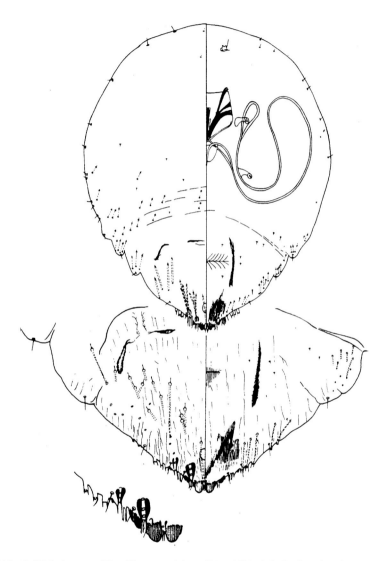

Abb. 48: Weibchen von *Diaspidiotus perniciosus* (Diaspididae) (links dorsal, rechts ventral) mit eingezogenem Stechborstenbündel (nach KOSZTARAB & KOZÁR 1988).

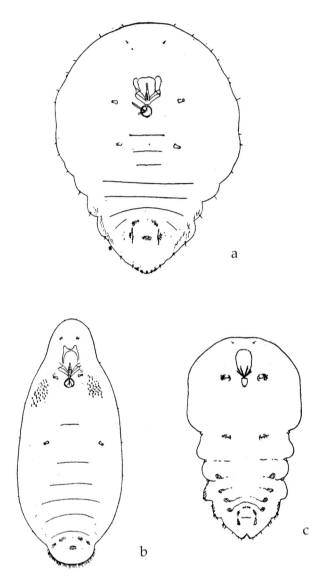

Abb. 49: Körperformen von Diaspididenweibchen. **a** *Diaspidiotus pyri*, **b** *Leucaspis pini*, **c** *Aulacaspis rosae* (nach Schmutterer 1959).

Stammesgeschichte und Systematik

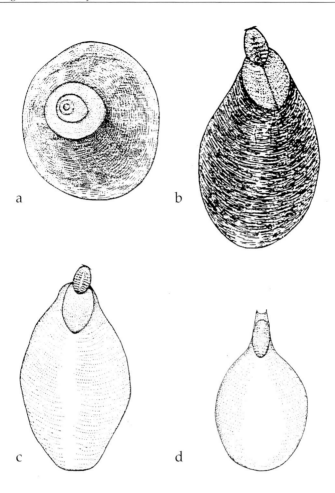

Abb. 50: Schilde weiblicher Diaspididen. **a** *Diaspidiotus perniciosus* (grau), **b** *Unaspis euonymi* (braun), **c** *Chionaspis salicis* (weiß), **d** *Leucaspis loewi* (weiß) (nach SCHMUTTERER 1959).

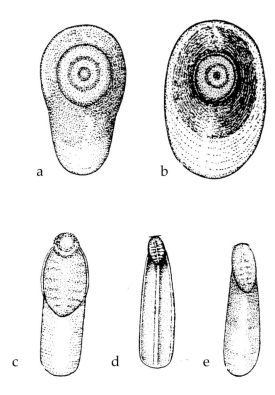

Abb. 51: Schilde von männlichen Deckelschildläusen (Diaspididae). **a** *Diaspidiotus perniciosus*, **b** *Chrysomphalus aonidum*, **c** *Parlatoria parlatoriae*, **d** *Aulacaspis rosae*, **e** *Lepidosaphes conchiformis* (nach SCHMUTTERER 1959).

Stammesgeschichte und Systematik 95

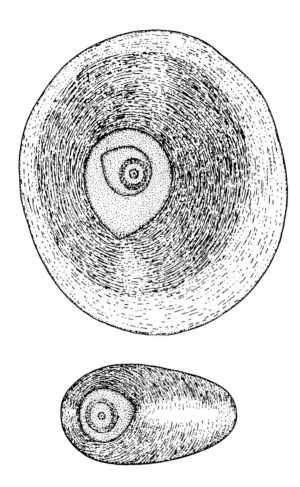

Abb. 52: Männchenschild (unten) und Weibchenschild (oben) von *Dynaspidiotus abietis* (Diaspididae) (nach SCHMUTTERER 1959).

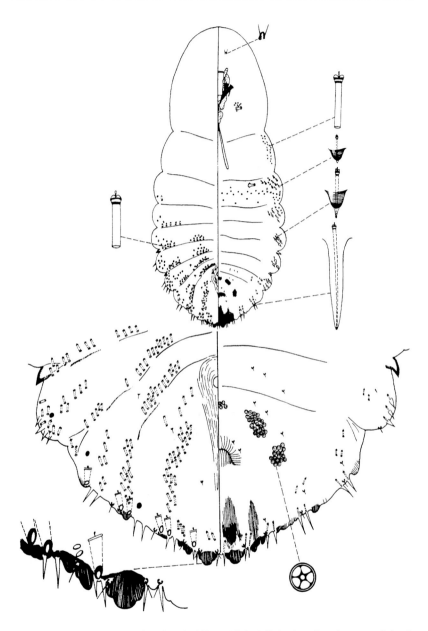

Abb. 53: Weibchen von *Lepidosaphes ulmi* (Diaspididae) (links dorsal, rechts ventral) (nach KOSZTARAB & KOZÁR 1988).

F --- *labiatarum* (MARCHAL 1909)
F --- *marani* (ZAHRADNÍK 1952)
F --- *ostreaeformis* (CURTIS 1843)
F --- *perniciosus* (COMSTOCK 1881) (Farbtafel 4c, Abb. 48, 50a, 51a, 73, 85)
F --- *pyri* (LICHTENSTEIN 1881) (Abb. 1, 49a)
F --- *wuenni* (LINDINGER 1911)
F --- *zonatus* (FRAUENFELD 1868)

Gattung *Diaspis* COSTA 1828
Arten GIZ --- *boisduvalii* (SIGNORET 1869)
GIZ --- *bromeliae* (KERNER 1778)
GIZ --- *echinocacti* (BOUCHÉ 1883)

Gattung *Dynaspidiotus* THIEM et GERNECK 1934
Arten F --- *abietis* (SCHRANK 1776) (Abb. 52)
GIZ --- *britannicus* (NEWSTEAD 1898)

Gattung *Epidiaspis* COCKERELL 1899
Art F --- *leperii* (SIGNORET 1869)

Gattung *Fiorinia* TARGIONI-TOZZETTI 1867
Art GIZ --- *fioriniae* (TARGIONI-TOZZETTI 1867)

Gattung *Furchadiaspis* MACGILLIVRAY 1921
Art GIZ --- *zamiae* (MORGAN 1880)

Gattung *Gymnaspis* NEWSTEAD 1898
Art GIZ --- *aechmeae* NEWSTEAD 1898

Gattung *Hemiberlesia* COCKERELL 1897
Arten GIZ --- *cyanophylli* (SIGNORET 1869)
GIZ --- *lataniae* (SIGNORET 1869)
GIZ --- *palmae* (COCKERELL 1892)
GIZ --- *rapax* (COMSTOCK 1883)

Gattung *Howardia* BERLESE et LEONARDI 1895
Art GIZ --- *biclavis* (COMSTOCK 1883)

Gattung *Ischnaspis* DOUGLAS 1887
Art GIZ --- *longirostris* (SIGNORET 1882)

Gattung *Kuwanaspis* MACGILLIVRAY 1921
Art GIZ --- *pseudoleucapsis* (KUWANA 1925)

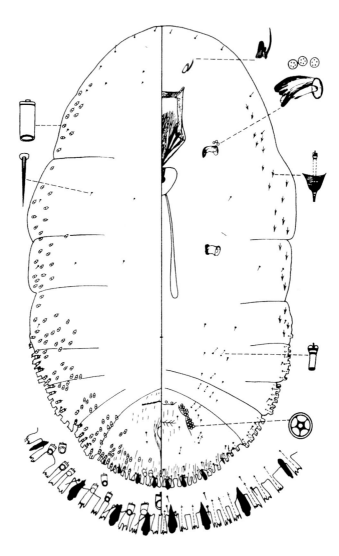

Abb. 54: Weibchen von *Parlatoria parlatoriae* (Diaspididae) (links dorsal, rechts ventral) (nach KOSZTARAB & KOZÁR 1988).

Gattung *Lepidosaphes* Shimer 1868
    Arten   F --- *conchiformis* (Gmelin 1789) (Abb. 51e)
               F --- *newsteadi* (Šulc 1895)
               GIZ --- *pinnaeformis* (Bouché 1851)
               F --- *ulmi* (Linnaeus 1758) (SW-Tafel 4c, Abb. 53)

Gattung *Leucaspis* Signoret 1869
    Arten   F --- *loewi* Colvée 1882 (Abb. 50d)
               F --- *pini* (Hartig 1839) (Abb. 49b)

Gattung *Lopholeucaspis* Balachowsky 1953
    Arten   GIZ --- *cockerelli* (Grandpré & Charmoy 1899)
               GIZ --- *japonica* (Cockerell 1897)

Gattung *Melanaspis* Cockerell 1897
    Arten   GIZ --- *bromiliae* (Leonardi 1899)
               GIZ --- *sulcata* Ferris 1943

Gattung *Mycetaspis* Cockerell 1892
    Art   GIZ --- *personata* (Comstock 1893)

Gattung *Odonaspis* Leonardi 1897
    Art   GIZ --- *secreta* Leonardi 1897

Gattung *Opuntiaspis* Cockerell 1899
    Art   GIZ --- *philococcus* (Cockerell 1893)

Gattung *Parlatoria* Targioni-Tozzetti 1868
    Arten   GIZ --- *oleae* (Colvée)
               F --- *parlatoriae* (Šulc 1895) (Abb. 51c, 54)
               GIZ --- *pergandii* Comstock 1881
               GIZ --- *proteus* (Curtis 1843)
               GIZ --- *pseudaspidiotus* Lindinger 1905

Gattung *Pinnapsis* Cockerell 1892
    Arten   GIZ --- *aspidistrae* (Signoret 1869)
               GIZ --- *buxi* (Bouché 1851)
               GIZ --- *strachani* (Cooley 1899)

Gattung *Pseudaonidia* Cockerell 1897
    Art   GIZ --- *tricuspidata* Lindinger 1939

Gattung *Pseudaulacaspis* (MacGillivray 1921)

Arten   GIZ --- *cockerelli* (COOLEY 1897)

            F --- *pentagona* (TARGIONI-TOZZETTI 1886)

Gattung *Pseudoparlatoria* COCKERELL 1892

Arten   GIZ --- *ostreata* COCKERELL 1892

            GIZ --- *parlatorioides* (COMSTOCK 1883)

Gattung *Rhizaspidiotus* MACGILLIVRAY 1921

Art   F --- *canariensis* (LINDINGER 1911)

Gattung *Selenaspidus* COCKERELL 1897

Arten   GIZ --- *albus* MCKENZIE 1953

            GIZ --- *pertusus* (BRAIN 1918)

            GIZ --- *pumilus* (BRAIN 1918)

            GIZ --- *rubidus* MCKENZIE 1953

Gattung *Unaspidiotus* MACGILLIVRAY 1921

Art   GIZ --- *cortinispini* (LINDINGER 1909)

Gattung *Unaspis* MACGILLIVRAY 1921

Art   F --- *euonymi* (COMSTOCK 1881) (Farbtafel 4d, Abb. 50b)

Als Schlussbemerkung zu Kap. 3.2.3 ist die Feststellung angebracht, dass die Erstellung einer genauen Liste der in Deutschland an Gewächshaus- und Zimmerpflanzen beobachteten Schildlausarten wegen der sehr stark verstreuten Literatur kaum möglich ist, wozu auch beiträgt – wie bereits in der Einleitung erwähnt –, dass viele von diesen eingeschleppten Arten höchstens einige Monate vorhanden sind und dann aus verschiedenen Gründen wie z.B. Bekämpfung wieder verschwinden.

Mehrere Cocciden- und Diaspididenarten, die schon im 19. Jh. knapp beschrieben und v. a. in Gewächshäusern gefunden worden sind, lassen sich heute nicht mehr einwandfrei identifizieren.

SW-Tafel 1: Schildläuse aus verschiedenen Familien. **a** *Xylococcus filiferus* (Xylococcidae) an Linde mit Wachsröhrchen mit endständigem Honigtautropfen, **b** *Parthenolecanium corni*, **c** *Eulecanium tiliae*, **d** *Sphaerolecanium prunastri* (alle Coccidae) (Fotos: H. Schmutterer).

Farbtafel 1: Weibchen von Schildläusen aus verschiedenen Familien. **a** *Eriopeltis lichtensteini*, **b** *Parthenolecanium pomeranicum* an Eibe (beide Coccidae), **c** *Coccura comari* (Pseudococcidae), **d** *Greenisca* (*Eriococcus* s.l.) *brachypodii* (Eriococcidae) (Fotos: H. SCHMUTTERER).

Farbtafel 2: Schildläuse aus verschiedenen Familien. **a** Weibchen und Larven von *Orthezia urticae* (Ortheziidae), **b** Weibchen von *Icerya purchasi* (Monophlebidae) mit Eiersack, **c** Weibchen von *Chaetococcus phragmitis* (Pseudococcidae) an Schilfrohr, **d** »Brutblase« von *Physokermes piceae* (Coccidae), (Fotos: H. SCHMUTTERER).

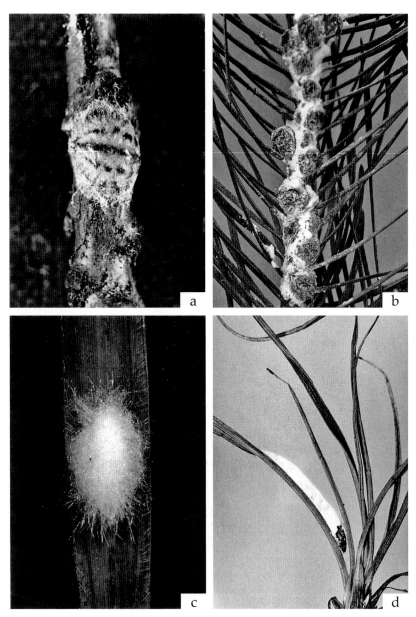

SW-Tafel 2: Schildläuse aus der Familie der Coccidae. **a** *Eulecanium ciliatum*, **b** Kolonie von *Eulecanium sericeum* an *Abies concolor*, **c** *Eriopeltis festucae*, **d** *Luzulaspis pieninica* an *Carex* sp. (Fotos: H. SCHMUTTERER).

SW-Tafel 3: Schildläuse aus verschiedenen Familien. **a** *Gossyparia* (*Eriococcus* s.l.) *spuria*, **b** *Acanthococcus* (*Eriococcus* s.l.) *devoniensis* (beide Eriococcidae) (Verkrümmung der Triebe), **c** Wachswolle von *Cryptococcus fagisuga* (Cryptococcidae) an Rotbuchenstamm, **d** *Kermes quercus* (Kermesidae) an Eichenrinde (Fotos: H. SCHMUTTERER).

Farbtafel 3: Eiersäcke von Cocciden und Pseudococciden. **a** *Pulvinaria regalis* an Baumrinde, **b** *Eupulvinaria hydrangeae* an Blattunterseite von Bergahornblatt, **c** *Chloropulvinaria floccifera* an Eibe (alle Coccidae), **d** *Pseudococcus affinis* (Pseudococcidae) (Fotos: H. SCHMUTTERER).

Farbtafel 4: Schäden durch Schildläuse im Freiland. **a** Nekrosen unter Kiefernrinde, verursacht durch Saugtätigkeit von *Matsucoccus pini* (Matsucoccidae), **b** Rußtau auf Honigtau von *Chloropulvinaria floccifera* (Coccidae), **c** Rote Saugflecke an Apfel, hervorgerufen durch *Diaspidiotus perniciosus* (Diaspididae), **d** Saugschäden von *Unaspis euonymi* (Diaspididae) an *Euonymus japonicus*. (Fotos: H. Schmutterer).

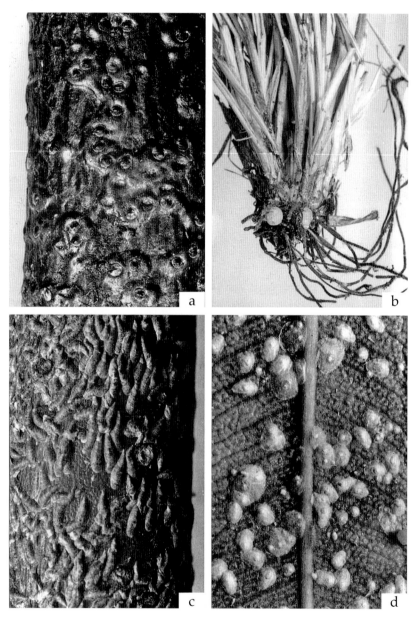

SW-Tafel 4: Schildläuse aus verschiedenen Familien. **a** *Asterodiaspis variolosa* (Asterolecaniidae), **b** *Chaetococcus sulcii* (Pseudococcidae) **c** *Lepidosaphes ulmi* und **d** *Aspidiotus nerii* (beide Diaspididae) (Fotos: H. Schmutterer).

4 Dispersion und geographische Verbreitung

4.1 Dispersion

Bei der Dispersion der Schildläuse ist, wie bei Insekten und anderen Tieren üblich, zwischen aktiver und passiver Ausbreitung zu unterscheiden. Hinsichtlich der aktiven Ausbreitung sind dieser Insektengruppe enge Grenzen gesetzt, weil die weiblichen Schildläuse als flügellose Tiere naturgemäß nicht flugfähig sind. Somit bleibt die Lauffähigkeit die einzige Möglichkeit, sich in einem begrenzten Areal aktiv auszubreiten, soweit die Coccina als stark spezialisierte Insekten überhaupt gut entwickelte Beine besitzen. Bei vielen Arten wie den Diaspididen, den Asterolecaniiden, aber auch einigen Cocciden und Pseudococciden, außerdem auch manchen Stadien der Orthezioiden sind die Beine – abgesehen vom Erstlarvenstadium – ganz oder stark reduziert, was die Ausbreitungsmöglichkeit noch weiter einschränkt, da Ortsveränderung nicht mehr möglich ist. Die Ortheziiden und Putoiden können ihren Aufenthaltsort zeitlebens verändern; vielen Pseudococciden, Eriococciden und manchen Cocciden ist dies bis zum Beginn der Eiablage (Eiersackbildung) möglich.

Die Ortheziiden laufen auffallend langsam und legen im Laufe ihres Lebens schätzungsweise höchstens 5 bis 6 Meter zurück. Wesentlich bessere Läufer (Wanderer) sind Putoiden wie *Puto superbus* und einige Pseudococciden, die sehr gut entwickelte, relativ kräftige und lange Beine besitzen und während ihres Lebens einige Meter weit laufen können. Die Eriococciden laufen dagegen in der Regel langsam und nur sehr kurze Strecken. Die stärkste Laufaktivität beobachtet man bei den Erstlarven der Diaspididen und einiger Cocciden und Pseudococciden. Sie werden deshalb im Deutschen als Wanderlarven, im Englischen als »crawlers« bezeichnet (Abb. 55).

Die Crawlers suchen nach dem Verlassen der mütterlichen Schilde, zunächst passiv fototaktisch reagierend, in der Umgebung nach einem zum

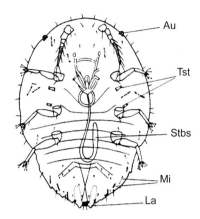

Abb. 55: Wanderlarve (Crawler) von *Diaspidiotus pyri* (ventral). Au - Auge, Tst - Thorakalstigmen, Stbs - Stechborsten (eingezogen), Mi - Mikroporen, La - Lappen (nach DUSKOVÁ 1953).

Festsaugen geeigneten Platz. Dabei dürften die sehr kleinen Insekten in der Regel kaum mehr als einen Meter zurücklegen können. Wandern sie noch weiter, so sterben sie später oft bald ab, da sie zu viel Feuchtigkeit verloren haben und vertrocknen. In besonderen Fällen wie bei der Coccidengattung *Parthenolecanium* können sich von Bäumen oder Sträuchern zu Boden gefallene Erstlarven an Gräsern und Kräutern der Bodenvegetation ansiedeln und an ihr bis zum Zweitlarvenstadium entwickeln.

Die Flugfähigkeit geflügelter Schildlausmännchen hat für die Ausbreitung der Arten praktisch keine Bedeutung. Gleiches gilt weitgehend auch für ihre Laufeigenschaften.

Die passive Verbreitung der Schildläuse spielt für die meisten Arten eine weitaus größere Rolle als die aktive durch das Laufen. Besondere Bedeutung kommt dabei Luftbewegungen wie dem Wind zu, der die kleinen und leichten Erstlarven über weitere Entfernungen, wahrscheinlich einige Kilometer oder mehr transportieren kann. Nach WASHBURN & WASHBURN (1984) halten die Erstlarven von *Pulvinaria regalis* ihre vordere Körperhälfte nach oben, um vom Wind besser erfasst und transportiert zu werden. Wenn sie beim Windtransport nicht zu stark austrocknen, sollten sie in der Lage sein, sich mit Erfolg an neuen Wirtspflanzen auch in weiterer Entfernung festzusetzen.

Wasser kann gelegentlich zur Ausbreitung von Schildläusen beitragen, wenn Junglarven oder andere Stadien von Bäumen und Sträuchern in fließende Gewässer wie Bäche fallen und von diesen über weitere Strecken transportiert werden, ohne dass es zu Verletzungen kommen muss. Wenn die Schildläuse auf Pflanzen an den Ufern treffen, können sie auf diese klettern und sich, wenn es sich um ihre Wirtspflanzen handelt, auch weiterentwickeln. Wasser kann auch in Hanglagen, wenn die Wurzeln von Pflanzen bei starken Niederschlägen zusammen mit wurzellebenden Schildläusen freigespült werden, die Insekten je nach Hanglage über kürzere oder weitere Entfernungen transportieren, ohne dass es dabei zu starker negativer Beeinträchtigung der Insekten kommt.

Über den Boden können Wurzelläuse unter den Schildläusen wie Pseudococciden der Gattungen *Rhizoecus* und *Ripersiella* dann verbreitet werden, wenn Erdreich, das Schildläuse enthält, von einem Ort zum anderen, mitunter auch über größere Entfernungen transportiert wird, z. B. bei Straßenbaumaßnahmen.

Eine ganz besondere, ja überragende Bedeutung besitzt für die passive Verbreitung der Schildläuse der nationale und internationale Handel. Arten an Obstbäumen und Zierpflanzen werden hierdurch mit ihren Wirtspflanzen oder Wirtspflanzenteilen wie Früchten rasch und weit verbreitet, da die gut geschützt und versteckt lebenden Läuse kaum oder nur selten beim Transport geschädigt werden. Auch die Verschleppung von Schildlauseiern ist so sehr leicht möglich. Besonders Diaspididen, die oft getarnt unter der äußeren Rinde sitzen (6.4.2), sind auf diese Weise zu Kosmopoliten geworden. Sehr bekannte Beispiele sind die San-José-Schildlaus (*D. perniciosus*) und die Maulbeerschildlaus (*P. pentagona*). Sogar von Erdteil zu Erdteil kommen oft Verschleppungen vor. Der ständig zunehmende Verkehr und die Erleichterung von Quarantänebestimmungen werden in Zukunft dazu beitragen, dass noch mehr Schildläuse und andere Schadinsekten nach Mitteleuropa eingeschleppt werden.

Die durch ihre starke, schneeweiße Wachsabsonderung relativ auffällige Putoide *Puto superbus* (Abb. 16) wurde kurz nach dem 2. Weltkrieg vermutlich mit landwirtschaftlichen Produkten aus Italien nach Fürth i. Bay. eingeschleppt, wo sie sich zunächst für mehrere Jahre halten konnte. Heute muss sie in Deutschland aber als verschollen gelten, da sie hier in der Zwischenzeit nicht mehr nachgewiesen werden konnte.

Schließlich dürfte auch die globale Erwärmung dazu beitragen, dass wärmeliebende Schildlausarten zunehmend Existenzmöglichkeiten auch in Gebieten finden, wo sie bisher aus klimatischen Gründen nicht existieren konnten.

Die rasche Ausbreitung der Cocciden *Pulvinaria regalis* und *Eupulvinaria hydrangeae* in den letzten Jahrzehnten in West- und Mitteleuropa hat den Verdacht nahegelegt, dass der Straßenverkehr an der Ausbreitung von Schildläusen stark beteiligt ist. Es wäre durchaus vorstellbar, dass Tausende von Erstlarven an die Planen von Lastkraftwagen, die unter stark befallenen Straßenbäumen parken, gelangen und dass nach längerer Fahrt einige von ihnen noch lebensfähig sind und anderswo auf neue Wirtspflanzen überwandern können. Es kommen aber auch andere Insekten wie räuberische Coccinelliden und Vögel, ja selbst größere Haustiere und Menschen für die passive Ausbreitung von Erstlarven (»crawlers«) von Schildläusen in Frage, worauf in der Literatur wiederholt schon hingewiesen ist (z.b. KOSZTARAB & KOZÁR 1988, ŞENGONCA & FABER 1995) worden ist.

4.2 Geographische Verbreitung

Mitteleuropa i.e.S. gehört zoogeographisch betrachtet zum nördlichen Teil der Paläarktis, genauer gesagt zur eurosibirischen Region. Hier sind im Vergleich zur mediterranen, iranoturanischen und fernöstlichen Region nach KOSZTARAB & KOZÁR (1988) bisher die wenigsten Gattungen (93) und Arten (257) von Schildläusen nachgewiesen worden. In Abhängigkeit vom Klima und den Wirtspflanzen nimmt die Artenzahl in der eurosibirischen Region von Süden nach Norden kontinuierlich ab. Ähnliches gilt für die Hochgebirge innerhalb dieses Bereiches, d.h. von den Tal- zu zunehmenden Höhenlagen geht in den Alpen die Zahl der Schildlausarten Schritt für Schritt zurück.

Bedingt durch die relativ begrenzte Zahl von Entomologen, die sich bisher in der Paläarktis bzw. auch in der eurosibirischen Region mit Schildläusen beschäftigt haben, ist über die geographische Verbreitung der meisten Arten in der Regel nur wenig bekannt. Selbst in Mitteleuropa i.e.S. sind viele Arten bisher nur von einem einzigen Fundort bekannt, weshalb ein verlässliches Urteil über deren genaue geographische Verbreitung nicht möglich ist. Lediglich bei sehr schädlichen Schildlausarten sind zuverlässigere Aussagen möglich. An sich ist die Ausbreitung ja ein ständiger Prozess, der sich bei auffälligeren, in den letzten Jahrzehnten nach Deutschland eingeschleppten Cocciden wie *Pulvinaria regalis* und *Eupulvinaria hydrangeae* ganz gut beobachten lässt. Sollte es in Mitteleuropa auf die Dauer zu einer Erwärmung kommen, so ist noch mit einer größeren Zahl von Einwanderern oder Einschleppungen zu rechnen.

Einige von den im mitteleuropäischen Raum verbreiteten Schildlausarten sind ausgesprochen thermophil, weshalb sie sich auf die wärmsten Gebiete Deutschlands, die auch durch sog. Weinbauklima charakterisiert sind, konzentrieren. Zu dieser Gruppe gehören meist Arten, die sonst in der mediterranen Region als typisch gelten können, z.B. die Putoide *Puto superbus*, die Cocciden *Lichtensia viburni* und *Parthenolecanium persicae*, die Cerococcide *Cerococcus cycliger*, die Asterolecaniide *Planchonia arabidis* sowie die Diaspididen *Diaspidiotus perniciosus, Pseudaulacaspis pentagona* und *Epidiaspis leperii* (alle eingeschleppt).

Boreale Arten haben in Mitteleuropa i.e.S. eine mehr nördliche Verbreitung, alpine kommen v.a. in höheren Lagen der Hochgebirge vor, weil sie offensichtlich niedrigere Temperaturen bevorzugen. Die Zahl solcher Arten ist allerdings begrenzt. Die Putoide *Puto antennatus* kommt in Deutschland an verschiedenen Stellen der Alpen vor, wo sie u.a. im Gebiet des Funtensees gefunden wird, wo im Winter Extremtemperaturen bis zu -45°C gemessen worden sind. Auch die Eriococcide *Acanthococcus* (*Eriococcus* s.l.) *uvaeursi* geht in den Alpen an Zwergsträuchern deutlich bis über die Baumgrenze hinaus, ist stellenweise aber auch im Flachland zu finden. Als weitere alpine Art kann man die Ortheziide *Arctorthezia cataphracta* nennen, die in Deutschland in höheren Lagen der Alpen lebt.

Holarktische Arten, die in vielen Teilen der ganzen Holarktis vorkommen, gibt es bei uns nur einige wenige. Es handelt sich u.a. um die bereits genannte Ortheziide *A. cataphracta*, die Pseudococcide *Heterococcus nudus*, die Cocciden *Eriopeltis festucae, Physokermes hemicryphus* und *Pulvinaria vitis* sowie die Diaspidide *Diaspidiotus ostreaeformis*.

Viele Arten der mitteleuropäischen Schildlausfauna haben eine transpaläarktische Verbreitung. Beispiele hierfür sind *Newsteadia floccosa* und *Orthezia urticae* (beide Ortheziidae), *Matsucoccus pini* (Matsucoccidae), *Steingelia gorodetskia* (Steingeliidae), *Puto pilosellae* (Putoidae), *Atrococcus cracens, Phenacoccus piceae, Planococcus vovae* (alle Pseudococcidae), *Pseudochermes fraxini, Acanthococcus* (*Eriococcus* s.l.) *greeni, Rhizococcus* (*Eriococcus* s.l.) *insignis, Greenisca* (*Eriococcus* s.l.) *gouxi* (alle Eriococcidae) und *Eulecanium ciliatum* (Coccidae). Viele andere in Deutschland nachgewiesene Schildlausarten haben eine eurosibirische Verbreitung. Sie bevorzugen Biotope mit steppenartigem Charakter und Hügelland. Kosmopoliten gibt es in Mitteleuropa i.e.S. nur wenige. Sie verdanken ihre weltweite Verbreitung dem intensiven Handel mit ihren Wirtspflanzen, z.B. Obstbäumen und Zierpflanzen. Solche in Deutschland eingeschleppten Arten sind z.B. die Diaspididen *D. perniciosus* und *Pseudaulacaspis pentagona*.

5 Morphologie und Anatomie

5.1 Morphologie

5.1.1 Weibchen

Die weiblichen Schildläuse, insbesondere das adulte Stadium, ist für Charakterisierung und Artbestimmung von besonderer Bedeutung. Wenn Bestimmungstabellen verfügbar sind, so beruhen diese bisher fast ausnahmslos auf den morphologischen Merkmalen der Weibchen. Die Schildlausweibchen sind je nach Familie vielgestaltig. Auch innerhalb der Familien gibt es einige Gattungen, die mehr oder weniger stark vom Normaltyp abweichen. In allen Fällen sind die Weibchen größer bis wesentlich größer als die Männchen, weshalb – und aus anderen Gründen – ein extremer Sexualdimorphismus vorliegt (Abb. 1).

Die Körperform der Schildlausweibchen ist oval, langgestreckt oder rundlich-kugelig. Kopf, Thorax und Abdomen gehen ohne deutlich sichtbare Grenzen ineinander über. Die Ventralseite ist meist flach bis leicht konkav oder konvex. Manche Arten, z.b. aus den Gattungen *Kermes* (Kermesidae) und *Physokermes* (Coccidae) sind in voll entwickeltem Zustand kugel-, beeren- oder knospenähnlich. Die Körpergröße (-länge) beträgt bei mitteleuropäischen Arten meist bei 1-5mm. In manchen Fällen, wie bei Diaspididen und Cryptococciden, liegt sie noch unter einem Millimeter, in anderen über einem Zentimeter. Weltweit betrachtet erreichen die größten Schildlausarten eine Länge von ca. 35mm. Die Grundfärbung des Körpers erscheint nach Entfernung von meist weißen, wachsartigen Drüsensekreten grau, bräunlich, braungrau, gelb, orangegelb, rötlich, violett oder weißlich. Bunte Färbung und/oder Zeichnung wie bei Weibchen der Coccide *Eulecanium tiliae* an Eiche (*Quercus* spp.) etwa zu Beginn der Eiablage (Abb. 30) sind relativ selten. Bei manchen Arten treten auf bestimmten Pflanzen und Böden rote und gelbe sowie Übergangsformen auf, was z.B. bei den Eriococciden

Acanthococcus (*Eriococcus* s.l.) *munroi* und *Kaweckia* (*Eriococcus* s.l.) *glyceriae* beobachtet worden ist (SCHMUTTERER 2000). An *Alyssum montanum* auf Porphyrverwitterungsboden kommen gelbe und rote Farbvarianten nebeneinander vor, an *Dactylus glomerata* gibt es ebenfalls rote und gelbe Formen, aber nicht nebeneinander an der gleichen Wirtspflanze.

Die oft stark behaarten Antennen bestehen aus 1 bis 16 Segmenten oder sie fehlen ganz. Bei den Diaspididen, Asterolecaniiden und der Cryptococciden-Gattung *Cryptococcus* sowie manchen Pseudococciden (*Chaetococcus*) sind sie zu kleinen Stummeln reduziert. Die Augen sind einfach und oft zu kleinen, pigmentierten Flecken oder vollständig zurückgebildet (Diaspididae). Bei den Ortheziiden, Putoiden und manchen Pseudococciden liegen sie auf einem sklerotisierten Sockel. Die Mundwerkzeuge, die sich etwas oberhalb des vorderen Beinpaares befinden, bestehen aus dem Clypeolabrum und einem entweder nicht segmentierten oder bis zu 4 Segmenten aufweisenden, beborsteten Labium (Abb. 56). Die elastischen Stechborsten setzen sich aus zwei Paaren zusammen, die im Ruhezustand in eine unter der Haut befindliche Borstentasche (Crumena) zurückgezogen werden. Bei manchen Arten wie der Matsucoccide *Matsucoccus pini*, der Margarodide *Porphyrophora polonica*, der Steingeliide *Steingelia gorodetskia* und der Coccide *Lecanopsis formicarum* sind die Mundwerkzeuge stark oder vollständig zurückgebildet, weshalb eine Nahrungsaufnahme nicht mehr stattfinden kann.

Die meist mehr oder weniger behaarten Beine sind bei vielen Arten gut entwickelt und bestehen dann aus Coxa, Trochanter, Femur, Tibia, Tarsus und einer Klaue (Abb. 57). Bei manchen Arten sind sie zu Stummeln reduziert oder fehlen ganz. Beispiele hierfür sind die *Chaetococcus*-Arten unter den Pseudococciden (*Ch. phragmitis*, *Ch. sulcii*), manche Cryptococciden, die Cerococciden, die Asterolecaniiden und die Diaspididen. Auch die Weibchen der *Kermes*- und *Physokermes*-Arten besitzen mehr oder weniger rudimentäre, zur Fortbewegung nicht mehr geeignete Beine. Tibia und Tarsus können im Ausnahmefall wie bei den Ortheziiden miteinander verschmolzen sein. Bei den unterirdisch an Wurzeln und am Wurzelhals lebenden Margarodiden wie *Porphyrophora polonica* sind die Vorderbeine zu Grabbeinen umgewandelt (Abb. 12).

An den Tarsen ist im Normalfall nur eine Klaue vorhanden, an deren Innenseite 1 bis 3 kleine Zähnchen sitzen können, während an der Basis der Klaue zwei am Ende oft verbreiterte, geknöpfte Borsten entspringen, die zum Festhalten dienen (Abb. 58). An den Seiten des Trochanters befinden sich bei vielen Arten zwei Sinnesporen, bei den Monophlebiden und den Putoiden 3 bis 4. Auf den Coxen der Hinterbeine sind bei manchen Eriococciden lichtbrechende Poren vorhanden, bei den Pseudococciden manchmal auch an Femoren und Tibien. Bei allen Arten sind 4 stark sklerotisierte, ventral gelegene, mehr oder weniger trichterförmige Atemöffnungen (Stigmen) vorhanden (Abb. 59). Zwischen den Stigmen und dem Körperrand befinden sich z.b. bei den Cocciden bandartig angeordnete Öffnungen scheibenförmiger, 5-poriger Hautdrüsen. Wenn dies zutrifft, liegen am Ende der Stigmenfurchen am Körperrand auch parastigmale Dornen (Abb. 60).

Die Segmentierung des Abdomens ist bei den Ortheziiden, Putoiden, Pseudococciden und Eriococciden meist relativ gut erkennbar, v.a. bei jüngeren Weibchen; bei den spezialisierten Gruppen ist sie mehr oder weniger verwischt. Bei Pseudococciden kann man 10, bei Diaspididen 8 Abdominalsegmente unterscheiden. Die primitiveren Orthezioidea besitzen im Gegensatz zu den weiter entwickelten Coccoidea neben thorakalen auch kleinere abdominale Stigmenpaare. Bei den Deckelschildläusen sind das 4. bis 8. oder 5. bis 8. Segment miteinander zu einem Pygidium, d.h. einer charakteristischen, sklerotisierten Platte verschmolzen, an deren Hinterende sich sehr verschieden gestaltete Strukturen befinden, die beim Schildbau eine wichtige Rolle spielen und als Lappen, Platten und Drüsendornen bezeichnet werden (Abb. 80). Sie sind auch für die Artdiagnose sehr wichtig. Die Analöffnung befindet sich normalerweise auf dem letzten Abdominalsegment; bei den Kermesiden scheint sie auf die Ventralseite verlagert zu sein. Bei den Cocciden wird der Anus meist durch zwei dorsal gelegene, sklerotisierte, ungefähr dreieckige Analplatten abgedeckt. Die Analöffnung ist in der Regel von einem mit 6 bis 8 starken Borsten und einigen Drüsenmündungen (»Poren«) versehenen Analring umgeben (Abb. 61).

Die Geschlechtsöffnung befindet sich ventral entweder zwischen dem 8. und 9. Abdominalsegment (Pseudococcidae) oder dem 7. und 8. Segment (Diaspididae). Sie ist meist – außer bei viviparen oder ovoviviparen Arten – von wenigen bis zahlreichen scheibenförmigen Hautdrüsen mit 5 Porenöffnungen umgeben. Bei manchen Orthezioidea-Familien (z.B. Monophlebidae, Matsucoccidae, Steingeliidae) sind auf der Dorsalseite des Abdomens ringförmige Gebilde, die sog. Cicatrixen (lat. Cicatrix = Narbe, Kerbe) vorhanden, die mit der Erzeugung von Sexualpheromonen in Verbindung gebracht werden. Das Hinterende des Abdomens bilden bei vielen Arten zwei mehr oder weniger ausgeprägte Anallappen (Pseudococcidae, Eriococcidae, Cerococcidae), an deren Ende eine stärkere Borste entspringt. Auf beiden Körperseiten liegen zahlreiche Hautdrüsen von unterschiedlicher Struktur. Sehr häufig kommen scheibenförmige Drüsen mit 3, 5 oder mehr Porenöffnungen vor, außerdem röhrenförmige (tubulöse), zylindrische Drüsen unterschiedlicher Größe. Es gibt auch noch weitere Hautdrüsentypen, die aber oft nur bei einer begrenzten Zahl von Arten nachweisbar sind. Bei den Eriococciden ist das Vorhandensein besonders breitlumiger, röhrenförmiger Hautdrüsen v.a. auf der Dorsalseite typisch. Viele Pseudococciden besitzen am Körperrand oft paarweise angeordnete, mehr oder weniger dornförmige Strukturen, die als Cerarien (Cerarii) (»Wachshörnchen«) bezeichnet werden (Abb. 62). Sie sind, was besonders für die hintersten Cerarienpaare gilt, in vielen Fällen von zahlreichen, oft dreiporigen, scheibenförmigen Hautdrüsen umgeben, die wesentlich an der Bildung lateraler Wachsfilamente von unterschiedlicher Länge und Stärke beteiligt sind.

Die hintersten Cerarien-Drüsengruppen bilden meist die stärksten und längsten Filamente aus. Auf der Dorsalseite sind bei den Pseudococciden und Putoiden in der Kopfregion und auf der hinteren Hälfte des Abdomens je ein Paar schlitzförmiger Öffnungen vorhanden, die als Ostiolen (Abb. 63) bezeichnet werden. Manche Schildlausarten, die gut ausgebildete Ostiolen besitzen, wie z.B. die Pseudococcide *Heliococcus sulci* (Abb. 63a), lassen bei leichter Quetschung ihres Körpers eine gelblich gefärbte, klebrige Flüssigkeit aus einer der vorderen Ostiolen – meist der linken – austreten, die an der Luft rasch erstarrt. Es ist anzunehmen, dass sie gegen Fraßfeinde wie Coccinelliden eingesetzt wird, um deren Mundwerkzeuge vorübergehend zu verkleben, wie dies auch Blattläuse mit ihrem Siphonensekret, das u.a. Alarmpheromone enthält, bewerkstelligen können.

Ein weiteres, sehr typisches und deshalb für die Artdiagnose wichtiges Merkmal der Pseudococciden ist ein meist im Bereich der vorderen Abdominalsegmente in der Mitte der Ventralseite liegendes, oft annähernd ringförmiges Gebilde, das als Circulus (lat. Ring) bezeichnet wird. In einigen Fällen können bei einer Art auch 2, 3 oder mehr Circuli auf mehreren Segmenten verteilt vorhanden sein (Abb. 64). Ihre Funktion ist weitgehend unbekannt. Es wird vermutet, dass sie mit dem Festhalten an der Unterlage zu tun haben können (F. Kozár, schriftl. Mitt.). Bei vielen Arten ist der Circulus stark rudimentär oder fehlt sogar vollständig. Auf beiden Körperseiten der Weibchen befindet sich eine unterschiedliche Zahl von Borsten und/oder Dornen, wobei auf der Ventralseite liegende Borsten meist kürzer und schwächer sind als die auf der Dorsalseite. Die Dornen/Borsten sind oft mit Hautdrüsen kombiniert und können dann als Drüsendornen bezeichnet werden.

5.1.2 Männchen

Im Gegensatz zum Weibchen hat das wesentlich kleinere Schildlausmännchen viel mehr das Aussehen eines typischen Insekts, da sich Kopf, Thorax und Abdomen meist gut unterscheiden lassen, weil sie oft mehr oder weniger deutlich voneinander abgesetzt sind. Lediglich bei den Diaspididen und manchen Pseudococciden (z.B. *Ripersiella* spp.) geht der Kopf des Männchens ohne deutliche Einkerbung in den Thorax über. Die Antennen sind lang und fadenförmig. Sie bestehen aus 9 bis 10, meist stark behaarten Segmenten und tragen auch Sinnesborsten, die der Geruchswahrnehmung dienen (Sexualpheromone!). Die Mundwerkzeuge sind weitgehend zurückgebildet, weshalb keine Nahrungsaufnahme mehr möglich ist. Bei manchen primitiveren Gruppen der Orthezioidea (Ortheziidae, Matsucoccidae, Margarodidae) sind Komplexaugen vorhanden, bei allen Coccoidea einfache Augen (Ocellen) in mehreren Paaren (Abb. 65). Der Thorax ist relativ kompakt und deutlich sklerotisiert. Am Mesothorax befinden sich die teilweise durchsichtigen, nur mit zwei deutlichen Adern versehenen Vorderflügel, die auch ganz fehlen können. Die Hinterflügel sind, falls überhaupt vorhanden, zu sog. Hamulohalteren umgebildet, welche einen leistenförmigen Fortsatz des Metathorax darstellen, an dessen Ende sich eine oder mehrere, an der Spitze gekrümmte Borsten befinden. Neben Schildlausarten, deren Männchen einheitlich geflügelt oder ungeflügelt sind, gibt es auch solche, die einen Flügeldimorphismus zeigen, d.h. sowohl geflügelte als auch ungeflügelte Männchenformen treten nebeneinander in den gleichen Kolonien auf. Bei der Diaspidide *Chionaspis salicis* kommt noch eine dritte, stummelflügelige Variante hinzu. Bei den Männchen der Pseudococciden *Spinococcus calluneti* und *Atrococcus achilleae* gibt es voll geflügelte Individuen neben anderen, die verschiedene Stufen der Flügelrückbildung zeigen (Abb. 66).

Auf der Ventralseite des Thorax liegen zwei Stigmenpaare. Das Abdomen besteht aus 9 Segmenten, die in der Regel gut erkennbar sind. Am Hinterende befindet sich die meist relativ lange, spitze Penisscheide, die den Aedeagus enthält. Komplexe von Hautdrüsen in der Nähe des Hinterendes des Abdomens produzieren z.B. bei Cocciden und Pseudococciden zwei lange, weiße Wachsfäden (Wachsraife), was v.a. dann geschieht, wenn die Männchen nach der letzten Häutung infolge ungünstiger Witterung noch mehrere Tage im Männchen-Kokon bzw. unter dem Männchen-Schild bleiben, bevor sie sich auf die Suche nach begattungsbereiten Weibchen begeben. Bei Ortheziiden und Margarodiden sind solche Wachsfilamente zusammen mit langen Borsten in dichten Büscheln vorhanden (Abb. 10b).

Morphologie und Anatomie 119

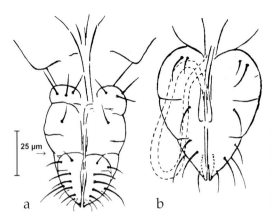

Abb. 56: Labium einer Pseudococcide und einer Eriococcide. **a** *Balanococcus singularis* (Pseudococcidae) (nach Schmutterer 1952), **b** *Greenisca* (*Eriococcus* s.l.) *brachypodii* (Originalzeichnung).

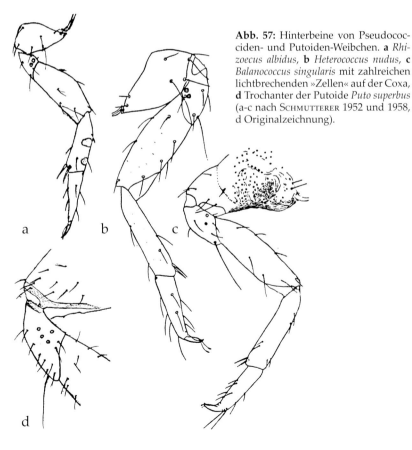

Abb. 57: Hinterbeine von Pseudococciden- und Putoiden-Weibchen. **a** *Rhizoecus albidus*, **b** *Heterococcus nudus*, **c** *Balanococcus singularis* mit zahlreichen lichtbrechenden »Zellen« auf der Coxa, **d** Trochanter der Putoide *Puto superbus* (a-c nach Schmutterer 1952 und 1958, d Originalzeichnung).

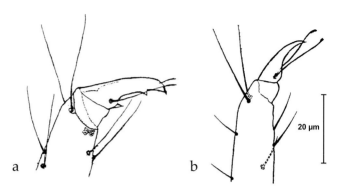

Abb. 58: Vorderer Teil der Tarsen und Klauen von **a** *Puto superbus* (Putoidae), **b** *Rhodania occulta* (Pseudococcidae), **c** *Greenisca* (*Eriococcus* s.l.) *brachypodii* (Eriococcidae) (Originalzeichnungen).

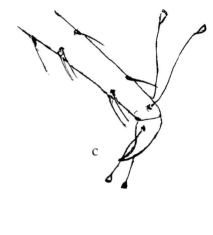

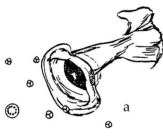

Abb. 59: Hinterstigmen von Weibchen von Pseudococciden. **a** *Trionymus aberrans* **b** *Balanococcus singularis*, **c** *Rhodania occulta* (nach SCHMUTTERER 1952).

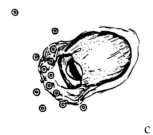

Morphologie und Anatomie 121

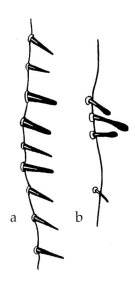

Abb. 60: Parastigmale Drüsendornen (auf der Höhe der Stigmen) am Körperrand von Cocciden. **a** *Eulecanium ciliatum,* **b** *Eulecanium tiliae* (Originalzeichnungen).

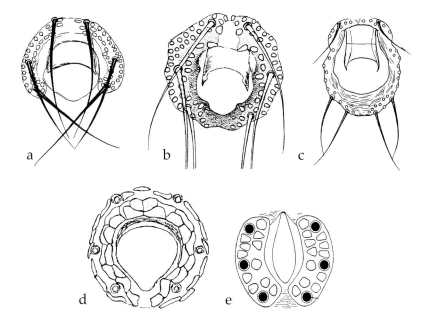

Abb. 61: 4 Analringe von Pseudococciden und Cocciden. **a** *Trionymus aberrans,* **b** *Heterococcus nudus,* **c** *Rhodania occulta,* **d** *Rhizoecus albidus* (alle Pseudococcidae) und **e** *Parthenolecanium corni* (Coccidae). (a-c nach SCHMUTTERER 1952, d Original, e nach ŠULC 1932).

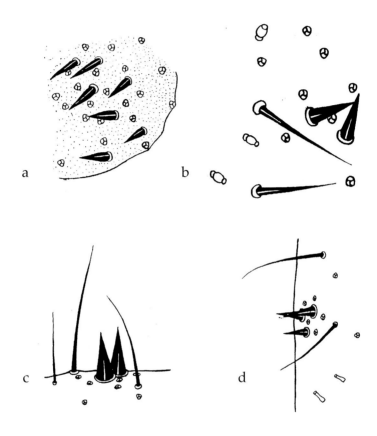

Abb. 62: Cerarien von Putoiden und Pseudococciden. **a** *Puto antennatus*, **b** *Balanococcus singularis*, **c** und **d** *Trionymus aberrans* (a Original, b-d nach SCHMUTTERER 1952).

Morphologie und Anatomie 123

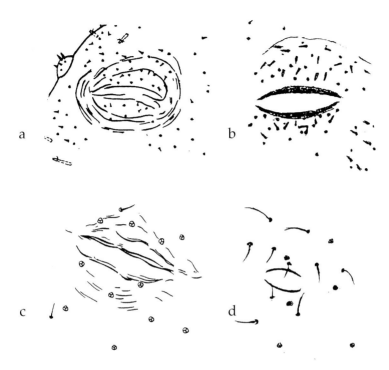

Abb. 63: Ostiolen von Putoiden und Pseudococciden. **a** *Heliococcus sulci* (mit Helioporen), **b** *Puto antennatus*, **c** *Spinococcus kozari*, **d** *Rhizoecus albidus*. (a, b und d Original, c nach Schmutterer 2002).

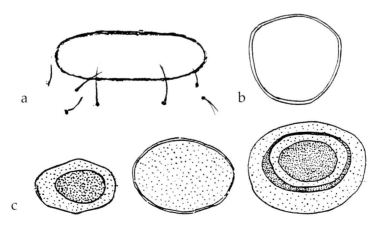

Abb. 64: Circuli von Putoiden und Pseudococciden. **a** *Puto antennatus*, **b** *Trionymus newsteadi*, **c** drei Circuli von *Coccura comari* vom gleichen Weibchen. (a Original, b und c nach Schmutterer 1952).

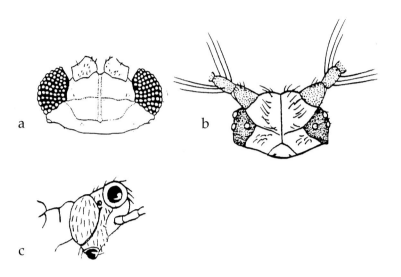

Abb. 65: Köpfe von Schildlausmännchen. **a** *Matsucoccus pini* (= *M. matsumurae*) (Matsucoccidae), **b** *Puto superbus* (Putoide), **c** *Parthenolecanium corni* (Coccide) (a nach MORRISON 1928, b nach SCHMUTTERER 1952, c nach ŠULC 1932).

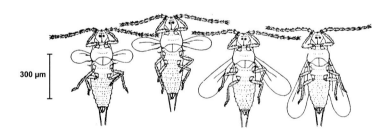

Abb. 66: Flügelpolymorphismus beim Männchen von *Spinococcus calluneti* (Pseudococcide) (ventral) (nach SCHMUTTERER 1952).

5.2 Anatomie

5.2.1 Verdauungsorgane (und Exkretion)

Der Bau des Darmes der Schildläuse ist v.a. von der Art der aufgenommen Nahrung abhängig. Bei den Weibchen der Diaspididen als Lokalbibitoren (s. Kap. 8.2.1.2) ist der kugelige Magen (Mitteldarm) hinten meist blind geschlossen, wie z.B. bei *Lepidosaphes*- und *Diaspidiotus*-Arten (Abb. 67). Er ist außerdem mit großkernigen Zellen ausgekleidet, die ihre Sekrete durch Platzen nach innen entleeren. Die aufgenommene Nahrung, die dann mit Sekreten durchsetzt ist, geht durch Diffusion in die Leibeshöhle über und gelangt von dort auf die gleiche Weise schließlich ins Rectum. Bei *Epidiaspis leperii*, ebenfalls einer Diaspidide, ist der Magen nicht blind geschlossen, sondern mit dem Rectum durch einen Bulbus mesointestinalis und einen weiteren, englumigen Darmabschnitt verbunden. Bei manchen *Lepidosaphes*-Arten sind zwischen Magen und Vorderende des Rectums zwei oder drei Ligamente vorhanden, durch die aber keine Nahrung transportiert wird. Außerdem besitzen die Diaspididen noch zwei große, an ihrem Vorderende vereinigte Malpighische Gefäße, die bei *Diaspidiotus perniciosus* aus großen, in zwei Reihen angeordneten Zellen bestehen und am Hinterende mit dem Rectum durch ein Ligament verbunden sind. Der Bau des Diaspididendarmes stimmt bei den weiblichen Entwicklungsstadien und der männlichen Erst- und Zweitlarve weitgehend überein; bei den späteren männlichen Stadien zeigen sich starke Reduktionserscheinungen, da keine Nahrung mehr aufgenommen wird.

Bei anderen Schildlausarten, die als Systembibitoren (Phloemsaftsauger; s. Kap. 8.2.1.2) wesentlich mehr flüssige Nahrung zu sich nehmen, ist der Darm mit einer komplexen Filterkammer ausgestattet. Bei der Pseudococcide *Planococcus citri* setzt sich diese Kammer aus mehreren, dicht beieinander liegenden Mitteldarmteilen zusammen, die in den blasenartig erweiterten Anfangsteil des Rectums eingebettet sind. Es wird angenommen, dass durch osmotische Wasserabgabe in der Filterkammer ein »Kurzschlussweg« realisiert wird (Abb. 68).

Im Phloem und Xylem ihrer Wirtspflanzen saugende Schildlausarten spritzen ihre Exkremente mit Hilfe der Muskulatur des Analringes und Rectums einige Zentimeter weit ab (Kap. 8.2.3). Größere Tropfen können bei dieser Prozedur, besonders wenn sie bei hoher Luftfeuchte sehr dünnflüssig sind, in mehrere kleine zerfallen. Manche größere Schildlausarten, die keinen normal entwickelten Analring besitzen, wie z.B. die Kermeside *Kermes quercus* und die *Physokermes*-Arten (Coccidae), spritzen ihren Honigtau nicht ab, sondern lassen ihn – oft auch nach Betrillern durch Ameisen – langsam aus der Analöffnung austreten, so dass er dann leicht aufgenommen werden kann oder auch abtropft. Die abgespritzten sehr kleinen Honigtautröpfchen der Erstlarven, vielleicht auch junger Zweitlarven von Pseudococciden, Cocciden und Eriococciden können leicht in die Luft geraten und in ihr auch längere Zeit transportiert werden.

Die Abgabe von Exkrementen hat KOTEJA (1981) experimentell untersucht. Als Versuchsobjekte dienten Weibchen aus den Familien Eriococcidae und Coccidae, genau gesagt *Gossyparia (Eriococcus* s.l.) *spuria, Greenisca (Eriococcus* s.l.) *brachypodii, G. (Eriococcus* s.l.) *gouxi, Eriopeltis festucae, Luzulaspis frontalis, Parthenolecanium corni, Saissetia coffeae* und *Sphaerolecanium prunastri*.

Alle untersuchten Arten produzieren nachts den meisten Honigtau. Es ist dabei zwischen drei Hauptaktivitätstypen zu unterscheiden, nämlich 1. Läusen mit permanenter Honigtauproduktion bei variabler Intensität (*G.* [*Eriococcus* s.l.] *spuria, P. corni, S. prunastri, S. coffeae*), 2. solchen mit abwechselnden Aktivitäts- und Ruhephasen mit meist nur einer Veränderung in 24 Stunden (*L. frontalis*) und 3. solchen wie bei 2. aber mit Ruheperioden, gefolgt von kurzzeitiger, sehr hoher Aktivitätsphase und häufig abwechselnden Aktivitäts- und Ruhephasen (*E. festucae, G.* [*Eriococcus* s.l.] *brachypodii* und *G.* [*Eriococcus* s.l.] *gouxi*). Ein wesentlicher Einfluss der Temperatur auf die Honigtauabgabe in 24 Stunden ließ sich nicht beweisen, wenn auch die Maximalwerte der Exkretion mit den täglichen Werten der mittleren Temperaturen parallel verliefen; die höchsten Werte der Exkretion folgten zwar denen der Temperaturen, aber erst mit einer Verspätung von 1 bis 4 Tagen (Abb. 69).

5.2.2 Atmungssystem

Auf der Ventralseite des Thorax befinden sich bei allen Schildlausarten zwei stark sklerotisierte Stigmenpaare mit mehr oder weniger unterschiedlichem, oft trichterförmigem Aussehen (Abb. 59), bei den primitiveren Ortheziioiden (Ortheziidae, Matsucoccidae, Kuwaniidae, Steingeliidae, Margarodidae, Monophlebidae) sind auf dem Abdomen noch 2 bis 8 weitere, meist kleinere Stigmenpaare vorhanden. Von den Atmungsöffnungen ausgehend erstrecken sich Quer- und Längsstämme der Tracheen durch den ganzen Körper, verästeln sich in zunehmendem Maße und führen schließlich an alle Organe heran, die mit Sauerstoff zu versorgen sind (Abb. 70).

5.2.3 Kreislaufsystem

Das Zirkulationssystem der Schildläuse zeigt verschiedene Stufen der Rückbildung. Bei den primitiven Ortheziiden ist noch ein Herz mit 5 Ostienpaaren vorhanden, während bei den hoch spezialisierten Diaspididen kein Dorsalgefäß mehr identifizierbar ist (PESSON 1951).

5.2.4 Nervensystem

Das zentrale Nervensystem der Schildläuse ist durch eine starke Konzentration charakterisiert (Abb. 71). Bei den weiblichen Coccina ist das Unterschlundganglion in die thorako-abdominale Ganglienmasse einbezogen, was dazu führt, dass nur noch zwei Zentren vorhanden sind. Bei den Männchen ist das Unterschlundganglion nicht mehr existent oder nur schwer identifizierbar, was mit der Rückbildung der Mundwerkzeuge in Verbindung gebracht werden kann. Auch die Augen spielen hierbei eine wichtige Rolle. Sie sind bei den Männchen stets wesentlich stärker entwickelt als bei den Weibchen, bei denen sie, wie schon festgestellt, sogar völlig fehlen können.

5.2.5 Innere Geschlechtsorgane

Die inneren Geschlechtsorgane der Weibchen der Schildläuse bestehen aus den paarigen Ovarien, den gleichfalls paarigen seitlichen Ovidukten, dem Eiergang, dem Receptaculum seminis und paarigen Anhangdrüsen (Abb. 72, 73). Die Ovariolen sind nach dem telotrophen Typus gebaut. Abb. 74 zeigt eine schematische Darstellung der Ovariolen von *Steingelia gorodetskia* (Steingeliidae), *Porphyrophora polonica* (Margarodidae), *Gossyparia* (*Eriococcus* s.l.) *spuria* (Eriococcidae) und *Diaspidiotus ostreaeformis* (Diaspididae) (KOTEJA et al. 2003). Die inneren Geschlechtsorgane der Männchen bestehen im Wesentlichen aus paarigen Hoden und verschiedenen Ausführgängen (Abb. 75). In jedem Hoden befindet sich nur ein Follikel. Das Austreiben des Spermas oder der Spermatophoren erfolgt durch die Ringmuskulatur der Ausführgänge.

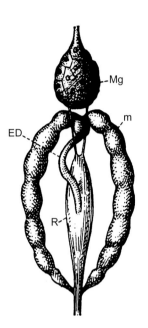 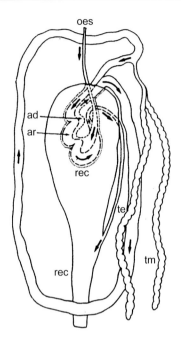

Abb. 67: Darm einer *Lepidosaphes*-Art (Diaspididae) in Totalansicht. ED - Enddarm, Mg - magenartiger erweiterter Teil des blind endenden Vorderdarmes, m – Malpighische Gefäße, R - Rectum (nach WEBER 1930).

Abb. 68: Schematische Darstellung des Verdauungstraktes von *Planococcus citri* (Pseudococcidae). ad, ar - Schlingen des Filterkammerdarms, rec - Rectum, oes - Ösophagus, te - Enddarm, tm – Malpighische Gefäße (nach FOLDI 1973).

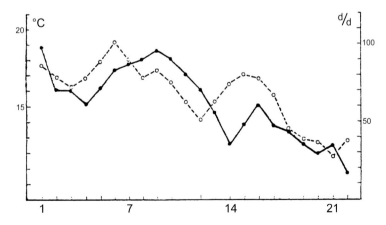

Abb. 69: Mittlere Temperatur (unterbrochene Linie) und mittlere Häufigkeit der Honigtauabgabe (d/d - Zahl der Tropfen in 24 Stunden) bei *Saissetia coffeae* (Coccide) während einer dreiwöchigen Beobachtungsperiode (nach KOTEJA 1981).

Morphologie und Anatomie

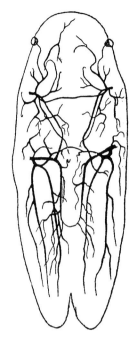

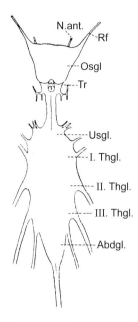

Abb. 70: Tracheensystem einer Larve von *Eriopeltis lichtensteini* (Coccide) (nach HERBERG 1918).

Abb. 71: Nervensystem des Weibchens von *Parthenolecanium corni* (Coccidae). Abdgl. - Abdominalganglien, N.ant. - Antennennerv, Osgl - Oberschlundganglion, Rf - Retinafaserstrang, Tr - Tritocerebrum, Usgl. - Unterschlundganglion, I-III Thorakalganglien (nach PFLUGFELDER 1937).

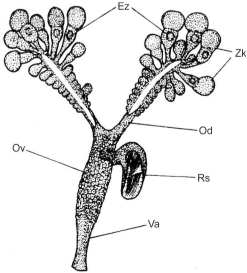

Abb. 72: Geschlechtsorgane des Weibchens der Diaspidide *Diaspidiotus marani*. Ez - Eizellen, Zk - Nährzellen, Od - Ovidukt, Rs - Receptaculum seminis, Ov - Eiergang, Va - Vagina (nach BACHMANN 1953).

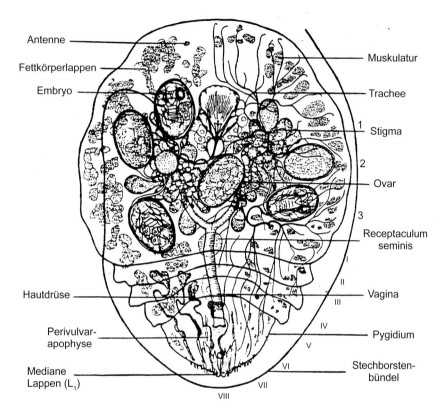

Abb. 73: Geschlechtsorgane, Teil des Tracheensystems und Fettkörper (Durchsicht) des Weibchens von *Diaspidiotus perniciosus* (Diaspididae) (nach KRAUSE 1950).

Morphologie und Anatomie

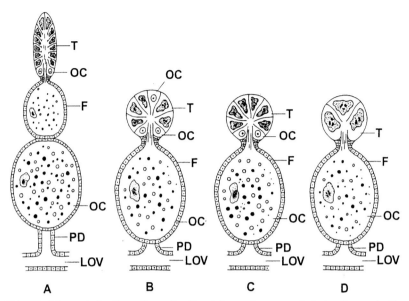

Abb. 74: Schematische Darstellung der Ovariolenstruktur von **A** *Steingelia gorodetskia* (Steingeliidae), **B** *Porphyrophora polonica* (Margarodidae), **C** *Gossyparia* (*Eriococcus* s.l.) *spuria* (Eriococcidae), **D** *Diaspidiotus ostreaeformis* (Diaspididae). F - follikuläres Epithel, LOV - lateraler Ovidukt, vitellogene Oozyten im Tropharium, OC - sich entwickelnde Oozyten im Vitellarium, PD - Stiel der Ovariolen und T - Trophozyten (nach KOTEJA et al. 2003).

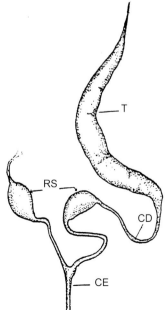

Abb. 75: Innere Geschlechtsorgane des Männchens von *Planococcus citri*. T - Hoden, CD - Vas deferens, RS - Receptaculum seminis, CE - Ductus ejaculatorius (nach BALACHOWSKY 1937).

5.2.6 Hautdrüsen (und Sekretproduktion)

Die Haut der Schildläuse ist mit einer Vielzahl verschiedener Drüsen ausgestattet, deren Produkte, zumeist Wachs oder wachsähnliche Substanzen, gegen manche Umwelteinflüsse, z.B. Benetzung mit Wasser, schützen. Einige Drüsentypen stellen wichtige taxonomische Merkmale dar, da mit ihrer Hilfe eine Bestimmung vieler Familien, Arten und Gattungen möglich ist. STRÜMPEL (1983) unterscheidet nach Aufbau und Funktion v.a. zwischen Wachsdrüsen, Lackdrüsen und sog. Seidendrüsen. Wachsdrüsen, bei denen einzellige, mehrzellige und Wachsdrüsenkomplexe beschrieben worden sind, kommen bei allen Schildlausfamilien vor, während Lackdrüsen v.a. für tropische Tachardiiden (Lackschildläuse) charakteristisch sind, aber auch bei einigen Cocciden wie der in Mitteleuropa an Zimmerpflanzen weit verbreiteten Art *Coccus hesperidum* nachgewiesen worden sind (Abb. 76).

Die durch Hautdrüsen (Wachsdrüsen) erzeugte Wachsbedeckung der Schildläuse besteht nicht in jedem Fall aus reinem Wachs. Chemisch betrachtet sind Wachse oft schwer zu trennende Estergemische mit nicht verestertem Anteil von langkettigen (C_6 bis C_{33}) Alkoholen und freien Fettsäuren. Einzellige Wachsdrüsen sind bei zahlreichen Schildlausarten vorhanden. Es handelt sich oft um einzelne Epidermiszellen, die durch Diffusion oder durch ein- bis mehrporige reihenartige Öffnungen ihr Sekret nach außen abgeben. Oft befinden sich solche Einzelzellen an der Basis von besonderen Dornen oder Borsten, die in ihren Kanälen die Drüsensekrete aufnehmen und durch ihre Wand hindurchtreten lassen. Bei vielen Cocciden befinden sich am seitlichen Körperrand auf der Höhe der Stigmen sog. parastigmale Drüsendornen (Abb. 77), die oft Gruppen von 2 bis 3 Dornen bilden, wobei bei Dreiergruppen der mittlere Dorn in der Regel der größte ist. Die parastigmalen Dornen unterscheiden sich von den normalen am Körperrand meist sehr deutlich. Der Bau einzelliger Wachsdrüsen von Cocciden wurde von ŠULC (1932) eingehend untersucht. In Aufsicht erscheinen diese als rundlich-scheibenförmige Gebilde mit sehr verschieden angeordneten Porenöffnungen von unterschiedlicher Größe, durch die das Wachs nach außen gelangt und dann sehr verschiedene Formen annehmen kann (Abb. 78).

Mehrzellige Wachsdrüsen sind bei Schildläusen ebenfalls häufig. Sie sind dadurch charakterisiert, dass die Sekrete mehrerer Zellen durch einen gemeinsamen Kanal nach außen abgegeben werden. Wachsdrüsenkomplexe liegen dann vor, wenn sich bestimmte Körperzellen zu Drüsenfeldern zusammenschließen, was bei männlichen und weiblichen Schildläusen der Fall sein kann. Solche Komplexe erzeugen z.B. Wachsfäden (Wachsraife) am Hinterende des Abdomens von Männchen (Coccidae, Pseudococcidae u.a.), aber auch röhrenförmige Wachshüllen zur Ableitung von Kot (Honigtau) wie bei der Xylococcide *Xylococcus filiferus* (SW-Tafel 1a).

Starke Konzentrationen von Drüsendornen und scheibenförmigen Wachsdrüsen mit drei Porenöffnungen sind besonders bei Pseudococciden im Bereich der sog. Cerarien (was etwa mit »Wachsdörnchen« übersetzbar ist) zu finden. Die Cerarien liegen meist am seitlichen Körperrand und setzen sich oft aus zwei oder mehreren, meist dicht beieinander stehenden Drüsendornen und mehr oder weniger zahlreichen Hautdrüsen sowie mehreren Borsten zusammen. Ihre Zahl pro Weibchen beträgt oft insgesamt 18 Paare (36 Dornen), jedoch gibt es auch Arten mit mehr als 18 Paaren oder solche, die nur wenige oder gar keine Cerarien besitzen. Bei vielen Pseudococciden bilden sich im Cerarienbereich charakteristische, allmählich an Größe zunehmende, leicht entfernbare Wachsfortsätze, die wie bei *Pseudococcus affinis* (Abb. 24) und besonders *P. longispinus* eine beachtliche Länge erreichen können.

Besonders die Diaspididen zeichnen sich durch den Besitz röhrenförmiger (tubulöser, zylindrischer) sog. Seidendrüsen aus, die v.a. auf dem Pygidium liegen (Abb. 79, 80). Diese Drüsen erzeugen keine echte Seide, sondern Derivate des Aminosäurestoffwechsels wie Tyrosin, Phenylalanin und andere Stoffe. Der Schild der Diaspididen setzt sich im Wesentlichen aus »Seidenfäden« aus den »Seidendrüsen« zusammen, die mit Stoffwechselendprodukten z.B. aus den Malpighischen Gefäßen aus der Analöffnung gemischt sind. Ein weiterer bemerkenswerter Wachsdrüsentyp im submarginalen Bereich der Dorsalseite älterer Larven und Imagines z.B. der Coccidengattung *Parthenolecanium* sind die Doppenzylinderdrüsen, die funktionsfähig oder rudimentär sein können. Sie erzeugen in funktionsfähigem Zustand lange, starre Wachsfäden. Von besonderem Interesse ist bei diesen Drüsen die Tatsache, dass ihre Anzahl von der Art der Wirtspflanze deutlich beinflussbar ist (ŁAGOWSKA 1966). Eine ähnliche Rolle wird der Temperatur zugesprochen.

Lange, starre Wachsfäden werden auch durch die sog. Helioporen der *Heliococcus*-Arten (Pseudococcidae) und anderer Cocciden erzeugt. Scheibenförmige Wachsdrüsen mit 5, 8 oder mehr Öffnungen liegen bei vielen Pseudococciden, Cocciden und Eriococciden v.a. auf der Ventralseite der hinteren Abdominalsegmente, wo sie Wachspuder für die Eier liefern, um deren Verkleben zu verhindern (Abb. 81, 82). Bei ovoviviparen und viviparen Arten fehlen solche Drüsen ganz oder sie sind nur selten. 5-porige, scheibenförmige Hautdrüsen liegen bei vielen Cocciden auch in den sog. Stigmenfurchen, die sich von den Stigmen bis zu den parastigmalen Drüsendornen am Körperrand erstrecken. Es gibt überdies zylindrische

Hautdrüsentypen, die klebrige Sekrete zum Anheften der Ventralseite des Schildlauskörpers an der Unterlage (Pflanze) liefern. Mehrere andere, meist nur sehr kleine Drüsentypen sind noch nicht näher oder kaum untersucht worden.

Morphologie und Anatomie

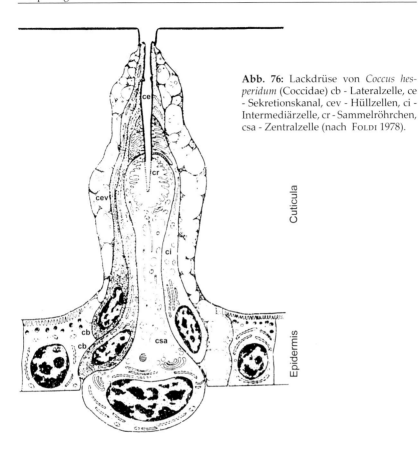

Abb. 76: Lackdrüse von *Coccus hesperidum* (Coccidae) cb - Lateralzelle, ce - Sekretionskanal, cev - Hüllzellen, ci - Intermediärzelle, cr - Sammelröhrchen, csa - Zentralzelle (nach FOLDI 1978).

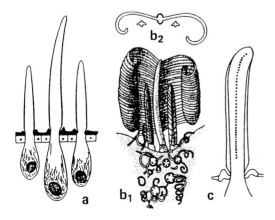

Abb. 77: Parastigmale Drüsendornen am Körperrand des Weibchens (auf der Höhe der Stigmen) von *Parthenolecanium corni* (Coccidae) und von ihnen produzierte Wachssekrete. a - Drüsendornen ohne Wachs, b - Drüsendornen mit Wachs, c - Drüsendorn mit Wachsporen (nach ŠULC 1932).

Abb. 78: Sehr unterschiedlich aussehende Wachsprodukte von Hautdrüsen von *Parthenolecanium corni* (= *Eulecanium coryli*) (Coccidae) (nach ŠULC 1932).

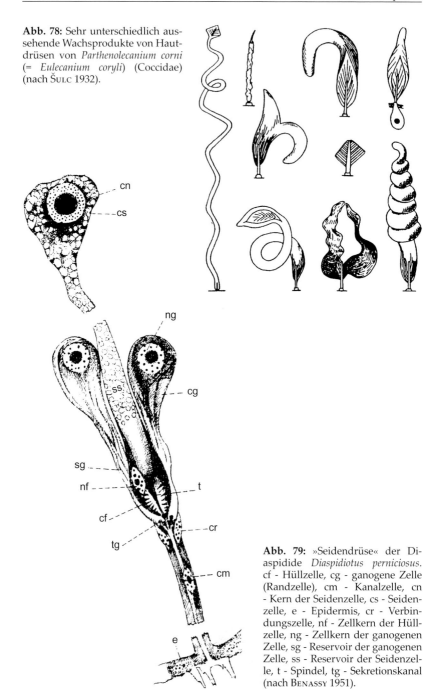

Abb. 79: »Seidendrüse« der Diaspidide *Diaspidiotus perniciosus*. cf - Hüllzelle, cg - ganogene Zelle (Randzelle), cm - Kanalzelle, cn - Kern der Seidenzelle, cs - Seidenzelle, e - Epidermis, cr - Verbindungszelle, nf - Zellkern der Hüllzelle, ng - Zellkern der ganogenen Zelle, sg - Reservoir der ganogenen Zelle, ss - Reservoir der Seidenzelle, t - Spindel, tg - Sekretionskanal (nach BENASSY 1951).

Morphologie und Anatomie

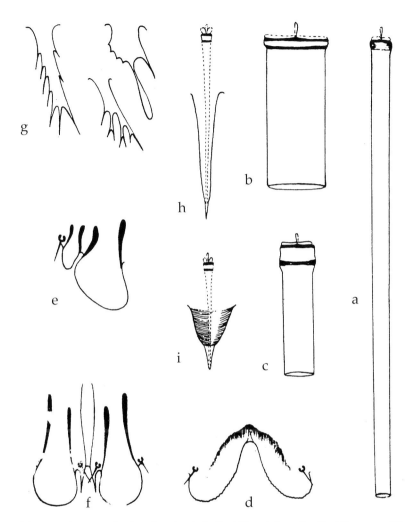

Abb. 80: Anhänge und röhrenförmige (tubulöse) Hautdrüsen des Pygidiums von Diaspididen. **a** langgestreckte Makropore mit basaler Querleiste, **b** kurze, sehr breitlumige Makropore mit zwei deutlichen Querleisten, **c** etwas englumigere Pore mit zwei Querleisten, **d** divergierendes, an der Basis durch Sklerose verbundenes 1. Lappenpaar von Aulacaspis, **e** zweiteiliges 2. Lappenpaar, **f** paralleles 1. Lappenpaar, **g** Platten von *Diaspidiotus*- und anderen Diaspididen-Arten, **h** und **i** Drüsendornen (nach FERRIS 1936).

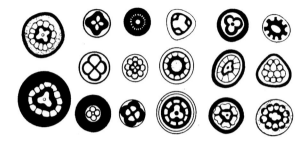

Abb. 81: Scheibenförmige Hautdrüsenöffnungen von Schildläusen aus verschiedenen Familien. Größe sowie Zahl und Anordnung der Porenöffnungen sehr unterschiedlich (nach Pesson 1951).

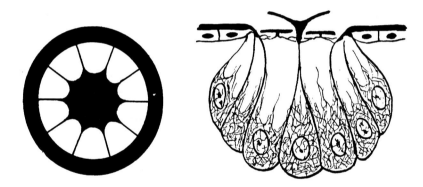

Abb. 82: Scheibenförmige, zehnporige Hautdrüse aus der Umgebung der Geschlechtsöffnung von *Parthenolecanium corni* (links Aufsicht, rechts Seitenansicht) (nach Šulc 1932).

6 Postembryonale Entwicklung, Schildbildung, Häutungen, Zahl der jährlichen Generationen und Überwinterung

6.1 Entwicklungsgang beim Weibchen

Die postembryonale Entwicklung der Schildlausweibchen ist als eine Paurometabolie zu bezeichnen. Von der Erstlarve bis zum Vollinsekt (Imago) sind bei spezialisierteren Familien nur drei Stadien zu unterscheiden, d.h. auf die aus dem Ei geschlüpfte Erstlarve folgt nach der Häutung die Zweitlarve und auf diese nach einer weiteren Häutung das letzte Stadium, die geschlechtsreife Imago. Dies trifft beispielsweise bei vielen Cocciden (Abb. 83), den Eriococciden, den Cryptococciden, den Cerococciden, den Asterolecaniiden und den Diaspididen (Abb. 84, 85) zu. Die Weibchen werden in diesen Fällen als neoten bezeichnet, d.h. als Insekten, die praktisch schon im Larvenstadium geschlechtsreif werden. Nach Feststellungen von BORATYŃSKI (1960) und SIEWNIAK (1976) hat von den Orthezioiden auch die Matsucoccide *Matsucoccus pini* im weiblichen Geschlecht nur zwei Larvenstadien. Bei dieser Art kann die Erstlarve erheblich an Größe zunehmen, ohne sich häuten zu müssen. Auf sie folgt eine zystenförmige, fußlose, aber ernährungsfähige Zweitlarve, aus der später die frei bewegliche Imago hervorgeht. Drei weibliche Larvenstadien sind v.a. bei den primitiveren Orthezioidea, z.B. den Ortheziiden, den Steingeliiden sowie den Coccoidea wie Putoiden, Pseudococciden und einigen Cocciden nachweisbar. Wenn es bei den Cocciden drei weibliche Larvenstadien gibt, dann dauert das dritte Stadium meist nur wenige Tage. Beispiele hierfür sind *Eriopeltis*-Arten, *Luzulaspis*-Arten, *Parafairmairia*-Arten, *Parthenolecanium persicae*, *Pulvinaria regalis*, *P. vitis* sowie *Sphaerolecanium prunastri*.

Die Erstlarven (»crawlers«) aller Schildlausfamilien besitzen gut ausgebildete Fühler und Beine (Abb. 55), die bei der 1. Häutung aber stark bzw. vollständig zurückgebildet werden können, wie dies bei den Matsucocciden, Margarodiden, Xylococciden, Asterolecaniiden, Cerococciden, manchen Pseudococciden und Cryptococciden sowie den Diaspididen zutrifft. Dieser Zustand, der nach der Häutung keine Ortsveränderung mehr zulässt, wird in der Regel auch im folgenden Stadium beibehalten. Bei den Asterolecaniiden und Diaspididen ist, wie bereits erwähnt, dieses dritte Stadium bereits das Imaginalstadium, das stark reduzierte, stummelförmige Antennen und keine Beine mehr besitzt. Gleiches gilt für die Cryptococcide *Cryptococcus fagisuga* (Abb. 41).

Beim Weibchen der Pseudococcide *Chaetococcus sulcii* ist das 1. Beinpaar (Vorderbeine) nicht mehr nachweisbar, während die Mittel- und Hinterbeine zu kleinen Stummeln reduziert sind. Beim *Ch. phragmitis*-Weibchen sind alle Beine vollständig zurückgebildet (Abb. 18). In seltenen Fällen folgt dem zweiten und dritten weiblichen Larvenstadium bei Cocciden mit rudimentären Beinen eine Imago, deren Extremitäten und Antennen wieder so gut entwickelt sind, dass das Weibchen umherwandern kann. Man kann dies als Hypermetamorphose bezeichnen, die z.B. bei *Lecanopsis formicarum* vorkommt (Abb. 86-88). In wieder anderen Fällen folgen auf relativ normal aussehende Zweitlarven mehr oder weniger kugelig-zystenförmige Weibchen mit unterschiedlich starken Rückbildungserscheinungen an Fühlern und Beinen, die schon den jungen Weibchen keine Ortsveränderung mehr ermöglichen. Dies trifft z.B. bei der Coccidengattung *Physokermes* und der Kermesidengattung *Kermes* zu.

Stärker modifiziert stellt sich der Entwicklungsgang bei einigen Orthezioiden wie Margarodiden und Steingeliiden dar, bei denen die weiblichen Zweitlarven kugelig-zystenförmig aussehen und praktisch bein- und antennenlos sind. Der weiblichen Zweitlarve folgt bei der nächsten Häutung ein Stadium mit ähnlicher Organisation (d.h. es ist bein- und praktisch antennenlos) (Abb.89). Aus der Drittlarve schlüpft eine Imago, die gut ausgebildete Extremitäten und Fühler besitzt und umherwandern kann. Da die Mundwerkzeuge zurückgebildet sind, ist diesen Imagines aber keine Nahrungsaufnahme mehr möglich; bei den beiden vorangegangenen Stadien waren die Mundteile noch gut entwickelt und konnten deshalb zum Saugen von Pflanzensäften verwendet werden. Bei der Xylococcide *Xylococcus filiferus* dürften die Verhältnisse ähnlich wie bei anderen Orthezioiden mit kugelig-zystenförmigen weiblichen Larvenstadien liegen, ihre Imago zeigt jedoch den Unterschied, dass Beine fehlen und es bei ihr noch funktionierende Mundwerkzeuge gibt. Die Zahl der Häutungen ist hier noch nicht sicher bekannt.

6.2 Entwicklungsgang beim Männchen

Die postembryonale Entwicklung der männlichen Schildläuse ist eine Parametabolie; manche Autoren bezeichnen sie auch als Holometabolie. Im Laufe der Metamorphose erfolgen je nach Art insgesamt 4 Häutungen (Tab. 1). Es sind demnach Erstlarve, Zweitlarve, (Drittlarve,) Pronymphe, Nymphe und Imago zu unterscheiden (Abb. 90). Bei den Diaspididen, Pseudococciden, Eriococciden, Kermesiden und Steingeliiden gibt es 4, bei den Cocciden ebenfalls 4 Häutungen. Wenn für die männliche Entwicklungsreihe 5 Häutungen angegeben werden, z.B. bei Matsucocciden, so bedarf dies der Überprüfung. Nach Rieux (1975) finden bei *Matsucoccus pini* nur 4 Häutungen statt, weil sich die Drittlarve direkt zur Nymphe häutet. Nach Siewniak (1976) findet auch eine Häutung zur Pronymphe statt. Die Entwicklung der Pronymphe, Nymphe und Imago findet unter einem zuckergussähnlichen, von der Zweitlarve aus Drüsensekreten gebildeten, sog. Männchenschild statt (Abb. 91, 92) oder sie erfolgt in einem aus fädigen und pulverartigen Drüsensekreten bestehenden kokonähnlichen Gebilde, das z.B. bei Pseudococciden von der Zweitlarve erzeugt wird (Abb. 93). Bei den Matsucocciden, Margarodiden und Steingeliiden hat die männliche Zweitlarve wie die weibliche praktisch keine Antennen und Beine und ist kugelig-zystenförmig. Die folgende Drittlarve hat wieder gut entwickelte Beine und Fühler und legt einen v.a. aus fadenförmigem Wachs bestehenden Kokon an, in dem die weitere Entwicklung zur Pronymphe, Nymphe und Imago abläuft. Die Pronymphe besitzt kurze, stummelförmige Beine, Flügelanlagen und Antennen, die Nymphe wesentlich längere. Die männlichen Imagines haben gut entwickelte Beine und Fühler, meist auch Vorderflügel und zu Hamulohaltern umgewandelte Hinterflügel (Kap. 1).

Tab. 1: Zahl der Larvenstadien bei ausgewählten Schildlausfamilien in Deutschland

	Weibchen	Männchen
Überfamilie Orthezoidea		
Familie Ortheziidae	3	4
Familie Matsucoccidae	2	4 oder 5
Familie Steingeliidae	3	4
Familie Xylococcidae	mehr als 2	-
Überfamilie Coccoidea		
Familie Putoidae	3	4
Familie Pseudococcidae	3	4
Familie Coccidae	2-3	4
Familie Kermesidae	2	4

Familie Eriococcidae	2	4
Familie Cryptococcidae	2	-
Familie Asterolecaniidae	2	-
Familie Diaspididae	2	4

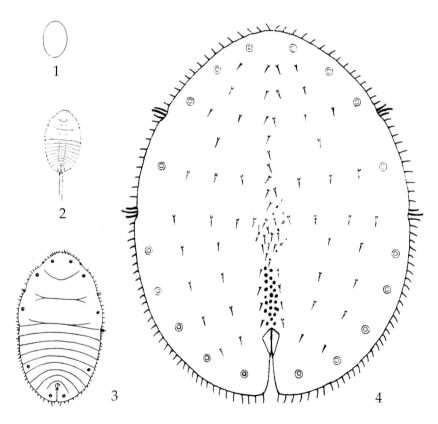

Abb. 83: Halbschematische Darstellung der weiblichen Entwicklungsreihe von *Parthenolecanium corni*. 1 - Eistadium, 2 - Erstlarve, 3 - Zweitlarve, 4 - Imago (Vollinsekt) (nach ŠULC 1932).

Entwicklung, Schildbildung, Häutungen und Überwinterung 143

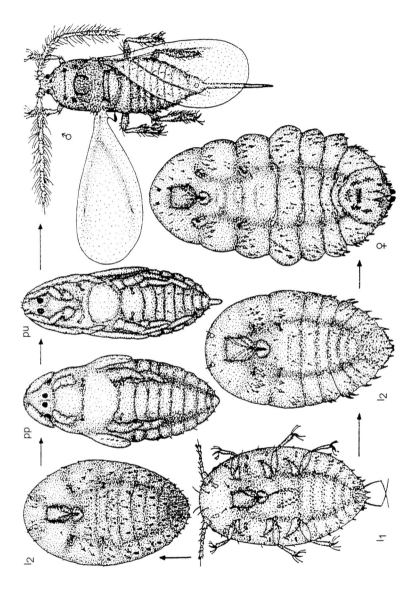

Abb. 84: Postembryonalentwicklung einer *Chionaspis*-Art. Männliche (links) und weibliche (rechts) Entwicklungsreihe. l_1 - Erstlarve, l_2 - Zweitlarve, pp - Pronymphe, pu - Nymphe (nach KOTEJA 1990).

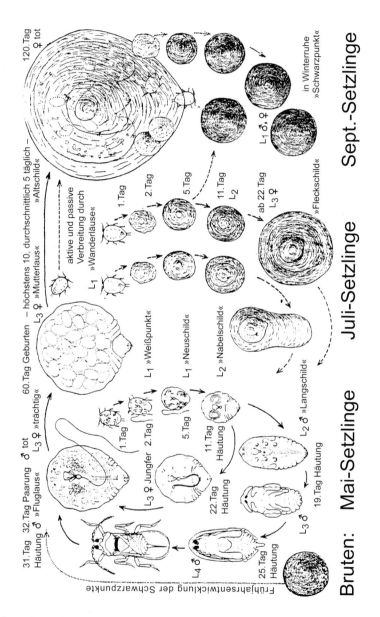

Abb. 85: Entwicklungszyklus des Männchens und Weibchens der Diaspidide *Diaspidiotus perniciosus* (nach KRAUSE 1950).

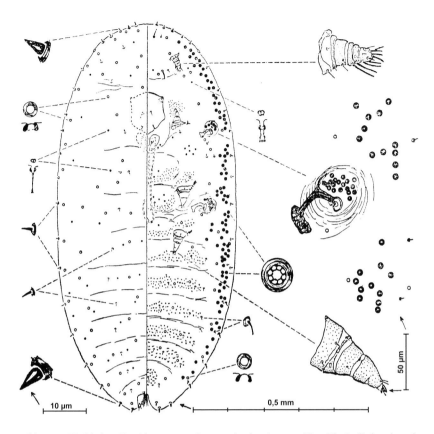

Abb. 86: Weibliche Zweitlarve von *Lecanopsis formicarum* (Coccidae) (links dorsal, rechts ventral). Beine und Fühler stark rudimentär, Insekt daher nicht lauffähig (nach BORATYŃSKI et al. 1982, verändert).

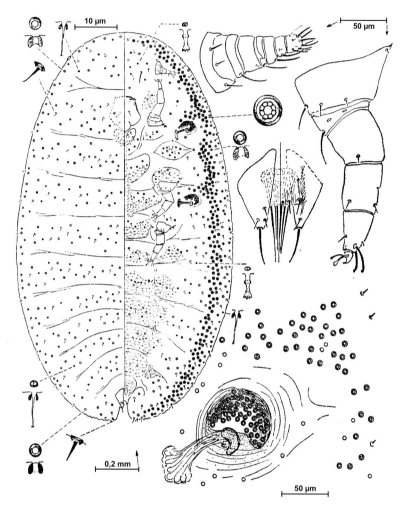

Abb. 87: Weibliche Drittlarve von *Lecanopsis formicarum* (Coccidae). Beine und Fühler rudimentär, Insekt daher kaum lauffähig (nach BORATYŃSKI et al. 1982, verändert).

Entwicklung, Schildbildung, Häutungen und Überwinterung 147

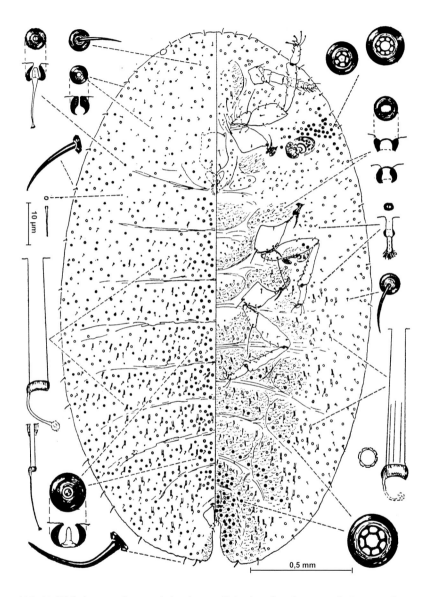

Abb. 88: Weibchen von *Lecanopsis formicarum* (links dorsal, rechts ventral). Beine und Antennen voll entwickelt, Insekt daher lauffähig (nach Boratyński et al. 1982, verändert).

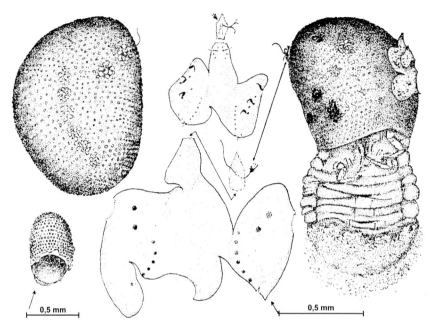

Abb. 89: Häutungen der kugelig-zystenförmigen Larvenstadien von *Steingelia gorodetskia* (Steingeliidae) (nach KOTEJA & ZAK-OGAZA 1981).

Entwicklung, Schildbildung, Häutungen und Überwinterung 149

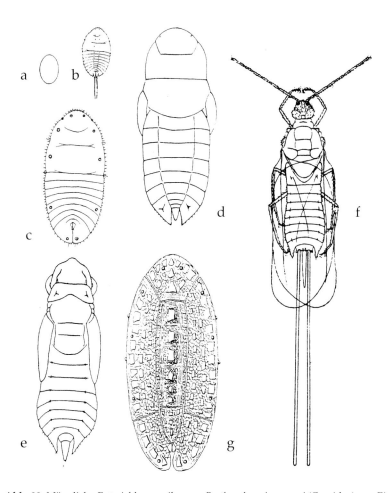

Abb. 90: Männliche Entwicklungsreihe von *Parthenolecanium corni* (Coccidae). **a** – Eistadium, **b** – Erstlave, **c** - Zweitlarve, **d** – Pronymphe, **e** – Nymphe, **f** – Männchen (dorsal), **g** – Männchenschild (dorsal) (nach Šulc 1932).

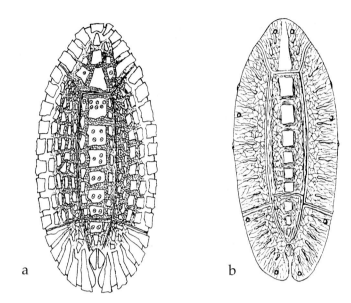

Abb. 91: Männchenschilde (dorsal) von Cocciden. **a** *Palaeolecanium bituberculatum* und **b** *Parthenolecanium persicae* (nach ŠULC 1932).

Entwicklung, Schildbildung, Häutungen und Überwinterung 151

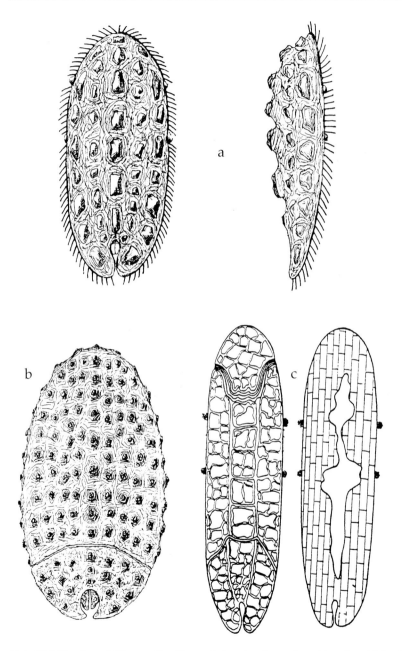

Abb. 92: Männchenschilde von Cocciden. **a** *Eulecanium franconicum* (dorsal und lateral), **b** *Sphaerolecanium prunastri* (dorsal), **c** *Luzulaspis frontalis* (dorsal und ventral) (a-b nach Šulc 1932, c nach Koteja 1966).

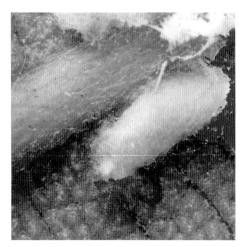

Abb. 93: Männchenkokon von *Pseudococcus affinis* (Pseudococcidae) (Foto: H. Schmutterer).

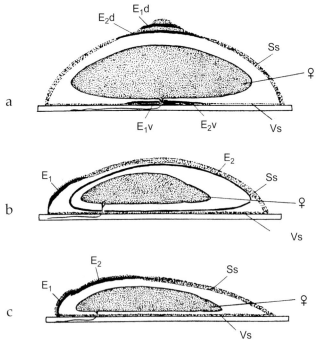

Abb. 94: Schematische Darstellung eines Quer- und Längsschnittes durch Schild und Körper von Diaspididenweibchen. **a** *Diaspidiotus*-Typ, **b** *Leucaspis*-Typ (kryptogynes Weibchen), **c** *Lepidosaphes*-Typ. Ss - Sekretschild (Dorsalschild), Vs - Ventralschild, E_1 - Exuvie des 1. Larvenstadiums, E_1v - Ventralteil der Exuvie des 1. Stadiums, E_1d - Dorsalteil der Exuvie des 1. Larvenstadiums, E_2 - Exuvie des 2. Stadiums, E_2v - Ventralteil der Exuvie des 2. Stadiums, E_2d - Dorsalteil der Exuvie des 2. Stadiums (nach Schmutterer 1959).

Entwicklung, Schildbildung, Häutungen und Überwinterung 153

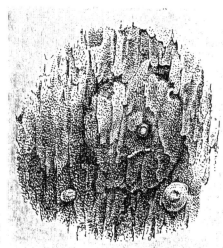

Abb. 95: Von äußeren Rindenschichten der Nährpflanze getarnte Schilde der Diaspidide *Diaspidiotus pyri* (nach BORCHSENIUS 1963).

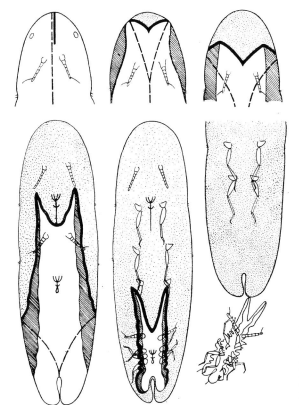

Abb. 96: Häutungsphasen des 1. Larvenstadiums der Coccide *Luzulaspis frontalis* - vorgeprägte Aufreißlinie auf der Ventralseite (nach KOTEJA 1966).

6.3 Männchenschild- und Männchenkokonbildung

6.3.1 Männchenschilde bei Cocciden

Die männlichen Zweitlarven der Cocciden sezernieren mit Hilfe von dorsalen Hautdrüsen einen etwa kahnförmigen, oft halb durchsichtigen Schild, der mit dem Körper nicht fest verbunden ist und die Aufgabe hat, die darunter befindlichen, meist wenig beweglichen, älteren Larvenstadien und die junge Imago vor Umwelteinflüssen zu schützen. Mit den Hautdrüsen, die den Schild erzeugen, hat sich Šulc (1932) im Detail beschäftigt, wobei es sich v.a. um Arten der Gattungen *Palaeolecanium*, *Eulecanium*, *Parthenolecanium* und *Sphaerolecanium* handelte (s. Abb. 91, 92). Es liegen auch einige spätere Untersuchungen vor, z.b. von Koteja (1966) an *Luzulaspis frontalis* (Abb. 92c).

Der Männchenschild einiger Cocciden zeigt durch Längs- und Quernähte abgegrenzte dorso-mediane und laterale Felder. Bei der Bildung der auffälligen Nähte des Schildes sind röhrenförmige (tubulöse) Hautdrüsen wesentlich beteiligt.

Die Exuvien der späteren männlichen Larvenstadien werden aus dem Männchenschild nach hinten ausgestoßen. Die männliche Imago hält sich nach der Häutung in der Regel noch mehrere Tage unter dem Schild auf, wobei zwei von Drüsenkomplexen erzeugte Wachsraife am Hinterende des Abdomens zunehmend größer werden. Beim Schlupf aus dem Männchenschild kriecht das Insekt nach Hochheben des Schildes nach hinten ins Freie.

6.3.2 Männchenkokons bei Pseudococciden und anderen Familien

Der Männchenkokon der Pseudococciden und einiger anderer Familien wird von der Drittlarve gebildet. Er hat eine längliche Form und besteht außen aus fadenförmigen, im Inneren vorwiegend aus pulverigen, weißen Hautdrüsensekreten (Abb. 93). Er entsteht im Laufe von nur wenigen Tagen. Die männlichen Zweitlarven vieler Pseudococciden zeigen vor der Kokonbildung eine ausgesprochen gesellige Tendenz, was dazu führt, dass ganze »Nester« von Männchenkokons entstehen. Die Exuvien der älteren männlichen Larvenstadien werden, wie bereits erwähnt, aus dem Kokon ausgestoßen.

6.4 Schildbildung und Tarnverhalten bei Diaspididen

6.4.1 Schildbildung

Nach dem Festsaugen an der Wirtspflanze sondern die Erstlarven aus Hautdrüsen auf der Dorsalseite fädige oder flockige, weiße wachsartige Sekrete ab, die sich allmählich zu einem kleinen, zunächst meist hell gefärbten Rückenschild verdichten. Das Insekt dreht sich dann um die im Zentrum des Schildbauareals fixierten Stechborsten und lagert an allen Seiten Drüsensekrete und Exkremente der Malpighischen Gefäße aus der dorsal gelegenen Analöffnung an (runde Schilde), bei länglichen Schilden im Wesentlichen nur in einer Richtung. Der Bauchschild auf der Ventralseite bildet nur eine dünne Sekretschicht. Rücken- und Bauchschild stellen zusammen eine Art »Klimakammer« dar, in der die Schildlaus gegen Umwelteinflüsse sehr gut geschützt ist. Bevor die 1. Häutung erfolgt, füllt die Schildlaus den ganzen Schildraum aus, und ihre Dorsalseite wird zunehmend sklerotisiert. Schließlich reißt die Exuvie am Seitenrand (runde Schilde) oder auf der Ventralseite (längliche Schilde) (s.o. bei Erstlarven) auf. Der vordere Teil der Exuvie, auch als Nabel bezeichnet, wird in den Rückenschild eingebaut, wodurch dieser eine erhebliche Verstärkung erhält. In der Folgezeit lagert die Schildlaus, jetzt eine Zweitlarve, im weiblichen Geschlecht wieder neue Sekrete und Exkrete vom Anstichpunkt der Stechborsten aus gesehen an allen Seiten (runde Schilde) oder v.a. in einer Richtung (längliche Schilde) an. Die männlichen Zweitlarven geben in der Regel nur in einer Richtung Hautdrüsensekrete und Exkremente ab, weshalb ein kleiner, meist langgestreckter Schild entsteht, der sich vom größeren Weibchenschild mehr oder weniger stark unterscheidet (Abb. 51, 52).

Die weibliche Zweitlarve verhält sich bis zur Häutung zur Imago ähnlich wie die Erstlarve. Die männlichen Pronymphen, Nymphen und Imagines sind an der Schildbildung nicht mehr nennenswert beteiligt. Da beim männlichen Geschlecht der Diaspididen nur eine Exuvie in den Dorsalschild eingebaut wird, besteht ein wesentlicher Unterschied zum Weibchenschild, der zwei Exuvien enthält. Die 2. Häutung der weiblichen Schildläuse bei den sog. kryptogynen *Leucaspis*-Arten stellt eine Besonderheit dar, durch die auch die Schildbildung wesentlich beeinflusst wird. Die Zweitlarven häuten sich nämlich nicht wie normale Diaspididen, z.B. *Diaspidiotus*-Arten, sondern dadurch, dass sich ihre jungen Weibchen von der stark sklerotisierten Haut der Zweitlarven innerhalb derselben loslösen, aber in diesem kapselartigem Gebilde zeitlebens eingeschlossen bleiben (Abb. 94). Eine Exuvie der Zweitlarve steht somit für den Einbau in den Dorsalschild, der einem Männchenschild ähnelt, nicht zur Verfügung. Wie bei den Männchenschilden der Cocciden werden die Exuvien der älteren männlichen Diaspididen-Larvenstadien aus dem Schild nach vollendeter Häutung ausgestoßen. Das fertige Männchen schlägt beim Schlupf aus dem Schild seine Flügel (falls vorhanden) nach vorne und kriecht nach hinten aus dem Schild heraus.

6.4.2 Tarnverhalten

In Abhängigkeit von der Umgebung der Saugstellen an den Wirtspflanzen wie z.b. Laubgehölzen ist bei vielen Diaspididen eine Art Tarnverhalten zu beobachten. Der Schild wird in diesen Fällen nicht einfach auf der glatten Oberfläche der Epidermis der Wirtspflanzen angelegt, sondern je nach Wirtsgewebe mehr oder weniger deutlich zwischen die äußeren, toten Rindenschichten und die lebende Haut geschoben, was mit Hilfe sägeartiger Strukturen (Platten) am Hinterende des Pygidiums möglich ist. Auf diese Weise entsteht eine gute Tarnung (Abb. 95), überdies auch ein begrenzter Schutz gegen Räuber wie Marienkäfer oder Parasitoide wie Apheliniden (Kap. 8.2.2).

6.5 Häutungen

Bei den Schildläusen gibt es sehr verschiedene Häutungsmodalitäten, die hier etwas genauer behandelt werden. Die Häutungen der weiblichen Diaspididen sind besonders eng mit der Schildbildung verknüpft und wurden deshalb schon im Kapitel über die Schildentwicklung mit behandelt (Kap. 6.4). Häutungen nach dem Standardmuster, die durch Aufreißen der Exuvie in der vorderen Körperhälfte und Abstreifen mit Muskelkraft erfolgen, kommen bei mehreren Familien als Regelfall vor. Bei den Pseudococciden, Eriococciden, vielen Cocciden und bei den Cryptococciden dominiert dieser Häutungstyp bei den weiblichen und falls vorhanden auch männlichen Stadien (Abb. 96).

Auch bei den primitiveren Orthezioiden gibt es diese Art von Häutung wie z.B. bei älteren männlichen Stadien praktisch aller Familien. Wenn kugelig-zystenförmige Stadien vorkommen, erfolgt die Häutung zum nächsten Stadium, bei dem es sich um eine weitere Larve oder Imago handeln kann, in der Regel dadurch, dass v.a. der hintere Teil der Exuvie, der schwächer sklerotisiert ist, an vorgeprägten Stellen aufreißt und das vorher eingeschlossene nächste Stadium freigibt. Diese vom Normaltypus stark abweichenden Häutungen fußloser, männlicher und weiblicher kugelig-zystenförmiger Larvenstadien von Orthezioiden (Margarodiden, Matsucocciden, Steingeliiden) wurden am Beispiel von *Steingelia gorodetskia* von KOTEJA & ZAK-OGAZA (1981) detailliert geschildert (Abb. 89).

Bei den Ortheziiden, die mit dickeren Wachsplatten bedeckt sind, wird bei den weiblichen und ersten männlichen Stadien zunächst der obere Teil der Exuvie abgesprengt. Dann zieht das zunächst nur teilweise gehäutete Insekt Beine und Fühler aus der Exuvie heraus und wandert ganz in die Nähe seines früheren Aufenthaltsortes z.B. auf ein Blatt der Wirtspflanze, um sich erneut anzusiedeln. Die späteren männlichen Stadien (Präpuppe, Puppe) der Orthezioiden richten sich bei ihrer Häutung weitgehend nach dem Normaltyp (s.o.). Stark mit Wachs bedeckte weibliche Schildläuse und ältere Larven wie bei *Puto superbus, P. pilosellae* und *Heliococcus bohemicus* verlassen die Exuvie durch einen Spalt in der vorderen Hälfte der Dorsalseite. Bei der Coccide *Lecanopsis formicarum* reißt bei den weiblichen Larven die Exuvie zuerst unregelmäßig in der Kopfregion auf. Sie wird dann nicht wie im Normalfall abgestoßen, sondern in den Schild integriert. Die weibliche Drittlarve, die nach der Häutung ein mit gut entwickelten Beinen und Fühlern versehenes Weibchen ergibt, zeigt eine normale Häutung, wobei die Exuvie nur wenig zerknittert wird (BORATYŃSKI et al. 1982).

6.6 Zahl der jährlichen Generationen

Bei den meisten von den in Deutschland im Freiland lebenden Schildlausarten gibt es nur eine jährliche Generation. Dies trifft bei allen Eriococciden, Cocciden, Asterodiaspididen, fast allen Diaspididen und vielen Pseudococciden zu. In diesen Fällen dürfte das Überwinterungsstadium genetisch fixiert sein, also eine echte Diapause vorliegen. Zwei Generationen pro Jahr sind seltener zu beobachten. Sie sind z.B. bei der Pseudococcide *Fonscolombia tomlinii* und der Coccide *Eriopeltis festucae*, der Ortheziide *Orthezia urticae* und der Matsucoccide *Matsucoccus pini* nachweisbar. Drei jährliche Geschlechterfolgen können bei manchen besonders wärmeliebenden Pseudococciden wie *Fonscolombia europaea* und der eingeschleppten Diaspidide *Diaspidotus perniciosus* vorkommen, wenn das Frühjahr und der Sommer ungewöhnlich warm sind. Bei *F. tomlinii* und *E. festucae* entwickelt sich in sehr trockenen (Nahrungsmangel!) oder kühlen Sommern (Temperatur!) nur eine Generation im Jahr; bei der erstgenannten Art ist dies auch der Fall, wenn sie in höheren Lagen, z.B. um 1500m ü.M. vorkommt. Bei der Putoide *Puto antennatus*, die im Hochgebirge, z.B. am Funtensee südlich von Berchtesgaden an *Pinus cembra* (Zirbelkiefer, Arve) lebt, werden die meist wenigen wärmeren Tage im Sommer kaum ausreichen, um eine Generation zum Abschluss zu bringen. Im Winter werden an diesem Standort Temperaturen bis unter -45°C gemessen (Kap. 4.2). Auch für die Xylococcide *Xylococcus filiferus* wird in der Literatur angegeben, dass mehrere Jahre zur Entwicklung einer Generation benötigt werden (ŠULC 1936, KAWECKI 1948, KOSZTARAB & KOZÁR 1988).

Bei den an Gewächshaus- und Zimmerpflanzen lebenden eingeschleppten Arten können sich bei günstigen Temperaturbedingungen durch Beheizung bis etwa zehn Generationen im Jahr entwickeln.

6.7 Überwinterung

Die Überwinterung mitteleuropäischer Schildläuse ist je nach Art in einem Stadium oder in mehreren Entwicklungsstadien möglich. Wenn sie nur in einem bestimmten Stadium erfolgt, so liegt in der Regel eine genetisch fixierte Diapause vor, z.b. bei Diaspididen im Embryonalstadium (Ei) (*Lepidosaphes, Chionaspis*). Werden mehrere Stadien bei der Überwinterung angetroffen, so handelt es sich um eine im Wesentlichen temperaturabhängige Quieszenz, wie z.b. bei den Ortheziiden, die in verschiedenen (2 bis 4) Larvenstadien und als Imago überwintern können. Tab. 2 gibt eine Übersicht über die Überwinterungsstadien ausgewählter mitteleuropäischer Schildlausarten. Hierzu ist noch zu bemerken, dass in einigen Fällen – besonders bei wenig untersuchten Arten wie z.b. bei Pseudococciden an Gramineen – das Überwinterungsstadium oder die Überwinterungsstadien noch nicht bekannt sind.

Tab. 2: Überwinterungsstadien ausgewählter mitteleuropäischer Schildlausarten

Überwinterungsstadien	Familien	Schildlausarten
Eistadium	Pseudococcidae	*Atrococcus achilleae, Balanococcus singularis, Spinococcus calluneti, S. kozari, Trionymus aberrans, T. dactylis*
	Coccidae	*Eriopeltis festucae, E. lichtensteini, Luzulaspis dactylis, L. frontalis, L. luzulae, L. nemorosa, L. pieninica, Palaeolecanium bituberculatum, Parafairmairia bipartita, P. gracilis, Psilococcus ruber*

Entwicklung, Schildbildung, Häutungen und Überwinterung 159

	Eriococcidae	Acanthococcus (Eriococcus s.l.) greeni, A. (Eriococcus s.l.) devoniensis, A. (Eriococcus s.l.) munroi, Rhizococcus (Eriococcus s.l.) herbaceus, R. (Eriococcus s.l.) inermis, R. (Eriococcus s.l.) insignis, R. (Eriococcus s.l.) pseudinsignis, Greenisca (Eriococcus s.l.) gouxi, Kaweckia (Eriococcus s.l.) glyceriae
	Cerococcidae	Cerococcus cycliger
	Asterolecaniidae	Planchonia arabidis
	Diaspididae	Chionaspis salicis, Lepidosaphes ulmi
Erstlarve	Matsucoccidae	Matsucoccus pini
	Margarodidae	Porphyrophora polonica
	Cryptococcidae	Cryptococcus fagisuga
	Diaspididae	Diaspidiotus perniciosus
Erstlarve und altes Weibchen (selten)	Diaspididae	Parlatoria parlatoriae
Zweitlarve	Pseudococcidae	Fonscolombia tomlinii
	Coccidae	Chloropulvinaria floccifera (auch als Drittlarve), Eulecanium ciliatum, E. douglasi, E. franconicum, E. tiliae, E. sericeum, Eupulvinaria hydrangeae, Lichtensia viburni, Nemolecanium graniforme, Parthenolecanium corni, P. fletcheri, P. persicae, P. pomeranicum, P. rufulum, Physokermes hemicryphus, Ph. piceae, Sphaerolecanium prunastri
	Eriococcidae	Acanthococcus (Eriococcus s.l.) aceris, A. (Eriococcus s.l.) uvaeursi, Gossyparia (Eriococcus s.l.) spuria, Pseudochermes fraxini
	Kermesidae	Kermes quercus
	Diaspididae	Diaspidiotus bavaricus, D. gigas, D. labiatarum, D. ostreaeformis, D. pyri, Dynaspidiotus abietis
Zweitlarve und (altes) Weibchen	Diaspididae	Leucaspis loewi, L. pini
Drittlarve	Coccidae	Chloropulvinaria floccifera (auch als Zweitlarve), Eupulvinaria hydrangeae, Lecanopsis formicarum, Parthenolecanium persicae, Pulvinaria regalis
	Pseudococcidae	Phenacoccus aceris

Zweitlarve, Drittlarve und Weibchen (Imago)	Ortheziidae	*Arctorthezia cataphracta, Orthezia urticae, Ortheziola vejdovskyi*
Imago	Pseudococcidae	*Balanococcus scirpi, Chaetococcus phragmitis, Ch. sulcii, Rhodania occulta, R. porifera*
	Coccidae	*Pulvinaria vitis, Rhizopulvinaria artemisiae*
	Asterolecaniidae	*Asterodiaspis quercicola, A. variolosa*
	Diaspididae	*Aulacaspis rosae, Carulaspis juniperi, C. visci, Diaspidiotus marani, D. wuenni, D. zonatus, Epidiaspis leperii, Lepidosaphes conchiformis, Pseudaulacaspis pentagona, Rhizaspidiotus canariensis, Unaspis euonymi*
alle Stadien (außer Eistadium und Erstlarve, s. Kommentar)	Ortheziidae	*Arctorthezia cataphracta, Newsteadia floccosa, Ortheziola vejdovskyi, Orthezia urticae*

Bei Durchsicht von Tab. 2 wird ersichtlich, dass eine größere Zahl von Cocciden- und Eriococcidenarten im Eistadium überwintert. Die Zweitlarve ist ein bevorzugtes Überwinterungsstadium der Coccidien. Die primitiveren Ortheziiden überwintern mit Ausnahme der Erstlarve in allen Stadien. Wenn bei *O. vejdovskyi* auch einzelne Erstlarven bei der Überwinterung gefunden werden, so ist fraglich, ob diese im Frühjahr zu weiterer Entwicklung fähig sind. Eine Besonderheit ist die Überwinterung als Zweitlarve und altes Weibchen, wie sie bei Diaspididen der kryptogynen Gattung *Leucaspis* zu beobachten ist. Dies kommt dadurch zustande, dass Weibchen im Frühsommer ihre Eiablage abbrechen, um sie erst nach der Überwinterung im kommenden Frühjahr wieder aufzunehmen und zum Abschluss zu bringen. Außergewöhnlich ist auch, dass einzelne Weibchen von *Parlatoria parlatoriae* ihre Eiablage im Sommer abbrechen, um den Rest ihrer Eier erst im kommenden Frühjahr zu deponieren.

Die Lebensdauer der Schildlausweibchen im Freiland ist, wenn sie nicht überwintern, mit etwa 3-4 Monaten relativ kurz bemessen. Wenn es zur Überwinterung kommt, verlängert sie sich um ca. 6-8 Monate, so dass insgesamt etwa 1 Jahr zusammenkommt. In Gewächshäusern und an Zimmerpflanzen saugende Arten leben oft nicht länger als 2 Monate. Im Hochgebirge ist die Lebensdauer, die natürlich durch die Temperatur mitbestimmt wird, erheblich länger als im Flachland und dürfte mit etwa 2 Jahren anzusetzen sein. Die Lebenszeit der Männchen ist sehr kurz, da sie schon bald nach der Begattung sterben.

7 Fortpflanzung

7.1 Bisexuelle Fortpflanzung

Viele Schildlausarten haben eine rein bisexuelle Fortpflanzung. In den meisten Fällen ist das Geschlechterverhältnis dann etwa 1:1. Bei manchen Diaspididen, z.B. *Aulacaspis rosae, Chionaspis salicis, Pseudaulacaspis pentagona* und *Unaspis euonymi* besteht ein mehr oder weniger deutliches Übergewicht zugunsten der Männchen. Die männlichen Wanderlarven siedeln sich bei diesen Spezies oft nesterweise an den Wirtspflanzen an und sitzen dann teilweise sogar übereinander. Experimentell bestätigt wurde eine rein bisexuelle Fortpflanzung bei einigen einheimischen Arten durch Isolierung unbegatteter Weibchen in kleinen Käfigen aus feiner Gaze an den Wirtspflanzen. Als Folge einer solchen Behandlung wurden keine Eier abgelegt. Es handelt sich, um nur einige Beispiele zu nennen, um Pseudococciden wie *Phenacoccus aceris, Ph. piceae* und *Spinococcus calluneti*, Cocciden wie *Eulecanium ciliatum, E. tiliae, Palaeolecanium bituberculatum, Parafairmairia gracilis, Phyllostroma myrtilli* und *Physokermes piceae*, Eriococciden wie *Acanthococcus (Eriococcus* s.l.*) aceris, A. (Eriococcus* s.l.*) munroi* und *Pseudochermes fraxini* sowie Diaspididen wie *Carulaspis juniperi, Chionaspis salicis, Diaspidiotus gigas, D. ostreaeformis, D. pyri, D. zonatus, Dynaspidiotus abietis, Lepidosaphes conchiformis, L. newsteadi, Leucaspis loewi, L. pini* und *Parlatoria parlatoriae* (SCHMUTTERER 1952).

Das Auftreten von Männchen ist nicht unbedingt als Beweis für bisexuelle Fortpflanzung bei Schildläusen anzusehen. Die an Zimmerpflanzen häufige Coccide *Coccus hesperidum* pflanzt sich gewöhnlich parthenogenetisch fort, auch wenn manchmal an bestimmten Wirtspflanzen Männchen zu beobachten sind. Die Kopulationsfähigkeit dieser »Ausnahmemännchen« ist jedoch anzuzweifeln.

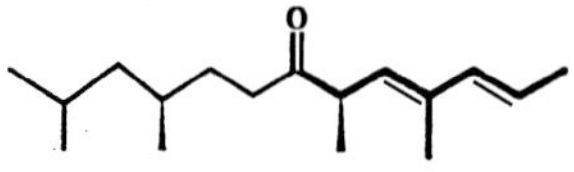

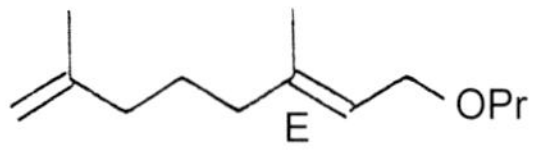

Abb. 97: Chemische Struktur der Sexualpheromone von Schildläusen. **a** Matsucoccide *Matsucoccus pini* (= *M. matsumurae*), **b** Pseudococcidae *Planococcus citri*, **c** Diaspididen *Pseudaulacaspis pentagona*, **d** *Aspidiotus nerii* und **e** drei Komponenten des Pheromons der San-José-Schildlaus *Diaspidiotus perniciosus* (Diaspididae). E - E-Doppelbindung, OAc - Acetat, OPr - Propionat, R - R-Konfiguration, S - S-Konfiguration und Z - Z-Doppelbindung (nach DUNKELBLUM 1999).

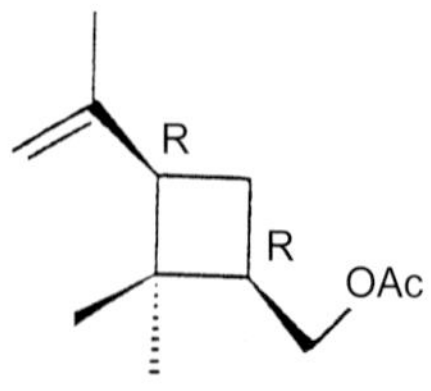

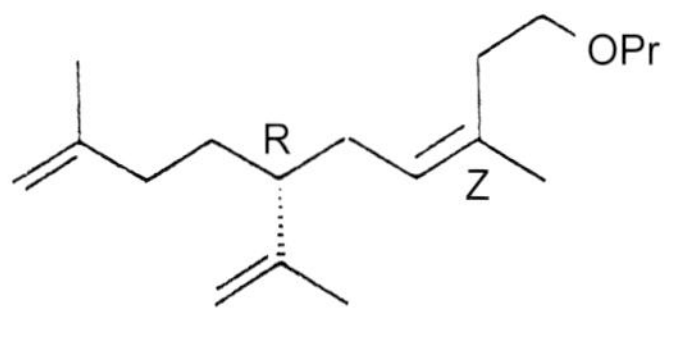

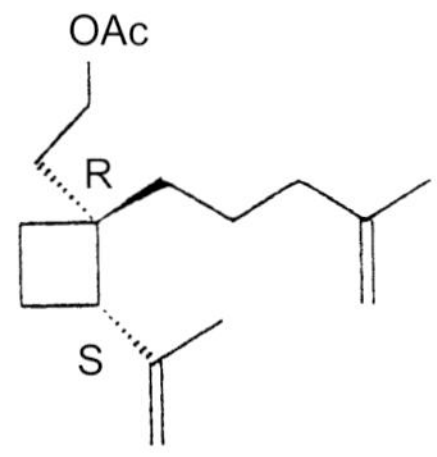

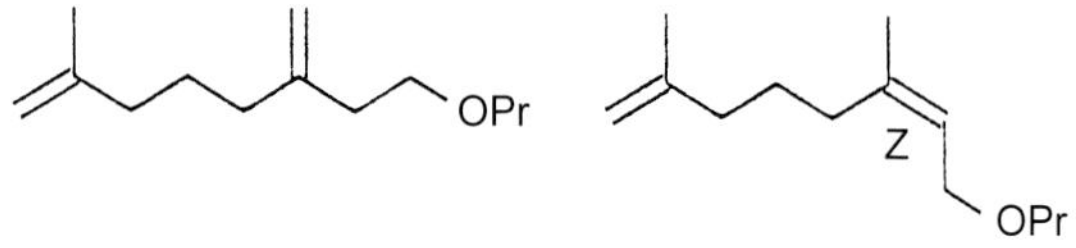

7.1.1 Sexualpheromone der Weibchen

Die Existenz von Sexualpheromonen bei Schildläusen ist erstmalig von DOANE (1966) in den USA bei der Matsucoccide *Matsucoccus resinosae* festgestellt worden. In den folgenden Jahrzehnten gelangen weitere Nachweise bei Diaspididen und Pseudococciden. Vorwiegend technische Gründe wie Schwierigkeiten bei der Beschaffung von geeignetem Insektenmaterial waren dafür verantwortlich, dass erst durch ROELOFS et al. (1978) das erste Schildlaussexualpheromon identifiziert und strukturell aufgeklärt werden konnte. Es handelte sich um den Männchenlockstoff der Diaspidide *Aonidiella aurantii*. Heute liegen entsprechende Ergebnisse bei Matsucocciden, Pseudococciden und neben *A. aurantii* noch bei weiteren Diaspididen wie *Diaspidiotus perniciosus, Epidiaspis leperii, Aspidiotus nerii* und *Pseudaulacaspis pentagona* vor (Abb. 97). Das Pheromon von *D. perniciosus* besteht aus drei Komponenten (ANDERSON et al. 1981, HIPPE 2000 - Kap. 2.4.1).

Die Bildung der Diaspididensexualpheromone erfolgt in den Pygidialdrüsen, die im Bereich der Basis der Analöffnung liegen (MORENO 1972). Bei Matsucocciden wie *Matsucoccus pini* wird angenommen, dass bestimmte Drüsen in der Epidermis der Dorsal- oder Ventralseite des Abdomens, von manchen Autoren auch Cicatrixen genannt, die Sexualpheromone erzeugen (YOUNG & HONG-REN 1986). Das Pheromon der Pseudococcide *Planococcus citri* wird chemisch als (-)-(1R-cis)-2,2-dimethyl-3-(1-methylethenyl) cyclobutanmethanolacetat bezeichnet (BIERL-LEONHARDT et al. 1981).

7.1.2 Kopulation

Den Paarungsvorgang bei Schildläusen haben einige Autoren detailliert beschrieben, z.B. SIEWNIAK (1976) bei der Matsucoccide *Matsucoccus pini*. Bei der Kopula, die im Durchschnitt zwei bis drei Minuten dauert, bewegt das Männchen seine Antennen und die Wachsfilamente am Hinterende des Abdomens sehr lebhaft. Nach der Begattung begibt es sich sofort auf die Suche nach weiteren begattungsbereiten Weibchen. Im Laborversuch wurden von einem Männchen in Abständen von zwei bis drei Minuten insgesamt 29 Weibchen begattet. Nach fünf Stunden war dieses Insekt abgestorben. Versuche von Männchen, mit bereits begatteten Weibchen erneut zu kopulieren, blieben erfolglos. Bei den Diaspididen besteigt das Männchen den Schild des Weibchens, krümmt sein Abdomen nach vorn und zwängt dann die lange, spitze Penisscheide unter den Schild, um die Geschlechtsöffnung des Weibchens zu erreichen.

Schwache Luftbewegung und höhere Temperatur sind für erfolgreiche Partnersuche und Kopulation in den meisten Fällen von wesentlicher Bedeutung. Eine Ausnahme bildet das ungeflügelte Männchen der Eriococcide *Pseudochermes fraxini*, das schon bei niedrigen Temperaturen wie ca. 5°C sexuell aktiv sein kann (SCHMUTTERER 1952b). Ähnliches dürfte für alpine Schildlausarten wie *Puto antennatus* gelten.

7.2 Parthenogenetische Fortpflanzung

Bei Arten mit rein parthogenetischer Fortpflanzung sind bisher noch überhaupt keine Männchen gefunden worden. Parthenogenese kann dann als sicher gelten, wenn dies auch durch Isolierung unbegatteter Weibchen nachgewiesen wurde, d.h. wenn so behandelte Schildläuse Eier ablegen, aus denen entwicklungsfähige Larven schlüpfen (Thelytokie). Dies ist beispielsweise bei den Ortheziiden *Arctorthezia cataphracta* und *Ortheziola vejdovskyi*, der Xylococcide *Xylococcus filiferus*, den Pseudococciden *Coccura comari*, *Fonscolombia tomlinii* und *F. europaea*, den Coccciden *Parthenolecanium fletcheri*, *P. rufulum* und *Eulecanium sericeum*, der Cryptococcide *Cryptococcus fagisuga*, der Eriococcide *Kaweckia* (*Eriococcus* s.l.) *glyceriae* und Asterolecaniiden (*Asterodiaspis* spp.) der Fall, wahrscheinlich auch bei einigen unter Blattscheiden von Gräsern lebenden Pseudococciden, die infolge ihrer versteckten Lebensweise für Männchen auch nur schwer zugänglich wären. Über die zuletzt genannten Fälle lässt sich jedoch erst dann mehr und Sicheres aussagen, wenn genauere Untersuchungen vorliegen.

7.3 Bisexualität und Parthenogenese bei der gleichen Art

Bei einigen Schildlausarten kommen beide Möglichkeiten der Fortpflanzung nebeneinander in den gleichen Kolonien vor, was ebenfalls durch Isolierung unbegatteter Weibchen nachgewiesen wurde. Ein solcher Nachweis ist z.B. bei den Coccciden *Parthenolecanium corni*, *P. pomeranicum*, *Sphaerolecanium prunastri*, *Physokermes hemicryphus* und *Pulvinaria vitis* gelungen (SCHMUTTERER 1952b). Bei diesen Arten sind Männchen in der Regel viel seltener als Weibchen oder sie fehlen gebietsweise ganz wie bei *Parthenolecanium persicae*, *P. corni* und *P. vitis*. Bei den zuletzt genannten Coccciden scheint auch die Wirtspflanze einen Einfluss auf die Zahl der Männchen auszuüben. Die Nachkommen begatteter Weibchen entwickeln sich zu Männchen und Weibchen, während die unbegatteter nur Weibchen ergeben.

Auch bei den erst in jüngerer Zeit eingeschleppten Cocciden *Pulvinaria regalis* und *Eupulvinaria hydrangeae* ist Parthenogenese offenbar dominierend, da selbst in den mitunter sehr großen Kolonien dieser Schildläuse nur wenige Männchen zu finden sind (JANSEN 2000).

Bei der Kommaschildlaus *Lepidosaphes ulmi* (Diaspididae) kann man in Deutschland zwei morphologisch bisher nicht trennbare Formen unterscheiden, die sich entweder bisexuell oder parthenogenetisch fortpflanzen. Ähnliche Verhältnisse scheinen bei der Ortheziide *Orthezia urticae* vorzuliegen (KÖHLER 1983). Die bisexuelle Form von *L. ulmi* lebt z.B. auf *Abies, Calluna, Quercus* und *Vaccinium*, die parthenogenetische auf Rosaceen (Obstbäume, Ziersträucher). Es besteht aber die Möglichkeit, dass später bei Verwendung neuer, z.B. molekularbiologischer Diagnosemethoden die Erkenntnis erzielt wird, dass diese Formen als eigene Arten betrachtet werden müssen. Nach BENASSY (1986) tritt *L. ulmi* in Europa in vier verschiedenen Formen (Stämmen) auf, d.h. einer Form mit parthenogenetischer Fortpflanzung (*L. u. unisexualis*), einer jährlichen Generation und Apfel als Hauptwirtspflanze in Mitteleuropa, einer zweiten mit bisexueller Fortpflanzung (*L. u. bisexualis*), ebenfalls nur einer Generation in Jahr und *Vaccinium* und *Betula* als Wirtspflanzen, einer dritten mit bisexueller Fortpflanzung und mehreren Generationen im Jahr an Fruchtbäumen und anderen Pflanzen im Mittelmeergebiet und eine vierte mit obligater Embryonaldiapause und Pappel als Hauptwirtspflanze in den Pyrenäen in Frankreich.

7.4 Zwittertum (Bisexualität und Parthenogenese beim gleichen Individuum)

Die Monophlebide *Icerya puchasi* (Farbtafel 2b), die in Deutschland in Gewächshäusern ab und zu gefunden wird und in der Westschweiz und im Mittelmeergebiet auch im Freien vorkommt, ist ein protandrischer Zwitter (Hermaphrodit), d.h. männliche und weibliche Gonaden sind beim gleichen Insekt vorhanden. Die Eier werden entweder selbstbefruchtet oder unbefruchtet in den Eiersack abgelegt. Die Männchen von *I. purchasi* sind den Weibchen zahlenmäßig stark unterlegen. Sie gehen wahrscheinlich aus unbefruchteten Eiern hervor und sind voll kopulationsfähig, während die Zwitter auf Selbstbefruchtung zurückgeführt werden.

7.5 Eiersackbildung und Eiablage

7.5.1 Bildung des Eiersackes

Die Ortheziiden (Röhrenschildläuse) produzieren aus weißen Sekretplatten bestehende Eiersäcke (Marsupien), die ein röhrenförmiges Aussehen haben, was zu ihrem deutschen Namen geführt hat (Farbtafel 2a, Abb. 10a).

Diese Gebilde, die der Aufnahme der Eier und der Brutpflege dienen, sind im Inneren mit pulverigem und fädigem Wachs ausgepolstert. Bei Monophlebiden wie *I. purchasi* bestehen die Eiersäcke ebenfalls zum großen Teil aus weißen Wachsplatten. Andere Eiersäcke, wie sie von den Weibchen der Matsucocciden, Steingeliiden, Margarodiden und vielen Pseudococciden, Cocciden und Eriococciden gebildet werden, bestehen vor allem aus dicht beieinander liegenden Fäden aus weißen Hautdrüsensekreten, die von den Muttertieren in erster Linie am hinteren Abschnitt des Körpers sezerniert werden. Sie können auch, wie bei den meisten Eriococciden, fast den ganzen Körper des Weibchens bedecken (Abb. 98a) (Ausnahme *Gossyparia* [(*Eriococcus* s.l.)] *spuria*, Abb. 98b).

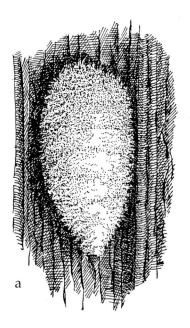
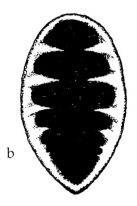

Abb. 98: Eiersäcke von Eriococciden. **a** *Acanthococcus* (*Eriococcus* s.l.) *aceris*, **b** *Gossyparia* (*Eriococcus* s.l.) *spuria* (a nach BORCHSENIUS 1963, b nach SCHMUTTERER 2000).

Bei manchen Cocciden wie den *Parafairmairia*-Arten umgeben die Weibchen vor Beginn der Eiablage ihren ganzen Körper mit zuckergussähnlichen, teilweise durchsichtigen Sekretplatten und legen dann ihre Eier in dem so entstandenen, mehr oder weniger kahnförmigen Gebilde ab, das ebenfalls als Eiersack bezeichnet wird (Abb. 99).

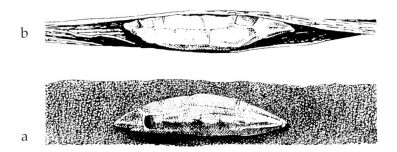

Abb. 99: Halbdurchsichtige Eiersäcke der Coccide *Parafairmairia gracilis* in Seitenansicht (a) und Aufsicht (b) (nach KOSZTARAB & KOZÁR 1988).

Der Platz für die Eier wird durch allmähliches Zusammenschrumpfen des Weibchens bei fortschreitender Eiablage gewonnen (Abb. 100d). Normalerweise legen Schildlausweibchen ihre Eier in einem Zug ab. Es gibt aber auch Ausnahmen, z.B. bei den Ortheziiden, bei denen Weibchen, die bereits im vorangegangenen Sommer Eier erzeugt hatten, nach der Überwinterung im folgenden Frühjahr einen zweiten Eiersack ausbilden und dann erneut Nachkommen haben. Auch die kryptogynen Weibchen von Diaspididen aus der Gattung *Leucaspis* können im Sommer die Eiablage unterbrechen, um sie erst wieder im Frühjahr des kommenden Jahres nach der Überwinterung fortzusetzen (SCHMUTTERER 1952a).

7.5.2 Viviparie – Ovoviviparie – Oviparie

Die genaue Definition dieser drei Begriffe ist noch umstritten, wie einer jüngeren Publikation von TREMBLAY (1997) zu entnehmen ist. Spricht man dann von Viviparie, wenn freibewegliche Erstlarven (»crawlers«) die mütterliche Geschlechtsöffnung verlassen und sich ohne weitere Häutung nach relativ kurzer Zeit an der Wirtspflanze ansiedeln, so ist in der mitteleuropäischen Fauna nur *Diaspidiotus perniciosus* und wahrscheinlich noch *Puto pilosellae* zu nennen.

Es gibt auch einige Arten, die wenige Minuten bis Stunden nach der Eiablage aus einer dünnen, membranartigen Hülle schlüpfen, mit der sie zunächst umgeben sind. Hierher gehören z.B. die Pseudococciden *Fonscolombia europaea* und *Chaetococcus sulcii* sowie die Cocciden *Sphaerolecanium prunastri* und *Coccus hesperidum*, außerdem noch die Eriococcide *Gossyparia* (*Eriococcus* s.l.) *spuria*. Es kommen einige weitere Arten, insbesondere Pseudococciden hinzu, die auch dadurch erkennbar sind, dass die Weibchen in der Umgebung der Vulva entweder gar keine oder nur wenige scheibenförmige, mehrporige Hautdrüsen besitzen. Solche Schildläuse werden in der Regel als ovovivipar bezeichnet.

Bei den meisten anderen Arten vergeht zwischen der Eiablage und dem Schlüpfen der Erstlarven ein längerer Zeitraum von wenigen Tagen bis mehreren Wochen. In einigen Fällen ist die Eizeit auch beim selben Gelege von sehr unterschiedlicher Länge, z.B. bei der Pseudococcide *Coccura comari* und den Diaspididen *Diaspidiotus ostreaeformis* und *D. bavaricus*. Bei *D. bavaricus* dauerte sie bei den zuerst gelegten Eiern 2 bis 4 Tage, bei den zuletzt deponierten nur noch wenige Stunden. Praktisch das Gleiche trifft für *Dynaspidiotus abietis* zu (SCHMUTTERER 1952a). Trotzdem werden auch diese Arten hier als ovipar betrachtet.

Sehr lange Eizeiten werden dann erreicht, wenn eine Diapause im Eistadium (Embryonalstadium) erfolgt, was in der heimischen Schildlausfauna seltener vorkommt, z.B. bei einigen Pseudococciden (*Trionymus* spp.), verschiedenen Cocciden (*Luzulaspis* spp., *Eriopeltis* spp., *Palaeolecanium bituberculatum*) und Diaspididen (*Chionaspis salicis, Lepidosaphes ulmi*).

7.5.3 Eiablage

Die Eiablage erfolgt bei Schildläusen auf sehr verschiedene Weise. Wenn ein Eiersack gebildet wird wie bei den Ortheziiden, vielen Pseudococciden und Cocciden, so werden die Eier mit allmählich fortschreitender Bildung des Sackes in diesen abgegeben, was einige Tage bis mehrere Wochen dauern kann. Die Temperatur spielt dabei eine wichtige Rolle, d.h. bei kühlem Wetter ist die Eiablageperiode wesentlich länger als bei warmem. Bei den Ortheziiden und manchen Monophlebiden (*I. purchasi*) dient der Eiersack (Marsupium) auch zur Brutpflege, d.h. die Junglarven halten sich noch bis zu mehrere Tage nach dem Schlüpfen gut geschützt in ihm auf. Bei einigen Cocciden (Gattungen *Eulecanium, Nemolecanium, Parthenolecanium, Palaeolecanium*) wird kein typischer Eiersack gebildet. Die Weibchen schrumpfen bei diesen Arten auf ihre stark sklerotisierte, mehr oder weniger hochgewölbte Rückenhaut zusammen und machen so den Eiern Platz (Abb. 100d). Die Weibchen zeigen dann auch nach ihrem Tod ein napfförmiges Aussehen, wovon der deutsche Familienname Napfschildläuse abgeleitet ist.

Bei den Diaspididen werden die Eier meist in einer Schicht, bei Arten mit langgestreckten Schilden in zwei Reihen unter dem Schild abgelegt. Die geschlüpften Erstlarven zwängen sich zwischen dem mütterlichen Schild und der Wirtspflanze ins Freie. Bei kryptogynen Arten (*Leucaspis* spp.) erfolgt die Eiablage in die stark sklerotisierte Exuvie des 2. Larvenstadiums und die Erstlarven gelangen durch einen Schlitz am Hinterende dieser Exuvie nach außen.

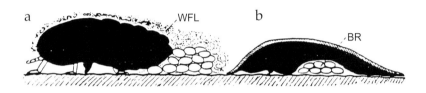

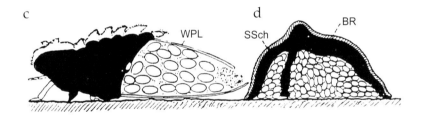

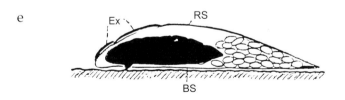

Abb. 100: Schematische Darstellung der Eiablage von Schildläusen verschiedener Familien. **a** Pseudococciden (*Pseudococcus*), **b** Cocciden (*Coccus*) **c** Ortheziiden (*Orthezia*), **d** Cocciden (*Saissetia*), **e** Diaspididen (*Lepidosaphes*). BS - Bauchschild, BR - Brutraum, Ex - Exuvien, RS - Rückenschild, SSch - Sekretschicht, WFL - Wachsflaum, WPL - Wachsplatte (nach WEBER 1929-1935, veränd.).

7.5.4 Zahl der Eier (Nachkommen)

Die Eizahl (Zahl der Nachkommen bei *Diaspidiotus perniciosus* und *Puto pilosellae* als vivipare Arten) hängt außer von der Fortpflanzungsleistung der einzelnen Schildlausart von der Art der Wirtspflanze und vom Pflanzenteil ab, der vom Weibchen zur Ernährung genutzt wird. Auszählungen der Eier unter dem Binokular (SCHMUTTERER 1952b) haben ergeben, dass von jeweils 20 Weibchen der Coccide *Parthenolecanium corni* an *Robinia pseudoacacia* (Robinie) 3117 bis 4256, an *Ribes rubrum* (Johannisbeere) 1208 bis 2308 und an *Crataegus laevigata* (Weißdorn) 31 bis 1376 Eier erzeugt worden waren. An Robinie werden die Weibchen auffallend groß, sind also offenbar besonders gut ernährt. Weibchen von *Parthenolecanium pomeranicum* an *Taxus baccata* (Eibe) legen an Zweigen wesentlich mehr Eier als an Nadeln.

Die niedrigsten Eizahlen wurden bei den Diaspididen *Parlatoria parlatoriae* und *Leucaspis loewi* festgestellt, d.h. nur bis zu 50; die höchste Eizahl von 5108 pro Weibchen wurde bei der Coccide *Pulvinaria vitis* ermittelt. Sehr hohe Zahlen zwischen etwa 2000 und 5000 wurden auch bei anderen Cocciden wie *Physokermes piceae*, *Sphaerolecanium prunastri* (ovovivipar) und *Parthenolecanium corni*, der Pseudococcide *Phenacoccus aceris* und der Kermeside *Kermes quercus* registriert. Weitere Coccidden wie *Eriopeltis festucae*, *Eulecanium tiliae*, *Palaeolecanium bituberculatum*, *Parthenolecanium fletcheri* und *P. rufulum* legten zwischen 1000 und 2000 Eier ab. Die Eizahlen bei anderen Schildlausarten bewegten sich etwa zwischen 500 und 1000, wobei die größeren Arten unter den Cocciden wie *Eulecanium* spp. und die Pseudococcide *Fonscolombia tomlinii* sich als wesentlich reproduktiver als die meisten Eriococciden, Asterolecaniiden, Cryptococciden und Diaspididen sowie die kleineren Coccidenarten erwiesen (Tab. 3).

Tab. 3: Eizahlen bei einigen mitteleuropäischen Schildlausarten

Eizahlen	Schildlausfamilien	Schildlausarten	Wirtspflanzen
<50	Diaspididae	*Parlatoria parlatoriae*	*Picea abies*
		Leucaspis loewi	*Pinus sylvestris*
ca. 50-100	Pseudococcidae	*Fonscolombia europaea*	*Festuca ovina*
		Spinococcus calluneti	*Calluna vulgaris*
	Eriococcidae	*Acanthococcus* (*Eriococcus* s.l.) *munroi*	*Calluna vulgaris*
		Pseudochermes fraxini	*Fraxinus excelsior*
		Rhizococcus (*Eriococcus* s.l.) *herbaceus*	unbest. Süßgras
		Rhizococcus (*Eriococcus* s.l.) *insignis*	unbest. Süßgras

	Coccidae	*Luzulaspis frontalis*	*Carex brizoides*
		Parafairmairia gracilis	*Carex digitata*
	Diaspididae	*Carulaspis juniperi*	*Juniperus communis*
		Lepidosaphes newsteadi	*Pinus sylvestris*
		Lepidosaphes ulmi (parthenog. Form)	*Malus domestica*
		Leucaspis pini	*Pinus sylvestris*
ca. 100-200	Pseudococcidae	*Phenacoccus phenacoccoides*	unbest. Süßgras
		Rhodania porifera	*Festuca ovina*
		Trionymus perrisii	*Festuca ovina*
	Eriococcidae	*Kaweckia* (*Eriococcus* s.l.) *glyceriae*	unbest. Süßgras
	Asterolecaniidae	*Asterodiaspis variolosa*	*Quercus robur*
	Diaspididae	*Chionaspis salicis*	*Salix caprea*
		Diaspidiotus pyri	*Malus domestica*
		Diaspidiotus zonatus	*Quercus robur*
ca. 200-500	Ortheziidae	*Orthezia urticae*	*Melampyrum sylvaticum*
	Pseudococcidae	*Phenacoccus piceae*	*Picea abies*
	Eriococcidae	*Acanthococcus* (*Eriococcus* s.l.) *aceris*	*Acer pseudoplatanus*
		Gossyparia (*Eriococcus* s.l.) *spuria*	*Ulmus campestris*
	Coccidae	*Eulecanium franconicum*	*Calluna vulgaris*
		Lecanopsis formicarum	unbest. Süßgras
	Diaspididae	*Diaspidiotus gigas*	*Populus nigra*
		Diaspidiotus ostreaeformis	*Crataegus laevigata*
ca. 500-1000	Pseudococcidae	*Fonscolombia tomlinii*	*Festuca ovina*
	Coccidae	*Eulecanium ciliatum*	*Quercus robur*
		Eulecanium sericeum	*Abies alba*
ca. 1000-2000	Coccidae	*Eriopeltis festucae*	*Brachypodium pinnatum*
		Eulecanium tiliae	*Corylus avellana*
		Palaeolecanium bituberculatum	*Crataegus laevigata*
		Parthenolecanium fletcheri	*Thuja occidentalis*
		Parthenolecanium pomeranicum	*Taxus baccata*
		Parthenolecanium rufulum	*Quercus robur*
		Phyllostroma myrtilli	*Vaccinium myrtillus*
ca. 2000-5000	Pseudococcidae	*Phenacoccus aceris*	*Malus domestica*

		Coccidae	*Parthenolecanium corni*	*Robinia pseudoacacia*
			Physkermes piceae	*Picea abies*
			Sphaerolecanium prunastri	*Prunus spinosa*
> 5000		Coccidae	*Pulvinaria vitis*	*Crataegus laevigata*

Bei der Pseudococcide *Antoninella parkeri* liegt bezüglich der Eiablage eine Besonderheit vor, da das Weibchen sein Abdomen nach vorne krümmt und darunter einen mit puderigem Wachs ausgepolsterten, kleinen »Brutraum« bildet.

Die Größe der Schildlauseier kann sehr verschieden sein. Die Steingeliide *Steingelia gorodetskia* legt sehr viele, besonders kleine Eier, die Pseudococcide *Balanococcus scirpi* dagegen nur einige wenige besonders große.

8 Ökologie

8.1 Abiotische Umweltfaktoren

Bei Schildläusen sind außer den biotischen Umweltfaktoren wie Nahrungsfaktor (Wirtspflanze) und natürliche Feinde, denen im vorliegenden Buch eigene, größere Kapitel gewidmet sind, die abiotischen wie Temperatur, relative Luftfeuchte, Licht (Fotoperiode), Boden und Wind von z.T. besonderer Bedeutung.

Die Temperatur beeinflusst die Entwicklung, bei Arten mit nicht fixiertem Zyklus die Zahl der jährlichen Generationen, die Wanderaktivität, Fortpflanzung, Nahrungsaufnahme, Honigtauabgabe und weitere Lebensvorgänge. Bei Cocciden wie *Pulvinaria vitis* können selbst morphologische Merkmale wie Körperranddornen und tubulöse sowie scheibenförmige Hautdrüsen in Hinblick auf ihre Zahl und Anordnung beeinflusst werden (ŁAGOWSKA 1996). Da in Mitteleuropa eine beträchtliche Zahl von Arten wärmeliebend ist, sind in klimatisch begünstigten Gebieten, wo höhere Durchschnittstemperaturen erreicht werden, in der Regel auch die meisten Arten vertreten. Auf der anderen Seite gibt es nur wenige Schildläuse, die tiefe Temperaturen auf Dauer tolerieren oder sogar bevorzugen. Hierher gehören alpine Arten wie die Putoide *Puto antennatus* und die Ortheziide *Arctorthezia cataphracta*. Der Einfluss der Temperatur und anderer Umweltfaktoren auf die Entwicklung und Überwinterung der Ortheziide *Orthezia urticae* wurde von KÖHLER (1983) genauer untersucht, wobei eine thermische Quieszenz festgestellt werden konnte.

Die relative Luftfeuchtigkeit hat bei der Larvenentwicklung, v.a. aber während der Wanderung der Erstlarven und während der Häutungen Bedeutung, da höherer Feuchtigkeitsverlust hohe Mortalität bedingen kann. Die Diaspididen errichten durch den Bau von Schilden, was z.T. unter den äußeren Rindenschichten der Wirtspflanzen erfolgt, eine Art Brutkammer, in der sich eine hohe relative Luftfeuchtigkeit halten kann, was eine problemlose Entwicklung der Eier und jungen Larven gewährleistet. Andere

Schildlausarten sind durch Produktion von wasserabstoßendem Wachs und anderen Hautdrüsensekreten bestrebt, eine stärkere oder längerfristige Benetzung ihres Körpers mit Niederschlagswasser und dgl. zu vermeiden. Gleichzeitig wird hierdurch auch möglichen Infektionen durch parasitische Pilze vorgebeugt.

Die Bedeutung des Lichtes als abiotischer Umweltfaktor wird v.a. durch den Einfluss der Tageslänge (Fotoperiode) für die postembryonale Entwicklung und die Überwinterung deutlich. Bei *O. urticae* bremst im Herbst die zurückgehende Tageslänge zusammen mit der sinkenden Temperatur die Entwicklung ab (KÖHLER 1983), weshalb in diesem Fall von einer quieszetären (d.h. fotoperiodisch bedingten) Oligopause gesprochen wird. Lichtmangel, der durch starken Schatten in dichten Pflanzenbeständen bedingt sein kann, wird von einigen Arten wie Ortheziiden (*Newsteadia floccosa, Ortheziola vejdovskyi*) und Coccidenwie *Luzulaspis nemorosa* offenbar problemlos ertragen. Direktes Sonnenlicht wird von einigen Arten gemieden, weshalb sie sich vorzugsweise an sonnenabgewandten Teilen von Ästen, Stämmen und Blättern festsetzen, was mit der austrocknenden Wirkung intensiver Sonnenbestrahlung zusammenhängen könnte.

Starke Luftbewegungen (Sturm, Wind) sind für viele Schildlausarten nicht vorteilhaft, da auch sie stark austrocknende Wirkungen mit sich bringen, besonders wenn die Temperatur gleichzeitig hoch ist. Exponierte Stellen, wie z.B. Berggipfel und deren Umgebung werden daher von vielen Arten gemieden und windgeschützte Plätze zur Ansiedlung an den Wirtspflanzen vorgezogen.

Der Boden wirkt sich als abiotischer Umweltfaktor bei Schildläusen direkt auf die an Wurzeln und oder am Wurzelhals lebenden Insekten aus oder indirekt über die Wirtspflanzen. Lössböden und saure Sandböden werden in der Regel gemieden, während Pflanzen auf Sanden mit mehr alkalischer Reaktion oft bereitwillig besiedelt werden. Stauende Nässe kann sich auf Kalkböden praktisch nicht entwickeln, da Niederschlagswasser rasch abfließt.

8.2 Biotische Umweltfaktoren

8.2.1 Wirtspflanze

8.2.1.1 Erkennen der Wirtspflanze

Über die Frage, wie Schildläuse ihre Wirtspflanzen erkennen, ist noch sehr wenig bekannt, was auch mit der geringen Größe der meisten Coccina und den damit zusammenhängenden experimentellen Schwierigkeiten zusammenhängt. Die Augen dürften – wenn überhaupt – höchstens eine geringe Rolle spielen, da sie als Ocellen wenig leistungsfähig sind. Bei Gruppen, die zeitlebens oder bis zur Eiablage frei beweglich sind wie z.B. Pseudococciden könnten ähnliche Verhältnisse vorliegen wie bei den Blattläusen als ihrer phylogenetischen Schwestergruppe, wenn die Rolle chemischer Sinnesorgane berücksichtigt wird. Sie befinden sich v.a. auf den Antennen und an den Mundwerkzeugen. Insbesondere Pseudococciden und Eriococciden bewegen die Fühler sehr lebhaft, wenn sie auf Nahrungssuche (Wirtspflanzensuche) sind oder die ausgewählte Pflanze anstechen wollen. Bei solchen Arten wie *Rhizococcus* (*Eriococcus* s.l.) *insignis* ist auch das für Blattläuse und Mottenschildläuse (Weiße Fliegen) typische Probesaugen zu beobachten, d.h. mehrfach aufeinander folgendes Anstechen der Wirtspflanze, ohne dass dabei Nahrung aufgenommen werden muss.

8.2.1.2 Ernährungsformen

Die Schildläuse sind praktisch sämtlich pflanzensaftsaugende Insekten, die mit Hilfe ihrer stechend-saugenden Mundwerkzeuge, insbesondere ihrer beiden kräftigen Stechborstenpaare, die Wirtspflanzen anstechen und ihnen Säfte entnehmen. Lediglich die Ortheziide *Newsteadia floccosa* weicht vom Normalverhalten etwas ab, da sie auch in vermodertem Laub im Waldboden fortpflanzungsfähig ist. Sie kann hier beim Saugen an Pilzhyphen beobachtet werden. *O. urticae* kann nach Beobachtungen von KÖHLER (1983) unter Laborbedingungen bis zu mehrere Monate ohne Nahrungsaufnahme überleben.

Nach KLOFT (1960) und KUNKEL (1967) können hauptsächlich zwei Ernährungsformtypen unterschieden werden, die Systembibitoren und die Lokalbibitoren. Die Vertreter der ersten Gruppe, bei denen es sich meist um größere Arten von Pseudococciden, Cocciden und Eriococciden handelt, saugen im Phloem, gelegentlich auch im Xylem der Wirtspflanzen (Abb.

101). Der Phloemsaft, der unter hohem Druck steht, wird den Systembibitoren in die Stechborsten gedrückt, so dass sie nur zu schlucken brauchen, wenn sie ihn aufnehmen wollen. Die Lokalbibitoren, bei denen es sich typischerweise um kleine Schildlausarten wie Cryptococciden, Asterolecaniiden und Diaspididen handelt, saugen die Zellsaftvakuolen der einzelnen Zellen einschließlich eines Teils des Plasmas und der Chloroplasten aus. Der in der Pflanze injizierte Speichel erleichtert die Aufnahme von flüssiger Nahrung. Er kann sich in manchen Fällen durch Bildung von Gallen, Wucherungen und Verfärbungen an der Wirtspflanze deutlich erkennbar negativ auswirken (Kap. 9.1.1), meist sind aber keine auffälligen Saugschäden zu sehen.

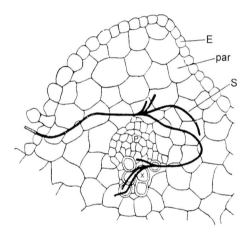

Abb. 101: Stichkanal der Pseudococcide *Planococcus citri* im Phloem und Xylem eines *Coleus*-Blattes. E - Epidermis, par - Parenchym, S - Stechborstenstichkanal (nach Vos aus Schmutterer et al. 1957).

8.2.1.3 Wirtspflanze – Brutpflanze – Nährpflanze – Eiablagepflanze

An einer typischen Wirtspflanze kann sich eine Schildlausart sowohl ernähren als auch fortpflanzen. Sie ist also Nähr- und Brutpflanze zugleich. Es gibt aber auch Fälle, in denen Schildläuse nur vorübergehend an bestimmten Pflanzen Nahrung aufnehmen d.h. sie als Nährpflanzen nutzen. Wieder andere wandern auf offenbar zufällig ausgewählte Pflanzenarten meist in der näheren Umgebung ab, um hier Eiersäcke anzulegen. Solche Pflanzen sind als reine Eiablagepflanzen zu bezeichnen, da an ihnen in der Regel auch keine Nahrungsaufnahme mehr stattfindet. Als Wirtspflanzen können sie nicht betrachtet werden.

Manche Schildlausarten können sogar Pflanzen besiedeln, die sehr giftige oder anderweitig sehr aktive, physiologisch wirksame Stoffe enthalten, die auch Insekten stark schädiigen können. Beispiele sind die Coccide *Saissetia oleae* und die Diaspidide *Aspidiotus nerii* an *Nerium oleander* (Oleander) sowie die Cocciden *Chloropulvinaria floccifera*, *Parthenolecanium pomeranicum* und *P. corni* an *Taxus baccata* (Eibe). An der tropischen Meliacee *Azadirachta indica* (Niembaum), die das Tetranortriterpenoid Azadirachtin enthält, findet sich eine überraschend große Zahl von Schildlausarten, zu denen Pseudococciden, Cocciden und Diaspididen gehören (Schmutterer 1999). Wenn es sich um Lokalbibitoren wie Diaspididen handelt (Kap. 8.2.1.2), könnte man vermuten, dass die Läuse an Pflanzengewebe saugen, das keine toxischen Stoffe enthält, während größere Systembibitoren gefäßleitbaren Substanzen in der Regel voll ausgesetzt sein müssten, aber auch eine natürliche Immunität aufweisen können.

8.2.1.4 Wirtspflanzenwahl nach Pflanzenarten

Die mitteleuropäischen Schildlausarten lassen sich nach ihren Wirtspflanzen in drei Hauptgruppen einteilen, die Mono-, Oligo- und Polyphagen. Innerhalb dieser drei Kategorien ist je nach Grad der Nahrungsspezialisierung eine noch weitergehende Aufteilung in Untergruppen (1. bis 3. Grad) möglich, besonders bei den oligophagen Arten.

8.2.1.4.1 Monophage Arten

Monophage Schildlausarten sind in ihrer Nahrungswahl streng spezialisiert und leben deshalb nur an einer einzigen Pflanzenart. Es gibt hierfür in Deutschland folgende Beispiele:

Antoninella parkeri (Pseudococcidae) an *Festuca ovina* (Poaceae); in Frankreich auch an *Koeleria gracilis* (Poaceae)

Carulaspis visci (Diaspididae) an *Viscum album* (Loranthaceae)

Chaetococcus phragmitis (Pseudococcidae) an *Phragmites australis* (Poaceae)

Kermes gibbosus (Kermesidae) an *Quercus cerris* (Fagaceae)

Luzulaspis nemorosa (Coccidae) an *Luzula nemorosa* (Juncaceae)

Matsucoccus mugo (Matsucoccidae) an *Pinus mugo* (Pinaceae)

Mirococcopsis nagyi (Pseudococcidae) an *Stipa pennata* (Poaceae)

Parthenolecanium pomeranicum (Coccidae) an *Taxus baccata* (Taxaceae)

Spilococcus nanae (Pseudococcidae) an *Betula nana* (Betulaceae).

8.2.1.4.2 Oligophage Arten

Die Oligophagen 1. Grades sind zusammen mit den anderen oligophagen Arten die dominierende Gruppe. Sie leben an zwei bis mehreren Wirtspflanzenarten derselben Gattung und werden von manchen Autoren noch zu den Monophagen gerechnet. Folgende Arten können bei uns als Beispiele dienen:

Asterodiaspis spp. (Asterolecaniidae) an *Quercus* spp. (Fagaceae)

Chaetococcus sulcii (Pseudococcidae) an *Festuca* spp. (Poaceae)

Eulecanium sericeum (Coccidae) an *Abies* spp. (Pinaceae)

Kermes spp. (Kermesidae) an *Quercus* spp. (Fagaceae)

Leucaspis loewi (Diaspididae) an *Pinus* spp. (Pinaceae)

Luzulaspis frontalis (Coccidae) an *Carex* spp. (Cyperaceae)

Matsucoccus pini (Matsucoccidae) an *Pinus* spp. (Pinaceae)

Nemolecanium graniforme (Coccidae) an *Abies* spp. (Pinaceae)

Physokermes piceae (Coccidae) an *Picea* spp. (Pinaceae)

Planococcus vovae (Pseudococcidae) an *Juniperus* spp. (Cupressaceae)

Sphaerolecanium prunastri (Coccidae) an *Prunus* spp. (Rosaceae)

Trionymus newsteadi (Pseudococcidae) an *Fagus* spp. (Fagaceae)

Vittacoccus longicornis (Coccidae) an *Carex* spp. (Cyperaceae)

Die oligophagen Schildläuse 2. Grades leben an Pflanzen verschiedener Gattungen aus nur einer Pflanzenfamilie, z.B. Pinaceen und Poaceen, denen folgende einheimische Arten zugerechnet werden können:

Lecanopsis formicarum (Coccidae) an *Agropyrom, Dactylis, Elymus, Festuca* und *Poa* (Poaceae)

Parlatoria parlatoriae (Diaspididae) an *Abies, Cedrus, Picea, Pinus* und *Tsuga* (Pinaceae)

Phenacoccus evelinae (Pseudococcidae) an *Setaria* und *Triticum* (Poaceae)

Phenacoccus piceae (Pseudococcidae) an *Abies* und *Picea* (Pinaceae)

Phyllostroma myrtilli (Coccidae) an *Arctostaphylos, Calluna, Erica* und *Vaccinium* (Ericaceae)

Physokermes hemicryphus (Coccidae) an *Abies* und *Picea* (Pinaceae)

Puto antennatus (Putoidae) an *Abies, Picea* und *Pinus* (Pinaceae)

Rhizococcus (*Eriococcus* s.l.) *inermis* (Eriococcidae) an *Agrostis, Festuca* und *Koeleria* (Poaceae)

Rhizoecus albidus (Pseudococcidae) an *Agrostis, Arrhenaterum, Corynephorus, Dactylis, Deschampsia, Festuca* und *Nardus* (Poaceae)

Trionymus placatus (Pseudococcidae) an *Agrostis* und *Poa* (Poaceae)

Oligophage Arten 3. Grades sind mit großer Regelmäßigkeit v.a. an Pflanzen einer ganz bestimmten Familie zu finden, treten gelegentlich aber auch an Arten aus wenigen anderen Familien auf. Es gibt hierfür in der mitteleuropäischen Schildlausfauna folgende Beispiele:

Cryptococcus fagisuga (Cryptococcidae) v.a. an *Fagus* spp. (Fagaceae); in Ungarn gelegentlich an *Pinus sylvestris* (KOSZTARAB & KOZÁR 1988)

Dynaspidiotus abietis (Diaspididae) v.a. an *Abies, Picea* und *Pinus* (Pinaceae), gelegentlich an *Juniperus* (Cupressaceae)

Lepidosaphes newsteadi (Diaspididae) v.a. an *Abies, Cedrus, Picea* und *Pinus* (Pinaceae), gelegentlich an *Juniperus* (Cupressaceae)

Leucaspis pini (Diaspididae) v. a. an *Pinus*, selten an *Cedrus*

Xylococcus filiferus (Xylococcidae) v.a. an *Tilia* spp. (Tiliaceae); in Italien auch an *Castanea sativa* (Fagaceae).

8.2.1.4.3 Polyphage Arten

Bei polyphagen Arten, die an vielen Wirtspflanzenarten saugen, kann man zwei Untergruppen unterscheiden. Von Polyphagen 1. Grades könnte dann gesprochen werden, wenn die zahlreichen Wirtspflanzen einer Schildlausart nur zu einer Pflanzenfamilie gehören. Bei dieser Untergruppe bestehen zu den Oligophagen 2. Grades z.B. bei graminicolen Arten gleitende Übergänge. Als Beispiel für polyphage Schildläuse 1. Grades an Poaceen können folgende Arten genannt werden:

Eriopeltis festucae (Coccidae) an vielen Arten von 13 Gattungen von Süßgräsern (Poaceae)

Eriopeltis lichtensteini (Coccidae) ähnlich wie *E. festucae*

Die polyphagen Schildläuse 2. Grades leben an zahlreichen Pflanzenarten aus einigen Familien. Es können hierfür folgende Beispiele angeführt werden:

Chionaspis salicis (Diaspididae) an zahlreichen Arten aus verschiedenen Familien

Diaspidiotus ostreaeformis (Diaspididae) wie *Ch. salicis*

Diaspidiotus perniciosus (Diaspididae) wie *Ch. salicis*

Dysmicoccus multivorus (Pseudococcidae) v.a. in Osteuropa an vielen Pflanzenarten, in Deutschland bisher nur an *Hieracium* sp. gefunden

Eulecanium tiliae (Coccidae) wie *Ch. salicis*

Lepidosaphes ulmi (parthenogenetische Form) (Diaspididae) wie *Ch. salicis*

Orthezia urticae (Ortheziidae) wie *Ch. salicis*
Parthenolecanium corni (Coccidae) wie *Ch. salicis*
Parthenolecanium persicae (Coccidae) in Deutschland bisher v.a. an *Vitis vinifera* gefunden
Phenacoccus aceris (Pseudococcidae) wie *Ch. salicis*
Planchonia arabidis (Asterolecaniidae) wie *Ch. salicis*
Porphyrophora polonica (Margarodidae) wie *Ch. salicis*
Pseudaulacaspis pentagona (Diaspididae) wie *Ch. salicis*
Pulvinaria vitis (Coccidae) wie *Ch. salicis*
Rhizococcus (*Eriococcus* s.l.) *insignis* (Eriococcidae) wie *Ch. salicis*

Bei vielen Arten, v.a. Pseudococciden an Süßgräsern, sind die Wirtspflanzenspektren noch nicht gründlich untersucht worden, weshalb genaue Aussagen hierüber nicht möglich sind. Bei einer Verbesserung der Kenntnisse in dieser Hinsicht werden sich bei den mono- und oligophagen Arten in Zukunft aber noch einige Veränderungen ergeben.

8.2.1.5 Wirtspflanzenwahl nach Pflanzenfamilien

Wenn man die Wirtspflanzenwahl der in Deutschland lebenden Schildläuse nach Pflanzenfamilien betrachtet, so fällt auf, dass mehrere Familien besonders bevorzugt werden. Eine ganz deutlich führende Position nehmen die Süßgräser (Poaceae) ein, auf denen bei uns insgesamt 51 Arten nachgewiesen worden sind, viele davon auf dieser Familie allein. Letztere sind in Tab. 4 mit P gekennzeichnet. Es handelt sich bei ihnen v.a. um Woll- oder Schmierläuse (Pseudococcidae, 31), gefolgt von Filzschildläusen (Eriococcidae, 8) und Napfschildläusen (6). An zweiter Stelle der Wirtspflanzenfamilien sind die Rosengewächse (Rosaceae) mit 29 Arten zu nennen, wobei die Napfschildläuse (Coccidae, 10) führen, gefolgt von den Deckelschildläusen (Diaspididae, 8). Auf den nächsten Plätzen folgen die Buchengewächse (Fagaceae, 18), Kieferngewächse (Pinaceae, 16) und Heidekrautgewächse (Ericaceae, 15) mit größerem Abstand. Auf Sauergräsern (Cyperaceae) sind 8 Arten gefunden worden, bei denen es sich fast ausschließlich um Napfschildläuse (Coccidae) handelt. In den nachfolgenden Tabellen sind für die oben genannten 6 Pflanzenfamilien Schildlausarten aufgelistet, die in Deutschland bisher an ihnen nachgewiesen worden sind.

Ökologie 181

Tab. 4: Übersicht über die in Deutschland an Süßgräsern (Poaceae) nachgewiesenen Schildlausarten

P = Vorkommen bisher ausschließlich an Süßgräsern festgestellt

Familien	P	Art	Wirtspflanzen
Ortheziidae		*Newsteadia floccosa*	an Wurzeln unbestimmter Gräser; auch von vielen anderen Pflanzenarten
		Orthezia urticae	an unbestimmten Gräsern; auch an Wurzeln vieler anderer Pflanzenarten
		Ortheziola vejdovskyi	*Arrhenaterum, Calamagrostis, Dactylis* und *Festuca*; auch an krautigen und verholzten Pflanzen
Margarodidae		*Porphyrophora polonica*	Wurzelhals und Wurzeln von *Festuca* und einigen krautigen Pflanzen
Putoidae	P	*Puto superbus*	Blätter und Stängel von *Agrostis, Bromus* und *Dactylis*; im mediterranen Hauptverbreitungsgebiet auch an krautigen Pflanzen
Pseudococcidae	P	*Antoninella parkeri*	Wurzeln und Wurzelhals von *Festuca ovina* und *Koeleria gracilis*
	P	*Balanococcus boratynskii*	unter Blattscheiden von *Deschampsia, Festuca* u.a.
	P	*Balanococcus singularis*	unter Blattscheiden von *Agrostis, Festuca, Poa* u.a.
	P	*Brevennia pulveraria*	unter Blattscheiden von *Agropyron, Agrostis* u.a.
	P	*Chaetococcus phragmitis*	unter Blattscheiden von *Phragmites australis*
	P	*Chaetococcus sulcii*	an Wurzelhals und Triebbasis von *Festuca*
	P	*Dysmicoccus walkeri*	an Blättern von *Agrostis, Agropyron, Brachypodium, Calamagrostis, Poa, Molinia* u.a.
	P	*Fonscolombia europaea*	an Wurzeln von *Agropyron, Corynephorus, Festuca, Poa* u.a.
		Fonscolombia tomlinii	an Wurzeln von *Arrhenaterum, Deschampsia, Festuca, Koeleria, Poa, Stipa* u.a., selten auch oberirdisch an Trieben; gelegentlich an Pflanzen anderer Familien
	P	*Heterococcus nudus*	unter Blattscheiden von *Agropyron, Agrostis, Bromus, Dactylis* und *Elymus*
	P	*Metadenopus festucae*	unter Blattscheiden von *Elymus* und *Festuca*

P	*Mirococcopsis nagyi*	unter Blattscheiden von *Stipa pennata*
P	*Peliococcus balteatus*	an Blättern und unter Blattscheiden von *Brachypodium, Deschampsia, Festuca* und *Molinia*
P	*Phenacoccus evelinae*	an Blättern und unter Blattscheiden von *Lolium, Setaria, Triticum* u.a.
P	*Phenacoccus hordei*	an Wurzeln von *Agropyron, Arrhenaterum, Bromus, Festuca, Poa* u.a.
P	*Phenacoccus interruptus*	an Blättern von *Agropyron, Agrostis, Elymus*
P	*Phenacoccus phenacoccoides*	unter Blattscheiden von *Agropyron, Alopecurus, Arrhenaterum, Phleum, Poa* u.a.
P	*Phenacoccus sphagni*	Triebe und Blätter von *Molinia caerulea*
P	*Rhizoecus albidus*	an Wurzeln von *Agrostis, Arrhenaterum, Corynephorus, Festuca* und *Holcus*
P	*Rhodania occulta*	unter Blattscheiden von *Agrostis* und *Corynephorus*
P	*Rhodania porifera*	an Wurzeln von *Festuca* und anderen Gräsern
P	*Ripersiella halophila*	Wurzeln unbestimmter Gräser; auch an krautigen Pflanzen
P	*Ripersiella caesii*	an Wurzeln von *Festuca ovina*; Wirtspflanze *Dianthus caesius* Fehlbest.
P	*Trionymus aberrans*	unter Blattscheiden von *Agropyron, Agrostis, Arrhenaterum, Dactylis, Festuca, Poa* u.a.
P	*Trionymus dactylis*	unter Blattscheiden von *Dactylis, Deschampsia* und *Festuca*
	Trionymus isfarensis	unter Blattscheiden von *Calamagrostis, Festuca, Phyllostachys* u.a.
P	*Trionymus perrisii*	an Wurzeln, am Wurzelhals und an Ausläufern von *Agropyron, Agrostis, Bromus, Corynephorus, Dactylis, Festuca* u.a.
P	*Trionymus placatus*	an Blättern von *Agrostis, Calamagrostis* und *Poa*
P	*Trionymus subterraneus*	an Wurzeln von *Festuca, Nardus* und *Poa*
P	*Trionymus thulensis*	unter Blattscheiden und an Wurzeln von *Agropyron, Agrostis, Deschampsia, Festuca, Holcus* u.a.
P	*Trionymus tomlini*	unter Blattscheiden und an Ausläufern von *Agropyron, Ammophila, Bromus, Dactylis* u.a.

Coccidae		P	*Eriopeltis festucae*	an Blättern von *Agropyron, Agrostis, Arrhenaterum, Brachypodium, Lolium* u.a.
		P	*Eriopeltis lichtensteini*	an Blättern von *Agropyron, Calamagrostis, Elymus, Phalaris, Phragmites* u.a.
		P	*Eriopeltis stammeri*	an Blättern von *Corynephorus, Deschampsia, Festuca, Nardus* u.a.
		P	*Lecanopsis formicarum*	am Wurzelhals und an der Triebbasis, seltener an Wurzeln von *Agropyron, Dactylis, Elymus, Festuca, Poa* u.a.
			Parafairmairia bipartita	an Blättern von *Agropyron, Agrostis, Brachypodium, Festuca* u.a.
			Parafairmairia gracilis	an Blättern von *Agropyron*; vorzugsweise an Sauergräsern (Cyperaceae)
Eriococcidae		P	*Acanthococcus* (*Eriococcus* s.l.) *greeni*	an Blättern von *Agropyron, Agrostis, Brachypodium, Dactylis, Lolium, Melica, Phleum* u.a.
		P	*Acanthococcus* (*Eriococcus* s.l.) *cantium*	an Blättern von *Brachypodium*
		P	*Greenisca* (*Eriococcus* s.l.) *brachypodii*	an Blättern von *Brachypodium, Bromus, Lolium* und *Stipa*
		P	*Greenisca* (*Eriococcus* s.l.) *gouxi*	an Blättern von *Brachypodium, Calamagrostis* und *Molinia*
		P	*Kaweckia* (*Eriococcus* s.l.) *glyceriae*	unter Blattscheiden von *Agropyron, Arrhenaterum, Corynephorus, Dactylis, Festuca* und *Koeleria*
		P	*Rhizococcus* (*Eriococcus* s.l.) *herbaceus*	an Blättern von *Brachypodium* und *Calamagrostis*
		P	*Rhizococcus* (*Eriococcus* s.l.) *inermis*	an Blättern von *Agrostis, Festuca* und *Koeleria*
		P	*Rhizococcus* (*Eriococcus* s.l.) *insignis*	an Blättern von *Agropyron, Agrostis, Calamagrostis, Dactylis* und *Poa*; auch an anderen Familien
		P	*Rhizococcus* (*Eriococcus* s.l.) *pseudinsignis*	an Blättern von *Agrostis, Ammophila, Arrhenaterum, Festuca* und *Molinia*

Tab. 5: In Deutschland an Rosengewächsen (Rosaceae) festgestellte Schildlausarten

Familien	Arten	Wirtspflanzen
Ortheziidae	Newsteadia floccosa	Crataegus u.a. Gattungen aus verschiedenen Familien
	Orthezia urticae	Rosa, Rubus u.a. Gattungen aus verschiedenen Familien
	Ortheziola vejdovskyi	Rosa u.a. Gattungen aus verschiedenen Familien
Margarodidae	Porphyrophora polonica	Fragaria, Potentilla u.a. Gattungen aus verschiedenen Familien
Steingeliidae	Steingelia gorodetskia	Malus, Sorbus u.a. Gattungen aus verschiedenen Familien
Pseudococcidae	Coccura comari	Potentilla, Rosa und Rubus; als Larve auch an Fragaria u.a.
	Heliococcus bohemicus	Rubus u.a. Gattungen aus verschiedenen Familien
	Phenacoccus aceris	Malus, Prunus u.a. Gattungen
	Puto pilosellae	Fragaria u.a. Gattungen
	Spinococcus calluneti	Fragaria u.a. Gattungen, wie Calluna
Coccidae	Eulecanium ciliatum	Malus, Prunus u.a. Gattungen wie Quercus
	Eulecanium tiliae	Malus, Rosa u.a. Gattungen
	Eupulvinaria hydrangeae	Crataegus, Prunus u.a. Gattungen wie Acer
	Palaeolecanium bituberculatum	Crataegus, Malus, Pyrus u.a. Gattungen
	Parthenolecanium corni	Crataegus, Prunus, Rosa u.a. Gattungen
	Parthenolecanium persicae	Prunus, Pyrus, Rosa u.a. Gattungen wie z.B. Vitis
	Parthenolecanium rufulum	Rubus, Rosa u.a. Gattungen
	Pulvinaria vitis	Crataegus u.a. Gattungen wie Vitis
	Sphaerolecanium prunastri	Malus, Prunus, Pyrus u.a. Gattungen
Cryptococcidae	Cryptococcus aceris	Pyrus u.a. Gattungen wie Acer
Eriococcidae	Acanthococcus (Eriococcus s.l.) munroi	Potentilla u.a. Gattungen wie Calluna
Diaspididae	Diaspidiotus marani	Crataegus, Malus, Prunus, Pyrus u.a. Gattungen
	Diaspidiotus ostreaeformis	Crataegus, Malus, Prunus, Pyrus, Rosa u.a. Gattungen

Diaspidiotus perniciosus	*Malus, Prunus, Pyrus* u.a. Gattungen aus anderen Familien
Diaspidiotus pyri	*Crataegus, Malus, Pyrus* u.a. Gattungen
Epidiaspis leperii	*Crataegus, Pyrus* u.a. Gattungen aus verschiedenen Familien
Lepidosaphes conchiformis	*Malus, Pyrus, Syringa* u.a. Gattungen
Lepidosaphes ulmi (parthenogenetische Form)	*Crataegus, Malus, Prunus* u.a. Gattungen
Pseudaulacaspis pentagona	*Prunus* u.a. Gattungen

Tab. 6: In Deutschland an Buchengewächsen (Fagaceae) festgestellte Schildlausarten

Familien	Arten	Wirtspflanzen
Monophlebidae	*Palaeococcus fuscipennis*	*Quercus* u.a. Gattungen aus anderen Familien
Ortheziidae	*Newsteadia floccosa*	*Fagus, Quercus* u.a. Gattungen aus anderen Familien
Pseudococcidae	*Heliococcus bohemicus*	*Quercus* u.a. Gattungen aus anderen Familien
	Phenacoccus aceris	*Fagus, Quercus* u.a. Gattungen aus anderen Familie
	Trionymus newsteadi	*Fagus*
Coccidae	*Eulecanium ciliatum*	*Quercus* u.a. Gattungen aus anderen Familien
	Eulecanium tiliae	*Quercus* u.a. Gattungen aus anderen Familien
	Parthenolecanium rufulum	*Quercus, Fagus, Castanea* und andere Gattungen aus anderen Familien
Kermesidae	*Kermes gibbosus*	*Quercus*
	Kermes quercus	*Quercus*
	Kermes roboris	*Quercus*
Cryptococcidae	*Cryptococcus fagisuga*	*Fagus*; ausnahmsweise *Pinus* (in Ungarn)
Asterolecaniidae	*Asterodiaspis quercicola*	*Quercus*
	Asterodiaspis variolosa	*Quercus*
Diaspididae	*Diaspidiotus alni*	*Fagus, Quercus* und Gattungen aus anderen Familien

Diaspidiotus wuenni		*Fagus, Quercus* und Gattungen aus anderen Familien
Diaspidiotus zonatus		*Quercus, Fagus* und Gattungen aus anderen Familien
Lepidosaphes ulmi (bisexuelle Form)		*Fagus, Quercus* und Gattungen aus verschiedenen anderen Familien

Tab. 7: In Deutschland an Kieferngewächsen (Pinaceae) lebende Schildlausarten

Familien	Arten	besiedelte Pflanzenteile
Matsucoccidae	*Matsucoccus mugo*	an Stämmen und Ästen von *Pinus mugo*
	Matsucoccus pini	an Stämmen und Ästen von *Pinus* spp.
Monophlebidae	*Palaeococcus fuscipennis*	an Stämmen und Ästen von *Abies* und *Pinus*; auch an Laubbäumen wie *Acer* und *Quercus*; nur selten beobachtet
Putoidae	*Puto antennatus*	an Stämmen, Ästen und Zweigen von *Abies, Picea* und *Pinus*; im Sommer auch an Nadeln
Pseudococcidae	*Heliococcus bohemicus*	ausnahmsweise an *Picea* und *Pinus*, sonst an vielen Laubgehölzen
	Phenacoccus piceae	an Nadeln von *Picea* und *Abies*
Coccidae	*Eulecanium sericeum*	an Zweigen und schwachen Ästen von *Abies*
	Nemolecanium graniforme	an Nadeln von *Abies*
	Physokermes hemicryphus	an Zweigen von *Abies* und *Picea*
	Physokermes piceae	an Zweigen von *Picea*
Diaspididae	*Dynaspidiotus abietis*	an Nadeln von *Abies, Picea, Pinus* und *Pseudotsuga*; ausnahmsweise *Juniperus*
	Lepidosaphes newsteadi	an Nadeln von *Abies, Cedrus, Picea* und *Pinus*
	Lepidosaphes ulmi (bisexuelle Form)	an Stämmen und Ästen von *Abies*
	Leucaspis loewi	an Nadeln von *Pinus*
	Leucaspis pini	an Nadeln von *Pinus* und *Cedrus*
	Parlatoria parlatoriae	an Nadeln von *Abies, Cedrus, Picea, Pinus* und *Tsuga*

Tab. 8: In Deutschland an Heidekrautgewächsen (Ericaceae) festgestellte Schildlausarten

Familien	Arten	Wirtspflanzen
Ortheziidae	Arctorthezia cataphracta	Calluna und andere Gattungen aus anderen Familien
	Newsteadia floccosa	Rhododendron und weitere Gattungen aus anderen Familien
	Orthezia urticae	Erica und Gattungen aus anderen Familien
	Ortheziola vejdovskyi	Calluna und Gattungen aus anderen Familien
Pseudococcidae	Heliococcus bohemicus	Vaccinium und Gattungen aus anderen Familien (s.u.)
	Spinococcus calluneti	Calluna, Erica und Gattungen aus anderen Familien
Coccidae	Eulecanium franconicum	Calluna, Erica, Rhododendron und Vaccinium
	Parthenolecanium rufulum	unter Quercus als Erst- und Zweitlarve an Vaccinium-Blättern häufig
	Phyllostroma myrtilli	Arctostaphylos, Calluna, Erica und Vaccinium
Eriococcidae	Acanthococcus (Eriococcus s.l.) devoniensis	Calluna, Erica und Gattungen aus anderen Familien
	Acanthococcus (Eriococcus s.l.) munroi	Calluna und Gattungen aus anderen Familien
	Acanthococcus (Eriococcus s.l.) uvaeursi	Arctostaphylos, Erica, Ledum, Rhododendron und Vaccinium
Diaspididae	Chionaspis salicis	Erica, Ledum, Rhododendron, Vaccinium und Gattungen aus anderen Familien
	Diaspidiotus bavaricus	Arbutus, Calluna, Erica, Rhododendron und Vaccinium
	Lepidosaphes ulmi (bisexuelle Form)	Quercus, Calluna, Erica, Vaccinium und Gattungen aus anderen Familien

Bemerkung: *Vaccinium myrtillus* ist eine wichtige Wirtspflanze von *Heliococcus bohemicus* in Nordeuropa (Schweden). Die Artidentität bedarf jedoch der sorgfältigen Überprüfung, da die Pseudococcide in Deutschland und anderswo ausgesprochen wärmeliebend und deshalb hier praktisch ausschließlich in klimatisch begünstigten Gebieten (Weinbauklima) anzutreffen ist.

Tab. 9: In Deutschland an Sauergräsern (Cyperaceae) lebende Schildlausarten

Familien	Arten	Wirtspflanzen
Pseudococcidae	Balanococcus scirpi	unter Blattscheiden von *Scirpus*
	Puto pilosellae	gelegentlich an Blättern von *Carex*, sonst meist an krautigen Pflanzen
Coccidae	Luzulaspis dactylis	an Blättern von *Carex*
	Luzulaspis frontalis	an der Blattbasis von *Carex*
	Luzulaspis pieninica	an Blättern von *Carex*
	Luzulaspis scotica	an Blättern von *Carex*
	Parafairmairia bipartita	an Blättern von *Carex* und anderer Gattungen aus anderen Familien
	Parafairmairia gracilis	an Blättern von *Carex* und *Eriophorum* sowie von Gattungen aus anderen Familien

8.2.1.6 Besiedelte Teile der Wirtspflanze

Schildläuse können je nach Art verschiedene Teile ihrer Wirtspflanze besiedeln, d.h. Wurzeln, Stämme und Äste (Zweige), Blätter (Nadeln) sowie Blüten und Früchte. Blüten stehen in der Regel nur kurze Zeit zur Verfügung und scheiden deshalb für den längerfristigen Nahrungserwerb aus. Schildläuse zeigen hinsichtlich der von ihnen genutzten Wirtspflanzenteile bestimmte Präferenzen. Als Ausnahme kann die Pseudococcide *Fonscolombia tomlinii* gelten, bei der einzelne Weibchen sich auch an oberirdisch stehenden Grashalmen entwickeln können, während der weitaus größere Teil der Artgenossen an den Wurzeln lebt. Die radicolen Schildläuse der deutschen Fauna sind in der folgenden Tab. 10 zusammengestellt. Sie enthält auch mehrere Arten, die an unteren, von Erde oder Pflanzenteilen überdeckten Teilen von Stängeln oder Trieben leben wie die Pseudococciden *Spinococcus calluneti* und *Atrococcus achilleae* sowie die Eriococcide *Acanthococcus* (*Eriococcus* s.l.) *uvaeursi* (semi-subterrane Arten).

Tab. 10: In Deutschland an Wurzeln, am Wurzelhals und an unterirdischen Stängelteilen lebende Schildlausarten

Familien	Arten	besiedelte Pflanzenteile
Ortheziidae	Arctorthezia cataphracta	polyphag an unterirdischen Pflanzenteilen
	Newsteadia floccosa	wie *A. c.*; saugt auch an Pilzhyphen
	Ortheziola vejdovskyi	an Graswurzeln etc.

Ökologie

Margarodidae	*Porphyrophora polonica*		Wurzeln, Wurzelhals und unterirdische Ausläufer verschiedener Pflanzenarten
Steingeliidae	*Steingelia gorodetskia*		an Wurzeln von *Betula, Acer, Quercus* und anderen Pflanzengattungen
Pseudococcidae	*Antoninella parkeri*		an Wurzeln und an der Basis von Trieben von *Festuca ovina*
	Atrococcus achilleae		an unterirdischen Teilen von Trieben und an Wurzeln von *Teucrium* und anderen Pflanzengattungen; semi-subterran
	Chaetococcus sulcii		am Wurzelhals und an der Triebbasis von *Festuca*
	Dysmicoccus multivorus		an Wurzeln und oberirdischen Teilen verschiedener Pflanzenarten
	Fonscolombia europaea		an Wurzeln und Ausläufern von Gräsern
	Fonscolombia tomlinii		an Wurzeln von Gräsern, selten oberirdisch an Halmen
	Heliococcus sulci		am Wurzelhals von *Alyssum* und anderen Pflanzengattungen
	Phenacoccus hordei		an Wurzeln von Gräsern
	Rhizoecus albidus		an Graswurzeln
	Rhizoecus franconiae		an Wurzeln verschiedener krautiger Pflanzen
	Ripersiella caesii		an Wurzeln von *Festuca ovina*
	Ripersiella halophila		an Wurzeln von Pflanzen verschiedener Familien
	Trionymus perrisii		an Wurzeln und am Wurzelhals von Gräsern
	Trionymus radicum		an Wurzeln und am Wurzelhals von Gräsern
	Trionymus subterraneus		an Graswurzeln
	Trionymus thulensis		an Wurzeln und unter Blattscheiden von Gräsern
Coccidae	*Lecanopsis formicarum*		am Wurzelhals, gelegentlich an Wurzeln von Gräsern
	Rhizopulvinaria artemisiae		am Wurzelhals und an Wurzeln von *Artemisia* und *Dianthus*
Diaspididae	*Rhizaspidiotus canariensis*		unter- und oberirdische Triebe von *Thymus*

Stämme, Äste und Zweige, also verholzte Teile der Wirtspflanzen, können dann von Schildläusen besiedelt werden, wenn die äußeren Rindenschichten mit den Stechborsten durchstochen werden können, wie dies bei größeren Systembibitoren möglich ist. Dicke, tote Zellschichten wie Borke können nicht durchdrungen werden. In Rindenrissen und bei Kallusbildung an Verletzungen ist es für die Schildläuse leichter, bis ins Leitgewebe vorzudringen, weil die Zellschichten dünner und weicher sind als normal. Wenn an Stämmen, Ästen und Zweigen keine Borke vorhanden ist, können diese Pflanzenteile auch von Lokalbibitoren wie Diaspididen genutzt werden.

Tab. 11: In Deutschland permanent an Stämmen, Ästen oder Zweigen (verholzten Pflanzenteilen) lebende Schildläuse

Familien	Arten	besiedelte Pflanzenteile
Matsucoccidae	*Matsucoccus mugo*	an verholzten Teilen von *Pinus mugo*
	Matsucoccus pini	an Stämmen und Ästen von *Pinus* unter der Borke
Monophlebidae	*Palaeococcus fuscipennis*	an Stämmen und Ästen von Nadel- und Laubhölzern, selten
Xylococcidae	*Xylococcus filiferus*	an Zweigen und schwachen Ästen von *Tilia*
Pseudococcidae	*Trionymus newsteadi*	an Stämmen, Ästen und Trieben von *Fagus*
Kermesidae	*Kermes gibbosus*	an Stämmen und Ästen von *Quercus*
	Kermes quercus	an Stämmen und Ästen von *Quercus*
	Kermes roboris	an Ästen und stärkeren Zweigen von *Quercus*
Cryptococcidae	*Cryptococcus aceris*	an Stämmen und Ästen von *Acer* und anderen Laubbäumen
	Cryptococcus fagisuga	an Stämmen und Ästen von *Fagus*, selten *Pinus* (Ungarn)
Eriococcidae	*Pseudochermes fraxini*	an Stämmen und Ästen von *Fraxinus*
Asterolecaniidae	*Asterodiaspis quercicola*	an Stämmen und Ästen von *Quercus*
	Asterodiaspis variolosa	an Ästen und Zweigen von *Quercus*

Diaspididae	*Aulacaspis rosae*	an verholzten Teilen von *Rosa* und *Rubus*
	Chionaspis salicis	an Stämmen, Ästen und Zweigen von *Salix* u.v.a.
	Diaspidiotus alni	an Stamm und Ästen von *Alnus, Fagus, Quercus* u.a.
	Diaspidiotus bavaricus	an verholzten Trieben von *Calluna* u.a.
	Diaspidiotus gigas	an Stämmen, Ästen und Zweigen von *Populus, Tilia* u.a.
	Diaspidiotus marani	an Stämmen und Ästen von *Crataegus, Prunus, Malus* u.a.
	Diaspidiotus ostreaeformis	an Stämmen und Ästen von *Crataegus, Malus* u.a.
	Diaspidiotus wuenni	an Stämmen und Ästen von *Castanea, Fagus, Quercus* u.a.
	Diaspidiotus zonatus	an Stämmen und Ästen von *Fagus, Fraxinus, Quercus* u.a.

Blüten werden, wie bereits erwähnt, höchstens kurzfristig z.B. von den frei beweglichen Larven von Wollläusen (Pseudococciden) besiedelt, die beim Abwelken wieder abwandern. Obwohl Früchte wesentlich länger als Blüten zur Verfügung stehen, finden sich im gemäßigten Klima auch an ihnen nur wenige Schildlausarten. In den Tropen ist dies sehr verschieden, z.B. an Zitrus. Beispiele für Fruchtbefall in Deutschland sind die San-José-Schildlaus an Apfel, Birne und Pfirsich, die rote Austernschildlaus *Epidiaspis leperii* an Birne, *Diaspidiotus ostreaeformis* an *Crataegus laevigata*-Früchten, die Kommaschildlaus *Lepidosaphes ulmi* an Heidel- und die Wacholderschildlaus *Carulaspis juniperi* an Wacholderbeeren.

An den Blättern der Wirtspflanze kann in unserem Klima der Entwicklungszyklus von Schildläusen nur selten abgeschlossen werden, weshalb sie auch nur ausnahmsweise permanent besiedelt werden. Dies ist eigentlich nur an immergrünen Arten und v.a. bei eingeschleppten Schildläusen möglich. Beispiele sind die Diaspidide *Unaspis euonymi* an *Euonymus japonicus* und die Coccide *Chloropulvinaria floccifera* an *Ilex aquifolium*. Ganz anders ist die Situation, wenn Nadeln von Koniferen besiedelt werden, da diese (Ausnahme Lärche!) im Herbst nicht abgeworfen werden. Hierdurch wird ermöglicht, dass Schildläuse ihren Entwicklungszyklus einschließlich Eiablage am gleichen Pflanzenteil absolvieren können. Zu diesen Arten gehören mehrere Diaspididen (*Dynaspidiotus abietis, Lepidosaphes newsteadi, Leucaspis loewi, L. pini, Parlatoria parlatoriae*) und vier Coccidenarten (*Nemolecanium graniforme, Parthenolecanium corni, P. pomeranicum* und *Ch. floccifera*). Die zwei zuletzt genannten Arten kommen auch an den Zweigen, also verholzten Teilen der Wirtspflanzen vor. Es handelt sich in diesen Fällen um *Taxus baccata* (Farbtafel 5b).

Blätter werden somit, wie bereits erwähnt, in unserem Klima außer in Ausnahmefällen nur im Frühjahr und Sommer zur Ernährung von Schildläusen genutzt. Im Herbst sind die Pflanzensauger gezwungen, auf andere, d.h. verholzte Pflanzenteile auszuweichen, um im folgenden Frühjahr die Möglichkeit zur Weiterentwicklung bis zur Eiablage zu finden. Die Arten, die diese zyklischen Wanderungen an den Wirtspflanzen durchführen, werden im folgenden Kapitel zusammenfassend behandelt (Tab. 12).

8.2.1.7 Wechsel der besiedelten Wirtspflanzenteile in Abhängigkeit von der Jahreszeit

Tab. 12: Schildlausarten, die im Spätsommer und Herbst von Blättern und jungen Trieben auf ältere, verholzte Pflanzenteile wandern

Familien	Arten	Wirtspflanzenteile
Pseudococcidae	*Coccura comari*	im Herbst von Blättern krautiger Pflanzen wie *Fragaria* auf verholzte Triebe von *Rubus*
	Heliococcus bohemicus	im Herbst von Blättern auf Stämme und Äste sowie verholzte Triebe
	Phenacoccus aceris	im Herbst von Blättern auf Stämme und Äste
	Spilococcus nanae	im Herbst von Blättern auf Zweige
Coccidae	*Eulecanium ciliatum*	im Herbst von Blättern auf Zweige
	Eulecanium douglasi	im Herbst von Blättern auf Zweige
	Eulecanium tiliae	im Herbst von Blättern auf Zweige
	Palaeolecanium bituberculatum	im Herbst von Blättern auf Zweige
	Parthenolecanium corni	im Herbst von Blättern auf Zweige und Äste
	Parthenolecanium persicae	im Herbst von Blättern auf Zweige und Stämme
	Parthenolecanium rufulum	im Herbst von Blättern auf Zweige
	Phyllostroma myrtilli	im Herbst von Blättern auf verholzte Triebe
	Sphaerolecanium prunastri	im Herbst von Blättern auf Stämme und Zweige
Eriococcidae	*Acanthococcus* (*Eriococcus* s.l.) *aceris*	im Herbst von Blättern auf Äste und Stämme
	Gossyparia (*Eriococcus* s.l.) *spuria*	im Herbst von Blättern auf Äste und Stämme

Die Erstlarven (Wanderlarven) mancher *Parthenolecanium*-Arten wie *P. corni, P. persicae* und *P. rufulum* fallen nach dem Schlüpfen oft in großer Zahl von Bäumen und Sträuchern zu Boden, von wo sie nicht zurückwandern können, weil es sich meist um größere Entfernungen von bis zu mehreren Metern handelt. Um nicht verhungern zu müssen, siedeln sie sich an Kräutern und Gräsern der Krautschicht an, an der sie sich bis zum 2. Larvenstadium entwickeln können. Eine erfolgreiche Rückwanderung an den eigentlichen Wirt im folgenden Frühjahr ist zwar theoretisch möglich, z.B. im Weinbau bei *P. corni* und *P. persicae*, dürfte aber nur selten bei sehr günstigen Bedingungen realisierbar sein (Hoffmann 2002).

8.2.1.8 Favoritenpflanzen

Manche Pflanzenarten oder -gattungen aus verschiedenen Familien sind für Schildläuse besonders attraktiv, d.h. sie werden von einer auffallend großen Zahl von Schildlausarten oft stark besiedelt. In diesem Zusammenhang könnten mehr als 50 Spezies genannt werden, jedoch soll hier ihre Zahl auf einige wenige beschränkt bleiben. Es handelt sich beispielsweise um folgende:

Familie: Rosaceae – *Crataegus laevigata*

Familie: Lamiaceae – *Thymus serpyllum*

Familie: Cyperaceae – *Carex* spp.

Familie: Poaceae – *Agrostis vulgaris, Brachypodium* spp., *Festuca ovina*; an Letzterem (Schafschwingel) allein sind in Deutschland folgende Arten festgestellt worden:

Familie: Margarodidae – *Porphyrophora polonica* (sonst selten an Gräsern)

Familie: Pseudococcidae – *Antoninella parkeri, Balanococcus boratynskii, Balanococcus singularis, Chaetococcus sulcii, Fonsolombia europaea, F. tomlinii, Metadenopus festucae, Peliococcus balteatus, Phenacoccus hordei, Ripersiella caesii, Rhodania porifera, Trionymus aberrans, Trionymus dactylis, Trionymus perrisii, Trionymus phalaridis, Trionymus thulensis*.

Familie: Coccidae – *Eriopeltis stammeri, Lecanopsis formicarum, Parafairmairia bipartita*

Familie: Eriococcidae – *Kaweckia* (*Eriococcus* s.l.) *glyceriae, Rhizococcus* (*Eriococcus* s.l.) *inermis, Rh.* (*Eriococcus* s.l.) *pseudinsignis*.

8.2.2 Natürliche Antagonisten

8.2.2.1 Vorbemerkungen

Die Schildläuse haben eine große Zahl natürlicher Feinde, die ihre Vermehrung und damit auch ihre Ausbreitung in der Regel in mehr oder weniger engen Grenzen halten. Bei manchen Arten sind sie so wirksam, dass die Populationsdynamik der Pflanzensauger deutlich beeinflusst wird. Durch Erfolge bei der biologischen Bekämpfung mit natürlichen Gegenspielern können diese Feststellungen besonders unterstrichen werden. Parasitische (pathogene) Pilze, v.a. aber parasitische und räuberische Arthropoden (Acarinen, Encyrtiden, Apheliniden, Coccinelliden, Anthribiden und verschiedene Dipteren) greifen die verschiedensten Entwicklungsstadien der Schildläuse an, was meist letale Folgen hat. Verschiedene Wirbeltiere wie Vögel können ebenfalls als wichtige Schildlausfeinde in Erscheinung treten. Im Folgenden werden die bedeutendsten natürlichen Antagonisten in Mitteleuropa kurz behandelt.

8.2.2.2 Parasiten

8.2.2.2.1 Entomopathogene Pilze

Pilze können als Pathogene verschiedener Schildlausarten Bedeutung erlangen. In Mitteleuropa dürfte die zu den Deuteromycotina gehörende, weit verbreitete Art *Verticillium lecanii* (= *Cephalosporium lecanii*) der wichtigste pilzliche Gegenspieler von Schildläusen sein. Dieser unspezifische Pilz ist hier bei den Cocciden *Chloropulvinaria floccifera*, *Eulecanium tiliae*,

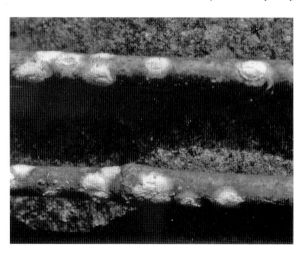

Abb. 102: Von weißem Myzel des parasitischen Pilzes *Verticillium lecanii* überzogene Weibchen von *Eupulvinaria hydrangeae* (Foto: H. Schmutterer).

Eupulvinaria hydrangeae, Lichtensia viburni, Parthenolecanium corni, P. rufulum und *Sphaerolecanium prunastri* wiederholt nachgewiesen worden. Sein schneeweißes Myzel ist an infizierten Schildläusen oder deren Eiern schon mit bloßem Auge gut zu erkennen (Abb. 102). Der Pilz verursachte 1999 in Kolonien von *E. hydrangeae* in einem Auwald südlich von Mannheim eine Epizootie, der ein Großteil (>90%) der Schildlausweibchen und -eier zum Opfer fiel (H. SCHMUTTERER unveröff.). Alte Angaben über Pilze als Schildlauspathogene beziehen sich auf *Cladosporium aphidis* und *C. coccidarum* bei der Coccide *Eriopeltis lichtensteini* (HERBERG 1918). Es besteht jedoch die Möglichkeit, dass es sich hierbei nur um sekundäre Pathogene handelte.

8.2.2.2.2 Nematoden

Nematoden sind als Schildlausparasiten in Deutschland bisher noch kaum registriert. Anfang Juni 1999 wurden in Mittelhessen in der Umgebung von Dillenburg zwei auffällig aufgeblähte Weibchen der Pseudococcide *Fonscolombia europaea* an *Festuca ovina*-Wurzeln gesammelt. Bei näherer Untersuchung im Labor stellte sich heraus, dass die Wollläuse von 1 bis 2 unbestimmten Nematoden parasitiert waren (H. SCHMUTTERER unveröff.).

8.2.2.3 Prädatoren (Räuber)

8.2.2.3.1 Acari, Milben

Die Hemisarcoptide *Hemisarcoptes malus* spielt als Räuber und Parasit einiger Diaspididen eine bedeutende Rolle. Sie greift die unter den Schilden sitzenden Entwicklungsstadien an, besonders aber die Eier der im Eistadium überwinternden Arten *Lepidosaphes ulmi* und *Chionaspis salicis*, von denen sie in manchen Kolonien mehr als 99% zerstören kann (SCHMUTTERER 1952b). Gelegentlich wird sie auch bei eingeschleppten Schildläusen gefunden, die im Sommer im Freiland, im Winter im Kalthaus an Kübelpflanzen leben, z.B. die Diaspidide *Aonidia lauri* an *Nerium oleander* (Oleander).

8.2.2.3.2 Heteroptera, Wanzen

Verschiedene kleine Wanzenarten saugen als unspezifische Räuber verschiedene Schildlauslarven aus. Es handelt sich bei ihnen besonders um Angehörige der Blumenwanzen-Gattung *Anthocoris* (*A. nemorum, A. minki*) und einiger weiterer Gattungen (SCHMUTTERER 1952b). Ihr Einfluss auf die Populationsdynamik der als Beute genutzten Schildläuse bleibt in der Regel gering.

8.2.2.3.3 Lepidoptera, Schmetterlinge

Schmetterlingslarven kommen als Schildlausräuber höchstens ausnahmsweise in Frage. Bisher wurde in Deutschland nur von Raupen der Sesiide *Sesia vespiformis* (= *Synanthedon vespiformis*, Wespen-Glasflügler) berichtet, die Weibchen der Kermeside *Kermes quercus* fraßen, die sich an einem von Glasflüglern befallenen Eichenstamm angesiedelt hatten (SCHMUTTERER 1952b). Es handelte sich wohl um ein mehr zufälliges Zusammentreffen der beiden Insektenarten.

8.2.2.3.4 Neuroptera, Netzflügler

Die polyphagen Larven der Chrysopide *Chrysoperla carnea* (Gemeine Florfliege) und anderer häufiger Netzflüglerarten sind nur gelegentlich beim Aussaugen von Pseudococciden- und Coccidenlarven zu beobachten.

8.2.2.3.5 Coleoptera, Käfer

Einige Coccinellidenarten (Marienkäfer) treten als Schildlausräuber regelmäßig auf (Tab. 13), spielen aber bei weitem nicht die Rolle wie bei Blattläusen. Sowohl Larven als auch Imagines leben räuberisch und sind oft nebeneinander in den gleichen Schildlauskolonien nachweisbar. *Exochomus quadripustulatus* (Vierfleckiger Kugelmarienkäfer) greift besonders Pseudococciden wie *Phenacoccus piceae*, Eriococciden wie *Gossyparia* (*Eriococcus* s.l.) *spuria, Acanthococcus* (*Eriococcus* s.l.) *aceris* und *Pseudochermes fraxini*, Kermesiden wie *Kermes quercus*, Cocciden wie *Parthenolecanium corni* und *Eupulvinaria hydrangeae* an. *Chilocorus renipustulatis* (Nierenfleckiger Kugelmarienkäfer) ist v.a. in starken Kolonien der Diaspidide *Chionaspis salicis* relativ häufig, saugt aber auch *Diaspidotus*-Arten (*D. ostreaeformis, D. zonatus*) aus. *Chilocorus bipustulatus* (Strichfleckiger Marienkäfer) wird regelmäßig bei Diaspididen wie *Carulaspis juniperi, Ch. salicis, Dynaspidiotus abietis, Diaspidiotus perniciosus* und *D. zonatus*, aber auch Cocciden wie *P. corni, P. fletcheri* und *Eulecanium tiliae* sowie Eriococciden wie *Pseudochermes fraxini* und *G.* (*Eriococcus* s.l.) *spuria* als Räuber beobachtet. Die sonst sehr häufige, relativ große Art *Coccinella septempunctata* (Siebenpunkt-Marienkäfer) tritt als Imago nur gelegentlich als Schildlausräuber in Erscheinung, z.B. bei örtlichen Massenvorkommen der Eriococcide *Greenisca* (*Eriococcus* s.l.) *brachypodii* an *Brachypodium sylvaticum* an Waldrändern. Hier wurde sie wiederholt beim Aussaugen von eierlegenden Schildlausweibchen und -eiern beobachtet (H. SCHMUTTERER unveröff.). Der Zweipunkt-Marienkäfer *Adalia bipunctata* ist ein gelegentlicher Räuber bei Erst- und Zweitlarven von Cocciden (JANSEN 2000, HOFFMANN & SCHMUTTERER 2003). Der kleine, braungefärbte Marienkäfer *Novius cruentatus* wurde in Kolonien der semisubterran lebenden Pseudococcide *Spinococcus calluneti* an *Calluna vulgaris* und von *Trionymus perrisii* am Wurzelhals von Gräsern festgestellt, wo er v.a. die Eier der genannten Schmierläuse verzehrte. Weitere Eiräuber sind *Hyperaspis campestris* bei der Coccide *Phyllostroma myrtilli* an *Vaccinium myrtillus* und der Ortheziide *Orthezia urticae* (ZAHRADNÍK 1952a), *Nephus quadrimaculatus* (bei *Phenacoccus aceris*) und *Scymnus rubromaculatus* (bei *Trionymus aberrans*). *Scymnus suturalis* kann man ab und zu in Kolonien der Diaspidide *Chionaspis salicis* bei räuberischen Aktivitäten beobachten.

Die winzig kleine, schwarzglänzende Cybocephalide *Cybocephalus politus* (Schildlausglanzkäfer) ist als Larve und Imago regelmäßig in Kolonien von *Ch. salicis* anzutreffen, wo sie von verschiedenen Entwicklungsstadien der Diaspidide lebt. Überdies kommt sie auch als Prädator von *Diaspidiotus perniciosus*, *D. pyri* und *D. ostreaeformis* vor. Pro Jahr entwickeln sich zwei Generationen des Räubers (SCHMUTTERER 1952b).

Die Anthribide *Anthribus nebulosus* (= *Brachytarsus nebulosus*, Fichtenquirllausrüssler) ist einer der wichtigsten, wenn nicht der wichtigste Schildlausräuber Mitteleuropas (FÖRSTER 1973, PRELL 1925, SCHMUTTERER 1952b, KLAUSNITZER & FÖRSTER 1976). Der graubraun gefärbte, gefleckte Käfer (Abb. 103) greift v.a. Weibchen der *Physokermes*-Arten (*Ph. piceae*, *Ph. hemicryphus*) (Cocciden) an und legt seine Eier in die »Brutblasen« (blasenartig aussehende Weibchen bei der Eiablage) ab.

Abb. 103: Die Anthribide *Anthribus nebulosus* (dorsal), Parasit und Räuber von Cocciden, nat. Größe ca. 2,5-3mm (nach KOSZTARAB 1987).

Die Eiablagestellen werden mit einem Sekret verschlossen und sind später nur noch als dunkle Flecke erkennbar. In *Ph. piceae*-Kolonien an jungen Fichten konnten 1950 in Nordbayern bis zu 90% mit *A. nebulosus*-Eiern belegte »Brutblasen« ausgezählt werden (SCHMUTTERER 1952b). Die Anthribidenlarven, die meist in Einzahl, seltener Mehrzahl (d.h. bis 3) vorhanden sind, fressen die Schildlauseier in den »Brutblasen« meist restlos auf und verpuppen sich im Juni/Juli an Ort und Stelle. Das Schlüpfen der Jungkäfer erfolgt mehrere Wochen später. Die Altkäfer können im Mai selbst zu Räubern werden, wenn sie, was man öfters beobachten kann, *Physokermes*-Weibchen, solange diese noch weich sind, also vor Beendigung der Eiablage stehen, angreifen und zusammen mit den Eiern fressen. Sie nehmen auch den Honigtau der Fichtenquirlschildläuse als Nahrung auf. Die Jungkäfer begeben sich schon im August auf die Suche nach geeigneten Überwinterungsquartieren in der Borke von Nadelbäumen, in die sie kurze Gänge nagen.

Einzelne *A. nebulosus*-Larven sind auch in Eigelegen anderer Cocciden wie *Parthenolecanium* spp. (*P. corni, P. rufulum*) und *Eulecanium* spp. (*E. ciliatum, E. sericeum, E. tiliae*) als Eiräuber nachgewiesen worden. Die *Physokermes*-Arten, insbesondere *Ph. piceae*, sind aber die weitaus wichtigsten Beuteinsekten des Fichtenquirllausrüsslers.

Bei Massenvermehrungen der Großen Fichtenquirlschildlaus *Ph. piceae* sind Imagines von Canthariden (Weichkäfer) wie *Cantharis fusca* und *C. obscura* sowie von Elateriden (Schnellkäfer) wie *Prosternon holosericeus* als Räuber beobachtet worden (SCHMUTTERER 1952b). Sie fressen eierlegende Quirlschildlausweibchen aus; der Honigtau der Schildläuse dient ihnen ebenfalls als Nahrung.

Tab. 13: Marienkäfer als Schildlausräuber in Mitteleuropa und ihre Beute

Räuber		Beute
Familien	**Arten**	
Coccinellidae, Marienkäfer	*Adalia bipunctata*	*Eupulvinaria hydrangeae, Parthenolecanium rufulum*
	Chilocorus bipustulatus	*Carulaspis juniperi, Chionaspis salicis, Diaspidiotus perniciosus, D. zonatus, Dynaspidiotus abietis, Eulecanium tiliae, Gossyparia (Eriococcus* s.l.*) spuria, Parthenolecanium corni, P. fletcheri, Pseudochermes fraxini*
	Chilocorus quadripustulatus	*Acanthococcus (Eriococcus* s.l.*) aceris, Diaspidiotus perniciosus, Eupulvinaria hydrangeae, Gossyparia (Eriococcus* s.l.*) spuria, Kermes quercus, Parthenolecanium persicae, P. corni, Physokermes piceae, Pseudochermes fraxini*
	Chilocorus renipustulatus	*Chionaspis salicis, Diaspidiotus ostreaeformis, D. perniciosus, D. zonatus*
	Coccinella septempunctata	*Greenisca (Eriococcus* s.l.*) brachypodii*
	Hyperaspis campestris	*Orthezia urticae, Phyllostroma myrtilli*
	Novius cruentatus	*Spinococcus calluneti, Trionymus perrisii*

	Novius quadrimaculatus	*Phenacoccus aceris*
	Scymnus rubromaculatus	*Trionymus aberrans*
Cybocephalidae, Schildlausglanzkäfer	*Cybocephalus politus*	*Chionaspis salicis*, *Diaspidiotus ostreaeformis*, *D. perniciosus*, *D. pyri*
Anthribidae, Breitrüssler	*Anthribus* (= *Brachytarsus*) *nebulosus*	*Eulecanium ciliatum*, *E. sericeum*, *E. tiliae*, *Parthenolecanium corni*, *P. rufulum*, *Physokermes hemicryphus*, *Ph. piceae*
Cantharidae, Weichkäfer	*Cantharis fusca*	*Physokermes piceae*
	Cantharis obscura	*Physokermes piceae*
Elateridae, Schnellkäfer	*Prosternon holosericeus*	*Physokermes piceae*

8.2.2.3.6 Diptera, Zweiflügler (Mücken und Fliegen)

Unter Knospenschuppen von Fichten lebende Larven der Kleinen Fichtenquirllaus *Physokermes hemicryphus* werden von den orangegelben Larven einer noch nicht näher bestimmten Cecidomyiide (Gallmücke) ausgesaugt.

Die Chamaemyiidengattung *Leucopomyia* (Blattlausfliegen) ist als Schildlausantagonist besonders hervorzuheben. Ihre Larven, v.a. die von *L. silesiaca*, greifen die Eigelege besonders von Cocciden wie *Pulvinaria vitis* und *Eriopeltis festucae*, seltener auch *Eupulvinaria hydrangeae* und *Chloropulvinaria floccifera*, von Pseudococciden wie *Phenacoccus aceris* sowie von Eriococciden wie *Greenisca* (*Eriococcus* s.l.) *brachypodii* an (SCHMUTTERER 1952b, HOFFMANN & SCHMUTTERER 2003). Die Fliegen legen ihre Eier auf oder dicht neben die Eiersäcke von Schildläusen ab. Die Fliegenlarven dringen nach dem Schlüpfen in die Eigelege ein und zerstören sie meist vollständig. Wenn bei *E. festucae* noch keine Eier abgelegt worden sind, saugen die Fliegenlarven zunächst an der Unterseite der Schildlausweibchen, was die Bildung dunkler Flecke, aber nicht den Tod zur Folge hat. Später gehen sie zum Fraß an Eiern über (H. SCHMUTTERER unveröff.). Es liegt somit sowohl eine parasitische als auch eine eiräuberische Lebensweise vor. Die Verpuppung erfolgt in den ausgefressenen Eiersäcken der Schildläuse.

Die Larven der Phoride *Megaselia rufa* (Buckelfliege) zerstören die Eigelege von *Parthenolecanium*-Arten, insbesondere *P. corni*, daneben auch von *P. rufulum* und *P. persicae* (SCHMUTTERER 1952c, HOFFMANN 2002, HOFFMANN & SCHMUTTERER 2003).

8.2.2.3.7 Aves (Vögel) und Mammalia (Säugetiere)

Unter den größeren Tieren spielen als Schildlausräuber v.a. Vögel eine beachtliche Rolle. Meisenarten wie die Blaumeise *Parus caeruleus* können während des Winters und im Frühjahr die Kolonien von Cocciden und Diaspididen an Obstbäumen und anderen Laubbäumen dezimieren. Der Große Buntspecht *Dendrocopus major* und das Eichhörnchen *Sciurus vulgaris* wurden beim Fressen von »Brutblasen« von *Physokermes piceae* beobachtet, der Grünspecht *Picus viridis* und das Rotkehlchen (*Erithacus rubecula*) beim Abpicken von *Parthenolecanium* spp.-Larven an Stämmen von Rebstöcken (HOFFMANN 2002).

8.2.2.4 Parasitoide

Angriffe von Larven aus der Hymenopteren-Überfamilie Ceraphronoidea enden für Schildläuse immer mit dem Tod, weshalb von Parasitoiden zu sprechen ist. Parasiten schädigen ihre Wirte zwar ebenfalls, was aber meist ohne letale Konsequenzen bleibt. Bei den Orthezioidea (Ortheziidae, Matsucoccidae, Monophlebidae, Margarodidae, Kuwaniidae, Steingeliidae, Xylococcidae) sind in Mitteleuropa bisher noch keine Parasitoide gefunden worden, im Gegensatz zu fast allen anderen hier vorhandenen Familien der Coccoidea. Eine Ausnahme bilden bei letzteren die Eriococcide *Pseudochermes fraxini,* die Cryptococciden *(Cryptococcus* spp.) und die Putoiden (*Puto* spp.), bei denen mit Ausnahme von *P. pilosellae* parasitoide Hymenopteren ebenfalls fehlen.

Die bei mitteleuropäischen Schildläusen weitaus dominierende Parasitoidengruppe sind Chalcidoidea (Erzwespen) der Familie Encyrtidae, gefolgt von den Aphelinidae und den schwächer vertretenen Familien Eulophidae, Eupelmidae, Megaspilidae, Pteromalidae und Signiphoridae. Hinzu kommen noch einige wenige Platygasteridae. Ein Teil der aus Schildläusen schlüpfenden Schlupfwespen sind Parasitoide 2. Grades (Hyperparasitoide), von denen die Pteromalide *Pachyneuron muscarum* (= *P. coccorum*) besonders häufig ist. Hierbei handelt es sich um eine ausgesprochen polyphage Art, die sich nicht nur in Encyrtidenlarven in Schildläusen, sondern auch in Larven/Puppen der eiräuberischen Chamaemyiide *Leucopomyia silesiaca* entwickelt (Kap. 8.2.2.3.6). Auch Parasitoide 3. Grades (Parasitoide von Parasitoiden 2. Grades oder Hyperparasitoide) kommen vor. Unter den Eulophiden gibt es einige Arten, v.a. *Tetrastichus* spp., die als Hyperparasitoide in Encyrtidenlarven in Schildläusen leben. Gleiches gilt für einige Encyrtidenarten. Bei Aphelinidien wie *Coccophagus scutellaris* und *C. lycimnia* entwickeln sich die Männchen als Hyperparasitoiden in weiblichen Larven der gleichen Art, denen als Parasitoide 1. Grades Cocciden als Wirte dienen (HAYAT 1997, FABER & ŞENGONCA 1997, HOFFMANN 2002).

Bei manchen Schildlausarten ist in Deutschland bisher nur eine Parasitoidenart gefunden worden, bei anderen sind es bis zu 14 Arten. KOSZTARAB & KOZÁR (1988) erwähnen für Mitteleuropa i.w.S. bei der Diaspidide *Aulacaspis rosae* insgesamt 19, bei den Coccinen *Eriopeltis festucae* 18, *Eulecanium tiliae* 15, *Physokermes piceae* 12 und *Pulvinaria vitis* ebenfalls 12 Parasitoiden- bzw. Hyperparasitoidenarten, die zu mehreren Familien gehören. ŁAGOWSKA (1996) listet für die zuletzt genannte Coccide in Europa 16 Parasitoiden-/Hyperparasitoidenarten auf. Encyrtiden können bei Schildläusen auch als Parasiten auftreten, wenn ihre Weibchen die Wirtstiere nur deshalb anstechen, damit sie die aus den Stichverletzungen austretende Hämolymphe und andere Körpersäfte als Nahrung aufnehmen können (engl. »host feeding«). Da auf die Verletzungen oft mikrobielle Infektionen folgen, die auch zum Tode führen, kann die Wirkung einer Schlupfwespenart bei der biologischen Populationsregulierung hierdurch erheblich gesteigert werden (siehe Beispiel *Apoanagyrus lopezi* und *Phenacoccus manihoti*; Kap. 9.2.4.2).

Die Larven der bei Schildläusen parasitierenden Chalcidoidea sind meist endophag, einige andere, d.h. die Apheliniden, sind ektophag. Ektophage Arten können sich auch bei oophager Lebensweise entwickeln, z.B. solche, die von Diaspididen leben (*Aphytis* spp.). Unter den Schilden der Diaspididen herrschen für Ektoparasitoide und Eiräuber sehr günstige Bedingungen, d.h. eine hohe relative Luftfeuchtigkeit, weshalb sie sich hier problemlos entwickeln können. Manchmal verhalten sich auch normalerweise endophag lebende Encyrtidenlarven oophag, z.B. *Microterys lunatus*. Dies ist dann möglich, wenn die Schildlauseier von den Resten der abgestorbenen Muttertiere bis zu mehreren Wochen lang bedeckt (*Parthenolecanium* spp., *Eulecanium* spp.) oder in »Brutblasen«, d.h. kugelig geformten Resten der alten Weibchen eingeschlossen sind, was bei den *Physokermes*- und *Kermes*-Arten zutreffend ist.

Aus einer Schildlaus schlüpfen entweder einzelne (solitäre) oder gregäre Parasitoide, was meist von der Größe des Wirtsinsekts abhängig ist, d.h. je größer es ist, desto mehr Nahrung steht den Parasitoidenlarven zur Verfügung und umso mehr von ihnen finden Entwicklungsmöglichkeiten. Erstlarven von Schildläusen sind meist zu klein und/oder sie entwickeln sich zu schnell, um Encyrtiden oder selbst sehr kleinen Apheliniden eine vollständige Entwicklung zu ermöglichen. Viele parasitierte Schildläuse, v.a. Pseudococciden, nehmen kurz vor ihrem Tod eine länglich-ovale Form an und erstarren zu einem »Tönnchen«, in dessen Wand die geschlüpften Parasitoiden-Imagines später ein Loch nagen und dann ins Freie gelangen.

Der Entwicklungszyklus vieler Parasitoide ist dem der Wirtsschildläuse gut angepasst. Dementsprechend besitzen sie nur eine jährliche Generation, andere Arten zwei oder drei. Bei einer Generation der Wirtsschildläuse pro Jahr wie bei *Parthenolecanium*- oder *Eulecanium*-Arten entwickeln sich Apheliniden der Gattung *Coccophagus* in überwinternden Zweitlarven der Schildläuse, während die folgende Frühjahrsgeneration im Mai/Juni die Weibchen der Wirtsschildläuse als Wirte nutzt. Im darauffolgenden Sommer erfolgt wieder eine Eiablage in Erst- oder Zweitlarven der Cocciden. In einem Wirtsweibchen entwickeln sich bis zu drei koparasitäre Schlupfwespenarten, wobei die Wirtsgröße, d.h. das Nahrungsangebot ebenfalls eine Rolle spielt.

Monophage Parasitoide, die sich nur in einer Schildlausart entwickeln, sind relativ selten. Die meisten verhalten sich oligophag und können deshalb aus mehreren Arten derselben Schildlausgattung oder nah verwandten Gattungen der gleichen Schildlausfamilie gezogen werden. Daneben kommen auch polyphage Arten vor, die Schildläuse aus verschiedenen Familien als Wirte nutzen, darüber hinaus sogar Angehörige anderer Insektenordnungen. Vermutlich handelt es sich bei solchen Ausnahmefällen aber um Hyperparasitoide wie die Pteromalide *Pachyneuron muscarum*. Platygasteriden der Gattung *Allotropa* leben ausschließlich in Pseudococciden, Apheliniden der Gattung *Aphytis* ektophag nur an Diaspididen.

Eiablagewillige Weibchen der Schildlausparasitoide nehmen ihre Wirtsschildläuse mit Hilfe auf den Antennen lokalisierter Geruchssinnesorgane wahr. In bestimmten Fällen, z.B. bei der Aphelinide *Encarsia perniciosi*, wirken die Sexualpheromone der Schildlausweibchen als Lockstoffe, also Kairomone (HIPPE 2000). Wenn ein Wirtsinsekt gefunden ist, wird es von den Parasitoidenweibchen zunächst intensiv mit den Antennen betrillert. Ist dann eine geeignete Stelle für die Eiablage identifiziert, bringt das Weibchen seinen Legestachel aus und legt in der Regel ein Ei in den Wirt. Bei größeren Wirten werden meist mehrere Eier unter der Haut deponiert, wobei eine entsprechende Zahl von Eiablagevorgängen erforderlich ist. Bei Deckelschildläusen (Diaspididae) müssen die Parasitoide den Schild durchstechen, wenn sie den darunter sitzenden Wirt erreichen wollen. Je nach Schildlaus- oder Parasitoidenart kann ein Eiablagevorgang wenige Sekunden bis einige Minuten dauern.

Die Ei- und Larvalentwicklung der Parasitoide kann sich innerhalb weniger Wochen vollziehen, was von der Temperatur stark beeinflusst wird. Bei manchen Arten wird sie von Entwicklungspausen (Diapause, Quieszenz), z.B. während des Winters unterbrochen, weshalb von der Eiablage bis zum Schlüpfen der Imagines mehrere Monate vergehen können. Wenn keine für die Parasitierung geeigneten Stadien des Wirtsinsekts vorhanden sind, können bei anderen Parasitoiden Sommerdiapausen eingeschaltet werden, während derer die Eientwicklung und -ablage unterdrückt wird, z.B. bei der Encyrtide *Blastothrix hungarica*, die in *Parthenolecanium persicae* parasitiert (HOFFMANN 2002). Manche Cocciden und Pseudococciden sind in der Lage, in ihrem Körper abgelegte Eier von Parasitoiden abzukapseln und zum Absterben zu bringen. Sie sind auf diese Weise resistent. Dies war offenbar bei der Coccide *Saissetia neglecta* der Fall, bei der vor wenigen Jahren (nach briefl. Mitteilung von K. SCHRAMEYER) in der Wilhelma in Stuttgart verschiedene Parasitoide, welche die Coccide *Coccus hesperidum* und andere *Saissetia*-Arten bis dahin erfolgreich parasitieren konnten, sämtlich versagten.

In den Tabellen 14-19 werden bisher in Deutschland nachgewiesene Parasitoide und Hyperparasitoide verschiedener ausgewählter Pseudococciden, Cocciden und Diaspididen aufgelistet.

HOFFMANN (2002) hat über mehrere Jahre hinweg an Weinrebe im Kaiserstuhlgebiet in Südwestdeutschland die Beziehungen der Cocciden *Parthenolecanium corni* und *P. persicae* zu ihren wichtigsten natürlichen Feinden, d.h. mehreren Encyrtiden- und Aphelinidenarten als Parasitoide und der Phoride *Megaselia rufa* als Eiräuber untersucht. Einzelheiten der Ergebnisse sind Tab. 19 zu entnehmen. *P. persicae* weist im Laufe der Entwicklung ein Larvenstadium mehr auf (L_3) als *P. corni*. Die Encyrtide *Blastothrix hungarica* erwies sich als Parasitoid der Drittlarven und Weibchen von *P. persicae*, war aber bei *P. corni* nicht nachweisbar. *Blastothrix longipennis* ließ sich dagegen nur aus Zweitlarven und Weibchen von *P. corni* züchten. *Cheiloneurus claviger* schlüpfte aus Weibchen beider Schildlausarten, *Metaphycus insidiosus* blieb auf die ersten beiden Larvenstadien beider *Parthenolecanium*-Arten beschränkt. Von den *Coccophagus*-Arten, deren Männchen als Hyperparasitoiden auftreten, wurde *C. lycimnia* in Zweitlarven von *P. corni* und Zweit- und Drittlarven von *P. persicae* nachgewiesen. *Pachyneuron muscarum*, gleichfalls ein Hyperparasitoid in anderen Hymenopteren, schlüpfte aus Weibchen beider Coccidenarten. Die Phoride *Megaselia rufa* griff die Gelege beider Schildlausarten an.

Bei ökologisch-faunistischen Untersuchungen über die natürlichen Gegenspieler der Diaspididen in Nadelwäldern Frankens in Süddeutschland konnte SCHMUTTERER (1951) nachweisen, dass die sieben hier lebenden Deckelschildlausarten aus den Gattungen *Carulaspis* (syn. *Diaspis*), *Dynaspidiotus*, *Lepidosaphes*, *Leucaspis* und *Parlatoria* (syn. *Syngeniaspis*) von mehreren Apheliniden- und einer unbestimmten Encyrtidenart angegriffen werden, wobei es sich bis auf eine Art um Endoparasitoide handelt. Als Ektoparasitoide treten nur Larven von *Aphytis mytilaspidis* in Erscheinung, manchmal auch als Eiräuber. In Tab. 14 sind die Diaspididen in den Nadelwäldern Frankens und ihre Parasitoide (und Eiräuber) zusammengestellt, in weiteren Tabellen finden sich die Parasitoide und Hyperparasitoide ausgewählter Pseudococciden und Diaspididen.

Tab. 14: Parasitoide, Hyperparasitoide (Hyp.) und Eiräuber der in Nadelwäldern Frankens (Nordbayern) lebenden Diaspididen (nach SCHMUTTERER 1951)

Wirte	Parasitoide, Hyperparasitoide und Eiräuber	Wirtspflanzengattungen
Carulaspis juniperi	Aphytis mytilaspidis (auch als Eiräuber)	Juniperus
Dynaspidiotus abietis	Aphytis mytilaspidis, Encarsia aurantii	Pinus, Picea, Abies
Lepidosaphes newsteadi	Aphytis mytilaspidis, Encarsia aurantii	Pinus
Lepidosaphes ulmi (bisexuelle Form)	Aphytis mytilaspidis (auch als Eiräuber), Physcus testaceus (Hyp.), Eusemion cornigerum, Anabrolepis zetterstedti	Abies
Leucaspis loewi	Encarsia aurantii, Encarsia leucaspidis, Azotus pinifoliae, Anthemus pini	Pinus
Leucaspis pini	Aphytis mytilaspidis, Encarsia aurantii, Azotus pinifoliae, unbestimmte Encyrtide	Pinus
Parlatoria parlatoriae	Encarsia aurantii	Picea

Für die zierlichen Apheliniden ist es praktisch unmöglich, die kryptogynen Weibchen der *Leucaspis*-Arten zu parasitieren, da diese in die stark sklerotisierte Exuvie des 2. Larvenstadium eingeschlossen sind, welche die Wespen nicht durchstechen können.

Tab. 15: In Deutschland nachgewiesene Parasitoide der Pseudococciden *Phenacoccus aceris* und *Ph. piceae*

Familien	Phenacoccus aceris	Phenacoccus piceae
Encyrtidae	Anagyrus apicalis	Physcus sumavicus
	Anagyrus schoenherri	Anagyrus schmuttereri
	Cheiloneurus phenacocci	Pseudaphycus austriacus
	Microterys chalcostomus	Tetracnemus piceae
Platygasteridae	Allotropa mecrida	Allotropa mecrida

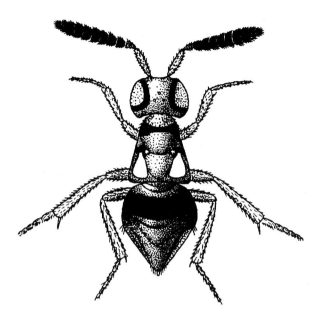

Abb. 104: *Baeocharis pascuorum* (dorsal), Parasitoid von *Eriopeltis*-Arten und anderen Cocciden (nach TRJAPITZIN 1989).

Abb. 105: *Encyrtus infidus* (Encyrtidae) (dorsal), Parasitoid von *Eulecanium tiliae* (nach TRJAPITZIN 1989).

Tab. 16: In Deutschland nachgewiesene Parasitoide und Hyperparasitoide (Hyp.) der Cocciden *Eulecanium tiliae* und *Eriopeltis festucae*

Familien	*Eulecanium tiliae*	*Eriopeltis festucae*
Encyrtidae	*Blastothrix britannica*	*Baeocharis pascuorum* (Abb. 104)
	Blastothrix sericea	*Metaphycus zebratus*
	Encyrtus infidus (Abb. 105)	*Trichomastus cyaneus*
	Metaphycus punctipes	*Trichomastus dignus*
	Microterys duplicatus	
	Microterys lunatus	
	Microterys sylvius	
Aphelinidae	*Coccophagus lycimnia* (♂♂ Hyp. in ♀♀ der eigenen Art)	*Coccophagus lycimnia* (♂♂ Hyp.) (Farbtafel 5f)
Pteromalidae	*Pachyneuron muscarum* (Hyp.)	

Tab. 17: In Deutschland nachgewiesene Parasitoide und Hyperparasitoide (Hyp.) der Cocciden *Physokermes hemicryphus* und *Ph. piceae*

Familien	*Physokermes hemicryphus*	*Physokermes piceae*
Encyrtidae	*Aphycoides clavellatus*	*Aphycoides clavellatus*
	Cheiloneurus claviger (Hyp.)	*Cheiloneurus paralia*
	Metaphycus sp.	*Eusemion cornigerum*
	Microterys fuscipennis	*Metaphycus* sp.
	Microterys lunatus	*Metaphycus stagnarum*
	Microterys tessellatus	*Metaphycus unicolor*
	Pseudencyrtus sp.	*Microterys tessellatus*
	Pseudorhopus testaceus	*Microterys fuscipennis*
Eulophidae	*Aprostectus trjapitzini*	*Beryscapus sugonjaevi*
	Beryscapus sugonjaevi	
Aphelinidae	*Coccophagus insidiator* (♂♂ Hyp.)	*Coccophagus insidiator* (♂♂ Hyp.)
		Coccophagus lycimnia (♂♂ Hyp.) (Farbtafel 5f)
Pteromalidae	*Pachyneuron muscarum* (Hyp.)	*Tetrastichus* sp. (Hyp.)
		Tetrastichus sp. (Hyp.)

Tab. 18: In Deutschland festgestellte Parasitoide und Hyperparasitoide (Hyp.) der Cocciden *Parthenolecanium corni* und *P. persicae*

Familien	*Parthenolecanium corni*	*Parthenolecanium persicae*
Encyrtidae	*Blastothrix longipennis* *Cheiloneurus claviger* (Hyp.) *Eusemion cornigerum* *Metaphycus insidiosus* *Metaphycus punctipes*	*Blastothrix hungarica* *Cheiloneurus claviger* (Hyp.) *Metaphycus insidiosus* *Metaphycus maculipennis*
Aphelinidae	*Coccophagus lycimnia* (♂♂ Hyp.) (Farbtafel 5f) *Coccophagus insidiator* (♂♂ Hyp.)	*Coccophagus lycimnia* (♂♂ Hyp.) (Farbtafel 5f) *Coccophagus semicircularis* (♂♂ Hyp.)
Pteromalidae	*Pachyneuron muscarum* (Hyp.)	*Pachyneuron muscarum* (Hyp.)

Tab. 19: In Deutschland nachgewiesene Parasitoide und Hyperparasitoide (Hyp.) der Diaspididen *Diaspidiotus perniciosus* und *Lepidosaphes ulmi*

Familien	*Diaspidiotus perniciosus*	*Lepidosaphes ulmi*
Aphelinidae	*Encarsia citrina* (Farbtafel 5e, Abb. 106) *Encarsia perniciosi* (import. Art, Abb. 107,108) *Aphytis mytilaspidis* *Aphytis proclia* (Abb. 109)	*Epitetracnemus intersectus* *Aphytis mytilaspidis* *Aphytis proclia* (Abb. 109)
Signiphoridae	*Thysanus ater* (Hyp.)	*Phsycus testaceus* (Hyp.) *Zaomma lambinus* (Hyp.)

Aus subterran an Wurzeln oder semi-subterran am Wurzelhals oder an der Basis von Trieben lebenden Schildlausarten sind Parasitoide gezüchtet worden, die an oberirdischen Schildläusen nicht oder nur ganz selten auftreten. Beispiele hierfür sind *Ericydnus baleus* und *E. longicornis* bei *Fonscolombia tomlinii*, *Eucoccidophagus semiluniger* bei *F. europaea*, *Anomalicornia tenuicornis* bei *Rhizoecus albidus*, *Leptomastix epona*, *Anagyrietta pantherina* (Hyperparasitoid?) und *Allotropa mecrida* bei *Spinococcus callunieti*, *Leptomastix* sp. (unbeschriebene Art) bei *Spinococcus kozari*, *Mayridia myrlea*, *M. bifasciatella*, *Rhopus brachypterus*, *Rh. parvulus* und *Rh. sulphureus* bei *Trionymus perrisii* und *Microterys sceptriger* und *Choreia inepta* bei *Lecanopsis formicarum*. BACHMAIER (1965) konnte aus der Pseudococcide *Spilococcus nanae* an *Betula nana* (Zwergbirke) in süddeutschen Mooren die Platygasteride *Allotropa mecrida* sowie die Encyrtiden *Leptomastidea bifasciata*, *Pseudoleptomastix brevipennis* und *Tetracnemodia spilococci* züchten.

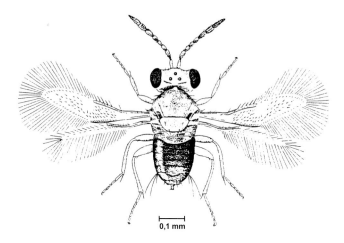

Abb. 106: Weibchen von *Encarsia citrina* (Aphelinidae) (dorsal), polyphager Parasitoid von Diaspididen in Gewächshäusern und im Freiland (nach Neuffer 1964).

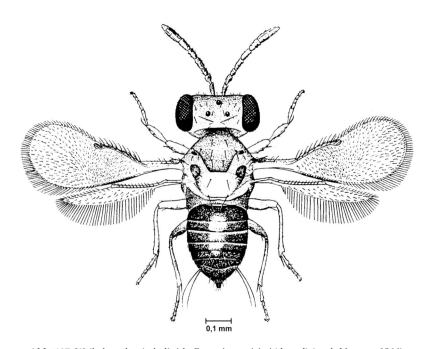

Abb. 107: Weibchen der Aphelinide *Encarsia perniciosi* (dorsal) (nach Neuffer 1964).

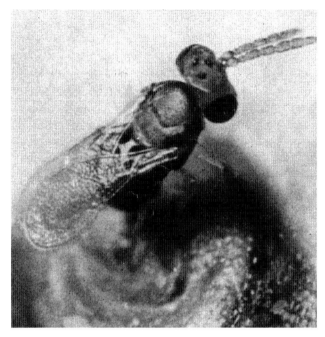

Abb. 108: Weibchen von *Encarsia perniciosi* beim Anstechen einer San-José-Schildlaus zur Eiablage (nach NEUFFER 1964).

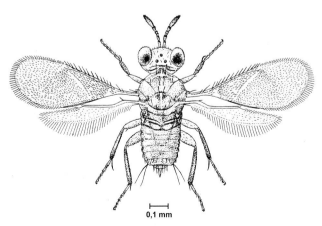

Abb. 109: Weibchen der Aphelinide *Aphytis proclia* (dorsal), Ektoparasitoid von *Diaspidiotus perniciosus* und anderer Diaspididen (nach NEUFFER 1964).

In Gewächshäusern sind nur wenige Parasitoidenarten bei Schildläusen festgestellt worden (SCHMUTTERER 1953), die sich ohne besonderes Zutun des Menschen dort angesiedelt haben. Diaspididen werden hier von der Aphelinide *Encarsia citrina* (= *Aspidiotiphagus citrinus*) (Abb. 106), die in wärmeren Gebieten Deutschlands auch im Freiland vorkommt, manchmal sehr stark parasitiert. Aus Cocciden wurden Encyrtiden wie *Microterys nietneri* (Wirte *Coccus hesperidum, Eucalymnatus tessellatus, Saissetia coffeae*) und *Encyrtus infelix* (Wirt *Saissetia coffeae*) gezogen (Kap. 9.2.4).

8.2.3 Beziehungen zu Ameisen (Trophobiose)

Als Trophobiose bezeichnete symbiontische Beziehungen zwischen Schildläusen und Ameisen beruhen darauf, dass viele Schildlausarten flüssige Exkremente, den sog. Honigtau erzeugen, der bei den im Phloem saugenden Arten (»Systembibitoren«) durch Assimilation der Wirtspflanzen gewonnenen Zucker enthält, den die Ameisen als Nahrung schätzen. Die Trophobiosebeziehungen mitteleuropäischer Schildlausarten zu Ameisen dauern im Laufe eines Jahres in der Regel nur wenige Wochen und sind nicht besonders intensiv, da die Schildläuse in der Regel auch ohne Ameisen zurechtkommen können und umgekehrt. In Gewächshäusern, wo Schildläuse mehrere Generationen im Laufe eines Jahres haben, kann es auch in der kalten Jahreszeit, die hier durch Beheizung abgemildert wird, zu Trophobiosebeziehungen zwischen Pseudococciden und Cocciden einerseits und Ameisen wie der Schwarzen Wegameise *Lasius niger* anderseits kommen, wobei dieses Verhältnis meist längerfristiger ist als im Freiland.

Aus den Tropen sind besonders enge Beziehungen der beiden Insektengruppen zueinander bekannt, die soweit gehen können, dass Schildläuse von Ameisen in Pflanzen in besonderen Kammern gehalten werden, wobei die Läuse sowohl direkt zur Ernährung der Ameisen dienen als auch ihr Honigtau von ihnen genutzt wird (GULLAN 1997). In diesen Fällen sind die Schildläuse sowohl »Schlachtvieh« als auch »Milchvieh«, in anderen bringen Ameisenköniginnen Weibchen von Wurzelschildläusen, die sie während ihres Hochzeitsfluges zwischen den Mandibeln halten, zur Koloniegründung an neue Pflanzen. Auf Java in Indonesien gehen die Beziehungen von Schildläusen zu Ameisen sogar so weit, dass Pseudococciden der Gattung *Hippeococcus* bei Gefahr auf Ameisen der Gattung *Hypoelinea* klettern und sich von ihnen in Sicherheit bringen lassen (WILLIAMS 1978).

Mehrere mitteleuropäische Schildlausarten sind für Ameisen dann besonders attraktiv, wenn sie größere Mengen von zuckerreichem Honigtau erzeugen, was bei den Weibchen v.a. vor dem Beginn oder zu Beginn der

Eiablageperiode der Fall ist. Jüngere Entwicklungsstadien wie Erst- oder Zweitlarven werden oft nicht oder kaum besucht, wahrscheinlich weil sie als Honigtaulieferanten nicht ausreichend ergiebig sind. Wenn es ein weibliches Drittlarvenstadium gibt, wie z.b. bei den Cocciden *Eupulvinaria hydrangeae, Parthenolecanium persicae, Pulvinaria vitis* und *Sphaerolecanium prunastri* sowie Pseudococciden wie *Phenacoccus aceris* und *Planococcus vovae*, so kann auch dieses besucht und betrillert, d.h. »angebettelt« werden. Entsprechendes gilt für unterirdisch an Wurzeln saugende Pseudococciden wie *Fonscolombia tomlinii* und *F. europaea*.

Bei den Orthezioiden Mitteleuropas, zu denen nur einige wenige Arten zählen, sind keine Beziehungen zu Ameisen festzustellen. Die holzgallenbildende Xylococcide *Xylococcus filiferus* gibt zwar aus einem röhrchenartigen Gebilde am Hinterende Honigtau in Tropfenform ab (SW-Tafel 1a), jedoch wird dieser nach eigenen Beobachtungen erst dann, wenn er abgetropft ist und beispielsweise auf Blattoberseiten liegt, von Ameisen aufgeleckt. Die Weibchen der Steingeliide *Steingelia gorodetskia*, der Matsucoccide *Matsucoccus mugo* und *M. pini* sowie der Margarodide *Porphyrophora polonica* sind wegen fehlender Mundwerkzeuge zur Nahrungsaufnahme nicht fähig und geben deshalb auch keinen Honigtau ab. Die Exkremente der Ortheziiden sind für die Ameisen offensichtlich nicht attraktiv, vermutlich weil sie zu wenig oder keinen Zucker enthalten. Die Asterolecaniiden und Diaspididen geben als Parenchymbibitoren (Kap. 8.2.1.2) nur relativ geringe Mengen an Exkrementen ab, die ausschließlich in den Dorsalschild eingebaut werden. Manche Schildlausarten – wie einige Pseudococciden – leben unter Blattscheiden von Gräsern und sind deshalb von Ameisen nicht erreichbar.

Außer den bereits erwähnten Pseudococciden und Cocciden sind auch noch einige Kermesiden- und Eriococcidenarten wegen ihres Honigtaus für Ameisen attraktiv. In einigen Fällen spritzen Cocciden, Pseudococciden und Eriococciden ihre Exkremente mit Muskelkraft aus dem Rectum ab, weshalb diese für Ameisen nicht direkt verfügbar sind, in anderen – was als Anpassung an Ameisen gedeutet werden kann – tritt der Honigtau langsam aus der Analöffnung aus und kann dann leicht aufgenommen werden. Dies trifft bei manchen Cocciden aus der Gattung *Eulecanium* (z.B. *E. tiliae*) und *Physokermes* (*Ph. hemicryphus, Ph. piceae*) sowie Kermesiden wie *Kermes quercus* zu. Bei den Pseudococciden und manchen Cocciden und Eriococciden betrillern die Ameisen die Umgebung der Analöffnung der Schildläuse solange mit ihren Antennen, bis ihnen ein Honigtautropfen zwischen die Mundwerkzeuge gespritzt wird.

Die Trophobiosebeziehungen der Coccide *Lecanopsis formicarum* sind noch umstritten (BORATYŃSKI et al. 1982). Es steht fest, dass die weibliche Drittlarve und das Weibchen dieser Art wegen ihrer reduzierten (fehlenden) Mundwerkzeuge keinen Pflanzensaft aufnehmen und daher auch keinen Honigtau produzieren können (Abb. 87, 88). Dennoch zeigen Ameisen, besonders *Lasius alienus*, v.a. an den Drittlarven ein auffälliges Interesse. Man kann vermuten, dass die Ameisen Teile der zuckergussartig aussehenden Haut und Exuvie der Schildläuse, die vielleicht auch Zucker oder dgl. aus Hautdrüsen enthält, als Nahrung aufnehmen.

Die Dauer der Trophobiosebeziehungen von Schildläusen zu Ameisen ist – wie bereits erwähnt – v.a. vom Zeitraum der stärksten Honigtauerzeugung durch die Weibchen abhängig. Bei den Cocciden handelt es sich dabei in der Regel um 3 bis 4 Wochen. Eine Ausnahme bildet *Sphaerolecanium prunastri*. Diese Art erzeugt 2,5 bis 3 Monate lang Eier, wenn sie nicht von Parasitoiden (Encyrtiden), was oft zutrifft, stärker parasitiert ist. Entsprechend lang dauert die Honigtauerzeugung. Wenn zwei oder drei jährliche Generationen gebildet werden, wie bei *Fonscolombia europaea* bzw. *F. tomlinii*, halten die Trophobiosebeziehungen der Wurzelläuse zu den Ameisen mehrere Monate an. Die Umgebung subterran lebender Schildläuse wird von Honigtau sammelnden Ameisen von Erde, Pflanzenresten und dgl. freigehalten, so dass sog. Läusekammern entstehen. Entsprechendes gilt bei Blattläusen.

Bei Störung der unterirdisch an Graswurzeln oder am Wurzelhals lebenden Kolonien der Pseudococciden *Antoninella parkeri*, *Fonscolombia europaea*, *F. tomlinii*, *Rhodania porifera* und *Trionymus subterraneus* ist oft zu beobachten, dass Ameisen wie besonders *Lasius alienus* Weibchen und ältere Larven dieser Schmierläuse zwischen die Mandibeln nehmen und wegtragen, offenbar um sie so in Sicherheit zu bringen. Später werden diese Läuse wahrscheinlich wieder freigelassen und können sich dann erneut an den Wurzeln von Wirtspflanzen ansiedeln.

Mitteleuropäische Ameisenarten, die Trophobiosebeziehungen zu Schildlausweibchen unterhalten, tolerieren oft auch deren Männchen. Ein solches Verhalten wurde beispielsweise bei *Formica pratensis* und *F. polyctena* gegenüber *Physokermes piceae*-Männchen wiederholt beobachtet (H. Schmutterer unveröff.). In einem Fall wurde festgestellt, dass Arbeiterinnen von *Formica rufa* die Exuvien männlicher Larvenstadien von *Pulvinaria vitis*, nachdem diese aus den Männchenschilden ausgestoßen worden waren, begierig verzehrten (Schmutterer 1952b).

Es ist sehr charakteristisch, dass Trophobiose betreibende Ameisen Parasitoide von Schildläusen (wie auch von Blattläusen) als vermeintliche Nahrungskonkurrenten abwehren und dadurch ein gewisser Schutz für die Läuse zustande kommen kann. Der Grad einer solchen Schutzwirkung wird von der Aggressivität der Ameisen, ihrer Größe (Stärke), Zahl, ihren Sinnesleistungen, der Distanz zu den Ameisennestern und anderen Gegebenheiten bestimmt. Ein positiver Einfluss auf Schildlauspopulationen lässt sich z.B. dadurch beweisen, dass man den Ameisen durch Anlegen von Leimringen den Zugang zu den Schildläusen verwehrt und nach etwa 2 bis 3 Wochen den Parasitierungsgrad ungeschützter mit dem geschützter Kolonien vergleicht. Es zeigt sich dann oft, dass die Parasitierungsrate in ungeschützten Kolonien im Vergleich mit solchen mit Ameisen rasch zunimmt, was dann im Extremfall zu vollständiger Abtötung bzw. zum Verschwinden der ungeschützten Läuse führen kann (HOFFMANN 2002).

Auch wenn Ameisen Schildläuse auf die Dauer nicht vor Parasitoiden wie Encyrtiden schützen können, bedeuten schon ein Hinauszögern der Parasitierung oder die Reduzierung des Befalls durch Parasitoide wichtige Vorteile, da dann die Schildlausweibchen vor ihrem zwar mehr oder weniger frühzeitigem, aber verzögertem Tod noch einige Eier ablegen können, aus denen normale Larven schlüpfen. Die Chancen der Ameisen zur erfolgreichen Abwehr von Encyrtiden sind auch umso größer, je länger die Eiablage der Wespen in die Wirtsinsekten dauert.

Es wurde bereits erwähnt, dass sich auch die Größe der Trophobiose betreibenden Ameisen auf den Grad der Schutzwirkung gegen Feinde von Schildläusen auswirken kann. Die relativ große und kräftige Rossameise *Camponotus ligniperda* kann beispielsweise Käfer wie den Fichtenquirllausrüssler *Anthribus nebulosus* von der Eiablage in »Brutblasen« (vollentwickelte Weibchen) von *Physokermes piceae* abhalten, was den viel kleineren und schwächeren *Lasius*-Arten nicht gelingt. Letztere können Coccinelliden mittlerer und geringer Größe dagegen durch wiederholte Angriffe vertreiben, wenn sie in Diaspididen-Kolonien oder anderswo auf sie treffen. Gleiches gilt dann, wenn Parasitoide wie Encyrtiden und Apheliniden auftreten.

Eine engere Beziehung mancher Schildläuse zu Ameisen besteht auch dann, wenn bei regenreicher Witterung aus Erdpartikeln und abgestorbenen Pflanzenteilen bestehende Gallerien meist in Bodennähe über den Schildlauskolonien errichtet werden. Solche Gallerien oder Zelte, denen Schutzfunktion zugesprochen werden kann, werden z.B. von *Lasius alienus* über Kolonien von *Coccura comari* und *Spinococcus calluneti* (Pseudococcidae), von *L. niger* über *Phenacoccus aceris*, von *L. emarginatus* über *Gossyparia* (*Eriococcus* s.l.) *spuria* (Eriococcidae) und von *Myrmica ruginodis* über *Sphaerolecanium prunastri* (Coccidae) errichtet.

Ein ständiges Betrillern der Schildläuse durch Ameisen, also eine Art Aufforderung zur Honigtauabgabe, zwingt die Läuse zu starker Nahrungsaufnahme und damit auch höherem Stoffumsatz, was Entwicklungsgeschwindigkeit, Körpergröße und Zahl der Nachkommen steigern dürfte. Entsprechendes ist seit langem von Blattläusen bekannt (HERZIG 1938). HÖLLDOBLER & ENGEL-SIEGEL (1984) nehmen an, dass Sekrete der Metapleuraldrüsen der Ameisen die Schildläuse vor Pilzinfektionen schützen können.

Tab. 20: In Deutschland von Ameisen besuchte Schildlausarten (nach SCHMUTTERER 1952b, 1965 und unveröff. Beobachtungen sowie HOFFMANN 2002)

Schildlausfamilien	Schildlausarten	Trophobiose betreibende Ameisenarten
Pseudococcidae, Woll- oder Schmierläuse	*Antoninella parkeri* (unterirdisch)	*Lasius alienus, Plagiolepis vindobonensis*
	Atrococcus achilleae (semisubterran bis subterran)	*Plagiolepis vindobonensis*
	Chaetococcus sulcii (am Wurzelhals und an Triebbasis)	*Lasius alienus, Tetramorium caespitum*
	Coccura comari	*Lasius alienus, Myrmica rubra*
	Fonscolombia europaea (unterirdisch)	*Lasius alienus, Plagiolepis vindobonensis, Solenopsis fugax*
	Fonscolombia tomlinii (meist unterirdisch an Wurzeln)	*Lasius alienus, L. flavus, L. niger, Tetramorium caespitum*
	Phenacoccus aceris	*Formica pratensis, Lasius brunneus, L. emarginatus, L. fuliginosus, L. niger, Myrmica rubra, M. ruginodis*
	Planococcus vovae (ober- und unterirdisch)	*Formica pratensis*
	Rhizoecus albidus (unterirdisch)	*Lasius alienus, L. flavus, L. niger*
	Rhodania porifera (unterirdisch)	*Lasius alienus, L. flavus*
	Spinococcus calluneti (semisubterran)	*Lasius alienus, L. flavus*
	Trionymus perrisii (am Wurzelhals und unterirdisch)	*Lasius alienus, Tetramorium caespitum, Solenopsis fugax*
	Trionymus subterraneus (unterirdisch)	*Lasius alienus, L. psammophilus*
Coccidae, Napfschildläuse	*Eriopeltis festucae*	*Lasius alienus* (Einzeltiere), *Myrmica ruginodis* (Einzeltiere)
	Eulecanium ciliatum	*Lasius fuliginosus, L. niger*
	Eulecanium douglasi	*Formica polyctena*
	Eulecanium franconicum	*Lasius alienus*
	Eulecanium sericeum	*Formica lugubris*
	Eulecanium tiliae	*Formica fusca, F. polyctena, Lasius brunneus, L. fuliginosus, L. niger*
	Eupulvinaria hydrangeae	*Lasius brunneus, L. niger*

Ökologie 215

	Lecanopsis formicarum (am Wurzelhals, seltener an Wurzeln)	*Lasius alienus, L. niger, Tetramorium caespitum* (Trophobiosebeziehungen noch nicht voll geklärt; nach BORATYŃSKY et al. 1982 keine solchen Kontakte zu Ameisen)
	Parthenolecanium persicae	*Formica rufibarbis, Lasius alienus, L. niger, Tetramorium caespitum*
	Parthenolecanium rufulum	*Camponotus ligniperda, Formica cinerea, F. gagates, F. lugubris, F. pratensis, Lasius fuliginosus, L. niger, Myrmica rubra*
	Parthenolecanium corni	*Dolichoderus quadripunctatus, Formica fusca, F. cinerea, F. lugubris, F. pratensis, Lasius brunneus, L. fuliginosus, L. niger, Myrmica ruginodis,*
	Parthenolecanium fletcheri (Honigtau auch von Bienen gesammelt)	*Lasius alienus, L. niger*
	Parthenolecanium pomeranicum	*Lasius niger*
	Physokermes hemicryphus (Honigtau auch von Bienen gesammelt)	wie bei *Ph. piceae*
	Physokermes piceae (Honigtau auch von Bienen gesammelt)	*Camponotus ligniperda, Formica gagates, F. fusca, F. lugubris, F. polyctena, F. sanguinea, Lasius alienus, L. brunneus, L. emarginatus, L. fuliginosus, L. niger, Myrmica rubra, M. ruginodis*
	Pulvinaria vitis	*Formica pratensis, F. rufibarbis, Lasius alienus, L. niger*
	Rhizopulvinaria artemisiae (an Wurzelhals und Wurzeln) (Abb. 110)	*Plagiolepis vindobonensis*
	Sphaerolecanium prunastri	*Formica fusca, F. pratensis, Lasius fuliginosus, L. niger*
Eriococcidae, Filzschildläuse	*Acanthococcus* (*Eriococcus* s.l.) *aceris*	*Lasius emarginatus, L. brunneus, L. fuliginosus, L. niger, Myrmica rubra*
	Ancanthcoccus (*Eriococcus* s.l.) *munroi* (semi-subterran)	*Plagiolepis vindobonensis*
	Acanthococcus (*Eriococcus* s.l.) *uvaeursi* (semi-subterran)	*Solenopsis fugax, Tetramorium caespitum*

	Gossyparia (Eriococcus s.l.) spuria	Formica rufibarbis, Lasius brunneus, L. emarginatus, L. niger, Myrmica ruginodis
Kermesidae, Eichenschildläuse	Kermes quercus (Honigtau auch von Bienen gesammelt)	Formica cinerea, Lasius fuliginosus, L. niger, Leptothorax acervorum, Myrmica rubra, M. ruginodis

Die in Tab. 20 aufgelisteten Ameisenarten lassen den Schluss zu, dass die *Lasius*-Arten *L. alienus, L. fuliginosus, L. emarginatus* und *L. niger* ziemlich regelmäßig Trophobiosebeziehungen zu Schildläusen unterhalten. Es folgen mehrere *Formica*- und *Myrmica*-Arten. Angehörige der Gattungen *Camponotus, Solenopsis, Plagiolepis* und *Leptothorax* sind seltener mit Schildläusen vergesellschaftet. Eine Trophobiose der agilen, wärmeliebenden Art *Lasius alienus* an trocken-warmen Standorten mit Pseudococciden an Graswur-

Abb. 110: Kolonie von *Rhizopulvinaria artemisiae* (Coccidae) am Wurzelhals von *Dianthus carthusianorum* (Karthäusernelke) mit Ameisenbesuch (Foto: H. SCHMUTTERER).

zeln kann als sehr typisch bezeichnet werden. Die gleichfalls thermophile Kleinameise *Plagiolepis vindobonensis* konnte nur im Nahetal und am Kaiserstuhl besonders bei Wurzelschildläusen festgestellt werden.

Im sächsischen Bernstein von Bitterfeld wurde vor einigen Jahren eine Ameise gefunden, die in ihren Mandibeln eine Kiefernborkenschildlaus (*Matsucoccus* sp.) hielt (KUTSCHER & KOTEJA 2000). Dies führte zu der Annahme, dass schon im Tertiär ein Räuber-Beute-Verhältnis zwischen Ameisen und Matsucocciden bestand. Als Honigtaulieferanten kamen *Matsucoccus*-Arten auch damals schon nicht in Betracht, da sie schon keine funktionsfähigen Mundwerkzeuge hatten und daher auch keinen Honigtau produzieren konnten.

8.2.4 Endosymbiose mit Mikroorganismen

Der erste Hinweis auf etwa 4µm lange, bakterienähnliche Gebilde in der Hämolymphe der Coccide *Coccus hesperidum* erfolgte schon durch LEYDIG (1854), der sie für Parasiten hielt. Im Gegensatz zu den Mottenschildläusen und den Blattflöhen, die eine relativ einfache Endosymbiose mit höchstens zwei Mikroorganismenformen zeigen, erweisen sich die Schildläuse in dieser Hinsicht als vielseitiger. Sie haben eine beträchtliche Zahl unterschiedlicher Symbioseformen, die im Wirtskörper entsprechend vielseitig untergebracht sind. Diese Vielseitigkeit wird dadurch begründet, dass die Schildläuse in ihrer Stammesgeschichte wahrscheinlich einem häufigeren Wechsel in ihrer Ernährungsweise unterworfen waren (BUCHNER 1965, WALCZUCH 1932). Endosymbionten sind bei Ortheziiden, Monophlebiden, Margarodiden, Putoiden, Pseudococciden, Cocciden, Eriococciden, Cryptococciden, Asterolecaniiden, Diaspididen und einigen anderen, in Deutschland nicht vertretenen Familien festgestellt worden, während bei Xylococciden, Matsucocciden, Kermesiden und weiteren Familien bisher kein Endosymbiontennachweis geglückt ist. Bei Steingeliiden, genauer gesagt *Steingelia gorodetskia*, die lange Zeit auch als symbiontenfrei galten, konnten erst vor wenigen Jahren (KOTEJA et al. 2003) bakterienähnliche Symbionten in verschiedenen Organen aufgefunden werden. Bei fehlender Endosymbiose wird angenommen, dass der von den Schildläusen aufgenommene Pflanzensaft alle essentiellen Stoffe liefert, während er bei Arten mit Symbiose durch Produkte der Symbionten wie Aminosäuren, Glycoproteine und Vitamine ergänzt wird.

Bei den Endosymbionten der Schildläuse handelt es sich vorwiegend um bakterien- oder hefeähnliche Formen (Abb. 111). Bei manchen Arten gibt es nur eine, bei anderen zwei oder sogar drei Endosymbiontenformen. Sie sind in der Regel im Fettkörper oder in besonderen Organen, den Mycetomen (oder Mycetocyten) untergebracht. Die Übertragung auf die Nachkommen erfolgt transovarial, genauer gesagt über den oberen Pol der heranwachsenden Oozyten (Abb. 112). Gut charakterisierbar sind nach TREMBLAY (1977) der Ortheziidentyp, der Putotyp, der Pseudococcustyp, der Phenacoccustyp, der Eulecaniumtyp, der Eriococcidentyp, der Asterolecaniidentyp und der Diaspididentyp (Tab. 21) der Endosymbiose.

Abb. 111: Isolierte einzelne Symbionten aus der Coccide *Sphaerolecanium prunastri* (nach TREMBLAY 1997).

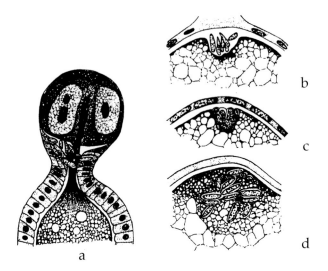

Abb. 112: Symbionteninfektion bei *Parthenolecanium corni* (Coccidae). **a** Eindringen der Symbionten durch Follikel, **b** Einsinken der Symbionten durch die Empfängnisgrube des Eies, **c** und **d** Schließung der Empfängnisgrube (nach BUCHNER 1953).

Tab. 21: Symbiontentypen bei Schildläusen. Unterbringung in der Schildlaus und Übertragung (nach TREMBLAY 1977)

Schildlausfamilien	Symbiontentyp	Unterbringung	Übertragung
Ortheziidae	bakterienähnlich	verstreute Myzetozyten	vorderer Teil der Oozyten
Margarodidae	bakterienähnlich	paarige Myzetome	vorderer Teil der Oozyten
Putoidae	bakterienähnlich	unpaarige Myzetome	vorderer Teil der Oozyten
Pseudococcidae	bakterienähnlich	unpaarige Myzetome	vorderer Teil der Oozyten
Coccidae	hefeähnlich	vergrößerte Fettzellen	vorderer Teil der Oozyten
Eriococcidae	bakterienähnlich	Myzetozyten	vorderer Teil der Oozyten
Asterolecaniidae	hefeähnlich	Myzetozyten	vorderer Teil der Oozyten
Diaspididae	bakterienähnlich	Myzetozyten	vorderer Teil der Oozyten

8.2.5 Intra- und interspezifische Konkurrenz

Wie viele Blattläuse und Mottenschildläuse zeigen auch Schildläuse bei der Besiedlung ihrer Wirtspflanzen ein soziales Verhalten, d.h. sie treten oft in mehr oder weniger dichten, aus zahlreichen Einzeltieren bestehenden Kolonien auf. Diese Verhaltensweise ist z.T. dadurch bedingt, dass die Läuse sich an bestimmten Teilen ihrer Wirtspflanzen mit besonderer Vorliebe festsetzen. Eine solche gesellige Tendenz bei Schildläusen ist bei beiden Geschlechtern zu beobachten, bei Männchen mancher Arten stärker als bei Weibchen. Sitzen die Schildläuse wie bei Massenbefall durch manche Diaspididen (Tafel 4c) oder Cocciden wie *Parthenolecanium* spp. dicht an dicht, so kann es zu intraspezifischer Raum-, in extremen Fällen auch zu Nahrungskonkurrenz kommen. Schwächere oder kleinere Individuen werden manchmal abgedrängt und verlieren den Kontakt ihrer Mundwerkzeuge mit der Wirtspflanze, was den Tod bedeutet, wenn es sich um spezialisierte Arten wie Deckelschildläuse handelt, die ihren Aufenthaltsort nicht mehr wechseln können. Ähnliches ist beispielsweise bei Weibchen der Kleinen Fichtenquirlschildlaus *Physokermes hemicryphus* zu beobachten, wenn mehrere Schildläuse an einem Zweig übereinander unter den Knospenschuppen sitzen (Abb. 113). Die zuunterst sitzenden Tiere drängen die weiter oben saugenden bedingt durch ihre Größenzunahme allmählich ab. Die betroffenen Tiere verlieren dann den Kontakt mit der Nahrungsquelle und sind nicht mehr in der Lage, sich wieder anzusaugen. Inwieweit und ob die Dauer der Postembryonalentwicklung, die Größe der Weibchen und damit letztlich auch die Eizahl von Artgenossen oder artfremden Schildläusen negativ beeinflusst wird, ist wenig untersucht worden. Man kann jedoch davon ausgehen, dass bei sehr starkem Befall und suboptimaler Versorgung der Wirtspflanzen mit Wasser und Nährstoffen erhöhte Mortalität

Abb. 113: Dicht beieinander unter Knospenschuppen an der Basis eines Fichtentriebes sitzende, gegenseitige Raum- und Nahrungskonkurrenz verursachende Weibchen von *Physokermes hemicryphus* (Coccidae). Honigtau als glänzende Schicht auf den Schildläusen erkennbar (Foto: H. Schmutterer).

und verminderte Eizahlen zu erwarten sind. Solche Erscheinungen dürften auch bei Vorhandensein aus mehreren Arten zusammengesetzter Kolonien nicht ausbleiben. So kommen an Nadelbäumen wie *Pinus sylvestris* die Diaspididen *Leucaspis loewi, Lepidosaphes newsteadi* und *Dynaspidiotus abietis* oft nebeneinander an den gleichen Nadeln vor. Bei starkem Befall gibt es dann oft interspezifische Raumkonkurrenz, die v.a. durch die allmähliche Vergrößerung der Schilde bedingt ist. An Obstbäumen findet man öfters gemischte Kolonien von *Epidiaspis leperii, Lepidosaphes ulmi* und *Diaspidiotus ostreaeformis*. Bei Massenbefall gibt es nicht nur intraspezifische, sondern bei solchen Kombinationen oft auch interspezifische Raumkonkurrenz. Unter den Blattscheiden von Gräsern kommen Pseudococciden wie *Trionymus* spp., *Heterococcus nudus* und *Brevennia pulveraria* zusammen vor, was ebenfalls zu interspezifischer Raumkonkurrenz führen kann, da nicht genügend Platz für alle Weibchen und deren Eigelege vorhanden ist.

8.2.6 Populationsdynamik (Massenwechsel)

Im populationsdynamischen Geschehen der Insekten sind u.a. biotische Faktoren wie Wirtspflanze, natürliche Feinde und intraspezifische Konkurrenz sowie abiotische wie Temperatur, relative Luftfeuchte, Niederschlag, Wind und Licht (Photoperiode, Sonneneinstrahlung) von Bedeutung. Auch der Boden kann eine Rolle spielen, und zwar nicht nur direkt bei den unterirdisch an Wurzeln lebenden Arten, sondern auch indirekt über die Wirtspflanzen, d.h. die Qualität der von diesen produzierten Nahrung. Bei den Schildläusen kommt der Temperatur, eng verbunden mit der relativen Luftfeuchte, der Wirtspflanze und oft auch den natürlichen Gegenspielern eine besondere Bedeutung zu.

Die Gesetzmäßigkeiten bei der Populationsdynamik mitteleuropäischer Schildlausarten sind in Deutschland bisher nur in wenigen Fällen genauer untersucht worden. Für derartige Studien sind naturgemäß v.a. solche Arten geeignet, die charakteristische, starke Schwankungen hinsichtlich ihrer Populationsstärke zeigen, d.h. ein ausgeprägtes Auf und Ab im Laufe von Jahren (zyklischer Massenwechsel). Hierzu gehören besonders Arten mit hohem Fortpflanzungspotential wie verschiedene Cocciden, außerdem noch einige weitere Arten aus anderen Familien, z.B. Pseudococciden. Zu nennen sind von den Cocciden besonders *Parthenolecanium corni, P. rufulum, P. persicae, P. pomeranicum, Sphaerolecanium prunastri, Pulvinaria vitis, P. regalis, Eupulvinaria hydrangeae* und *Physokermes hemicryphus*, von den Pseudococciden *Phenacoccus aceris* und *Heliococcus bohemicus*, von den Diaspididen *Chionaspis salicis, Lepidosaphes ulmi, Diaspidiotus perniciosus, Pseudaulacaspis pentagona* und *Epidiaspis leperii*. Auch die Zahl der jährlichen Generationen kann eine Rolle spielen; bi- oder polyvoltine Arten sind monovoltinen gegenüber begünstigt.

Die Populationsdynamik der Gewöhnlichen Zwetschgennapfschildlaus *P. corni* ist in Deutschland aufgrund von Massenvermehrungen in den 30er-Jahren des vergangenen Jahrhunderts bisher am genauesten untersucht worden (THIEM 1938, WELSCH 1937), was zu dem Ergebnis führte, dass insbesondere die Bodenverhältnisse dafür verantwortlich sind, ob eine Wirtspflanze in Massen besiedelt wird oder nicht.

Da die Schwankungen hinsichtlich pH-Werten und Kalkgehalt im Boden auf Standorten mit oder ohne Massenvermehrung praktisch gleich waren, wurden bei *P. corni* die physikalischen Bodenverhältnisse als Hauptursachen für Populationsschwankungen angesehen. Entgegengesetzte Bodenbedingungen, z.B. extreme Sand- oder Tonböden, wirken sich dabei gleichsinnig aus. In einem Sandboden kommt es zu einem raschen Verbrauch des verfügbaren Wassers und damit zu ungünstigen Folgen für die hier wurzelnden Pflanzen. Letzteres gilt auch für Tonböden, die wegen hoher Adsorptionskraft und sehr geringer Durchlüftung, die Wasserbilanz und Nährstoffaufnahme von Pflanzen auf milden Lehmböden mit ca. 30 % abschlämmbaren Teilen begünstigt. Solche Böden können als Resistenz-, trockene und vernässte als Befallsböden bezeichnet werden. Erstere sind in Befallsböden überführbar und umgekehrt, wenn Maßnahmen getroffen werden, die ihre Eigenschaften verschlechtern bzw. verbessern (THIEM 1938).

In manchen Teilen Deutschlands (Thüringen, Sachsen-Anhalt) wurden als Befallsböden im Hinblick auf die Zwetschgennapfschildlaus *P. corni* besonders Auen-, Buntsandstein- und Muschelkalkböden mit extremer Wasserführung (Trockenheit oder Vernässung) sowie solche mit ungenügender Krumenbildung erkannt, als Resistenzböden Auen-, Buntsandstein- und Muschelkalkböden mit gleichmäßig durchlässiger, meist tiefgründiger Bodenbildung und günstiger Wasserversorgung sowie schwere, durch lehmig-sandige Auflagen gemilderte Böden (THIEM 1938). SCHMUTTERER (1965) hat in Südbayern Massenvermehrungen der Coccide *Physokermes hemicryphus* an Fichte v.a. auf kalten, vernässten Böden (Letten, Lehm, Mergel) oder sehr trockenem Untergrund (Keupersande, obere Teile von Moränen, Chausseen) beobachtet. Auf solchen Böden kam eine Schwächung der Wirtspflanzen und als Folge davon Anfälligkeit gegen Fichtenquirlschildläuse zustande. Auf niedrig gehaltenen Thujahecken, die unter Wasserstress stehen, treten Massenvermehrungen von *Parthenolecanium fletcheri* in Süddeutschland ziemlich regelmäßig auf.

Da der Phloemsaft der Pflanzen im Normalfall nur geringe Stickstoffmengen enthält, können Schwankungen im Stickstoffgehalt zu beträchtlichen Einflüssen auf die Populationsdynamik im Phloem saugender Schildlausarten führen (KUNKEL & KLOFT 1985, KUNKEL 1997). Bei Wassermangel (Wasserstress) versuchen die Pflanzen, den osmotischen Druck im Phloem durch Mobilisierung von Stickstoffverbindungen zu verändern. Hierdurch kann ein größeres Angebot von Aminosäuren im Phloem zustandekommen, was Phloemsaft saugende Cocciden wie *P. corni, P. fletcheri, P. pomeranicum* und *Physokermes hemicryphus* begünstigt.

Stickstoffzufuhr zu Pflanzen als Düngungsmaßnahme hat auf Schildläuse eine ähnliche Wirkung wie Wassermangel, da sie eine Steigerung des löslichen Stickstoffes im Phloem bewirkt. Die Mortalität v.a. der Larvenstadien wird vermindert und die Größe und Reproduktionsleistung der Weibchen oft gesteigert.

Kalium hat eine negative Auswirkung auf Schildläuse. So konnte BRÜNING (1967) durch Kalidüngung bei *Parthenolecanium rufulum* an Roteiche (*Quercus rubra*) und *P. corni* an Robinie (*Robinia pseudoacacia*) eine deutliche Populationsreduzierung erreichen. Es wird davon ausgegangen, dass Kalium eine Verminderung des löslichen Stickstoffs im Pflanzengewebe bewirkt, was sich negativ, d.h. mortalitätssteigernd auf Phloemsaft saugende Schildläuse auswirkt.

Aufgrund der Abhängigkeit der Massenvermehrung einiger Schildlausarten wie Cocciden von primär durch Wasserstress geschädigten Wirtspflanzen können solche Arten auch als Sekundärschädlinge bezeichnet werden. Neuere Untersuchungen zur Populationsdynamik bei Schildläusen wurden in den 90er-Jahren bei der sehr schädlichen Buchenwollschildlaus *Cryptococcus fagisuga* (Cryptococcidae) an Rotbuche (*Fagus sylvatica*) durchgeführt (GORA et al. 1996).

In der Literatur wird die Meinung vertreten, dass Phenole beim Abwehrverhalten der Rotbuchenrinde gegen *C. fagi* im Spiel sind. Bei starkem Rindenbefall durch Wollläuse wurden sieben Polyphenole in Rinde ermittelt, drei davon waren am höchsten konzentriert, nämlich (2R, 3R)-(+)glucodistylin, (2S, 3S)-(-)-glucodistylin und 3-0-(β-D-xylopyranosyl)taxifolin (DÜBELER et al. 1997). Physiologische Abwehrreaktionen der Wirtspflanze gegen die Schildlaus äußern sich in einem Anstieg des Procyanidin- sowie einer Abnahme des Aminosäuregehalts in der äußeren Rinde älterer Rotbuchen. Das Procyanidin wird von der inneren in die äußere Rinde verlagert. Die Aminosäuren stellen das Substrat für die Biomasseproduktion dar, während die Procyanidine die Proteinassimilation hemmen.

Der Einfluss biotischer Faktoren wie natürliche Feinde auf das Massenwechselgeschehen bei Schildläusen kann, wie schon in den Kapiteln über natürliche Antagonisten (8.2.2) und biologische Populationsregulierung

(9.2.4) unterstrichen und durch Beispiele belegt worden ist, beträchtlich sein. Erfolge der sog. klassischen Methode der biologischen Bekämpfung, d.h. Massenzucht und Einbürgerung viel versprechender natürlicher Feinde können diese Feststellung eindrucksvoll untermauern. Bei den in den letzten Jahrzehnten in Mitteleuropa eingeschleppten/eingewanderten Cocciden *Pulvinaria regalis* und *Eupulvinaria hydrangeae* ist es seit der Einschleppung immer wieder – wenn auch meist nur örtlich – zu starker Vermehrung an Chausseebäumen gekommen, vermutlich auch deshalb, weil noch keine wirksamen Prädatoren und Parasitoide vorhanden waren. Die Regulation der Populationsdichte blieb deshalb bis jetzt v.a. den abiotischen Faktoren und dem Nahrungsfaktor, die hohe Mortalität verursachen, überlassen. Die räuberische Chamaemyide *Leucopomyia silesiaca*, die als Eiräuber von *Pulvinaria vitis* eine große Rolle spielen kann (8.2.2.3.6), ist bisher auf die eingeschleppten Arten, deren Lebensweise der von *P. vitis* sehr ähnlich ist, kaum übergegangen, was aber in Zukunft möglich erscheint.

Weitere, im populationsdynamischen Geschehen wichtige Faktoren sind genetisch bedingte Resistenz- oder Toleranzeigenschaften der Wirtspflanzen. In tropischen Obstkulturen wie Zitrus sind für Schildläuse anfälligere und weniger anfällige Sorten bekannt. An Koniferen und Laubgehölzen ist öfters zu beobachten, dass der Schildlausbefall z.B. durch *Chionaspis salicis*, auch bei dicht beieinander stehenden Pflanzen der gleichen Art sehr unterschiedlich ist, was auf genetische Ursachen schließen lässt.

8.2.7 Biotopansprüche

8.2.7.1 Waldbiotope

In diese Gruppe gehören Biotope vom Flachland über solche in Mittelgebirgen einschließlich der montanen Bergwälder. In besonders dichten und deshalb lichtarmen Nadelholzbeständen, wie sie im Flachland und Mittelgebirge gebietsweise typisch sind, kommen nur verhältnismäßig wenige Schildlausarten vor. In dichten Beständen von Fichten (*Picea abies*), wo es meist auch wenig Unterwuchs gibt, trifft man in der Regel nur einige wenige, weit verbreitete und häufige Cocciden, Pseudococciden und Diaspididen an. Hierbei handelt es sich z.B. um *Physokermes*-Arten, *Phenacoccus piceae* und *Dynaspidiotus abietis*. In Kiefernwäldern, die meist weniger dicht stehen und dann auch stärkeren Unterwuchs aufweisen, ist die Schildlausfauna reicher als in Fichtenbeständen. Hier treten an *Pinus sylvestris* die typischen Diaspididen *Leucaspis loewi* und *L. pini* sowie *Dynaspidiotus abietis* und *Lepidosaphes newsteadi* auf. Auch die Matsucoccide *Matsucoccus pini* ist hier weit verbreitet. In der Strauchschicht an warmen Stellen wie an der Hessischen Bergstraße oder im Kaiserstuhl findet man die Diaspidide *Aulacaspis rosae* an *Rubus fructicosus*, stellenweise auch die Pseudococcide *Coccura comari*. In Norddeutschland (z.b. Brandenburg) ist hier die Coccide *Eriopeltis lichtensteini* an Gräsern typisch; an *Vaccinium myrtillus* leben *Lepidosaphes ulmi* (bisexuelle Form), *Chionaspis salicis* und *Phyllostroma myrtilli*. In Laubwäldern (Rotbuche, Eiche) sind besonders an den Eichen mehrere Arten typisch, z.b. *Parthenolecanium rufulum, Asterodiaspis*-Arten und *Diaspidiotus zonatus*. Im Unterwuchs von Buchenwäldern findet man die Coccide *Luzulaspis nemorosa* an *Luzula nemorosa*, die Ortheziide *Orthezia urticae* an *Melampyrum sylvaticum* (Waldwachtelweizen) und die Eriococcide *Acanthococcus (Eriococcus* s.l.) *greeni* an *Melica nutans* (Perlgras). In der Bodenstreu feuchter Buchenwälder lebt die Ortheziide *Newsteadia floccosa*. Im montanen Bergwald kommen an *Abies alba* (Weißtanne) die Coccinen *Physokermes hemicryphus, Nemolecanium graniforme* und *Eulecanium sericeum* vor. Die Ränder von Wäldern, wo günstigere Verhältnisse bezüglich Licht und Temperatur herrschen, werden von den meisten Schildlausarten in Waldbiotopen dem Inneren von Beständen gegenüber deutlich bevorzugt.

8.2.7.2 Feuchtbiotope

Feuchtbiotope einschließlich Mooren sind für einige Schildlausarten, die als hygrophil zu bezeichnen sind, besonders attraktive Rückzugsbiotope, was natürlich auch mit dem Vorkommen ganz bestimmter Süß- und Sauergräser an solchen Plätzen zusammenhängt. Typische hygrophile Arten sind z.b. die Pseudococcide *Chaetococcus phragmitis* an *Phragmites australis* und die Coccide *Luzulaspis scotica* an *Carex* spp. Als Arten, die bevorzugt Feuchtgebiete besiedeln, können auch die Cocciden *Parafairmairia gracilis, Vittacoccus longicornis, Psilococcus ruber* (alle an *Carex* spp.) sowie die Pseudococciden *Phenacoccus sphagni* (an *Molinia caerulea*) und *Balanococcus scirpi* bezeichnet werden. Auch die Ortheziide *Newsteadia floccosa* und die Steingeliide *Steingelia gorodetskia* zeigen die deutliche Tendenz, sich an feuchten Plätzen einschließlich Mooren anzusiedeln.

8.2.7.3 Hochgebirgsbiotope

Als Hochgebirgsbiotope werden hier solche Biotope bezeichnet, die im Hochgebirge (Alpen) etwa auf der Höhe der Baumgrenze und darüber liegen. Sie sind naturgemäß durch tiefe Temperaturen charakterisiert, weshalb sie besonders kältetoleranten Schildlausarten als Lebensraum dienen. Solche alpinen Arten sind in der mitteleuropäischen Fauna relativ selten. Die Ortheziide *Arctorthezia cataphracta* ist in den Alpen im Bereich der Baumgrenze und darüber weit verbreitet und meist auch häufig anzutreffen. Die Putoide *Puto antennatus* lebt besonders an Wetterfichten und -tannen vom Allgäu bis ins Berchtesgadener Land, wo sie auch im Gebiet des Funtensees an Arve (*Pinus cembra*) vorkommt. Hierher kann man auch noch die Eriococcide *Acanthococcus* (*Eriococcus* s.l.) *uvaeursi* rechnen, die an Zwergsträuchern wie *Erica*-Arten an der Baumgrenze, aber auch in Mittelgebirgslagen, ja sogar im Flachland gefunden wird.

8.2.7.4 Biotope in intensiv genutzten Agrarlandschaften

In Feldern, die regelmäßig gedüngt und oft Jahr für Jahr mit synthetischen Bekämpfungsmitteln gegen Schädlinge, Erreger von Pflanzenkrankheiten und Herbiziden behandelt werden, findet man in Mitteleuropa nur sehr wenige Schildläuse. Hier kann man lediglich an vernachlässigten Feldrainen die eine oder andere Pseudococcidenart unter den Blattscheiden von Gräsern feststellen. Diese Arten sind in Biotopen mit steppenartigem Charakter aber viel stärker vertreten. Gleiches gilt auch für intensiv genutzte Wiesen, die im Jahr zumindest zweimal gemäht und oft auch regelmäßig gedüngt werden. Selbst die Beweidung mit Rindern oder Pferden ist für Schildläuse meist abträglich.

8.2.7.5 Steppenartige Biotope

In steppenartigen Biotopen dominieren einige Süßgrasarten, an denen sich eine beträchtliche Zahl von Schildlausarten ernähren kann, wobei diese v.a. zu den Pseudococciden und Eriococciden, einige auch zu den Coccidien, relativ wenige zu den Diaspididen gehören. Die Schildläuse in solchen Biotopen sind bestrebt, alle Pflanzenteile zu ihrer Ernährung zu nutzen, v.a. auch die unterirdischen, also die Wurzeln und den Wurzelhals. Da Steppenbiotope besonders im Sommer sehr warm sein können, versuchen die Schildläuse durch ihre besondere Lebensweise Feuchtigkeitsverluste nach Möglichkeit zu vermeiden. Dies wird auch dadurch unterstrichen, dass einige Arten unter den Blattscheiden von Gräsern leben. Viele graminicole Arten unserer Fauna dürften ursprünglich aus dem Osten eingewandert sein, wo großflächige steppenartige Biotope sehr verbreitet sind. In diesem Zusammenhang sind Pseudococciden der Gattungen *Antoninella, Balanococcus, Brevennia, Chaetococcus, Dysmicoccus, Fonscolombia, Heliococcus, Metadenopus, Mirococcopsis, Peliococcus, Phenacoccus, Rhizoecus, Ripersiella, Rhodania* und besonders *Trionymus* zu erwähnen, von denen mehrere Arten unter Blattscheiden leben. Die Vertreter der Gattungen *Rhizoecus* und *Riper-*

siella saugen ausschließlich an den Wurzeln. Von den Cocciden kommen Arten der Gattungen *Lecanopsis, Eriopeltis* und *Rhizopulvinaria* in savannenartigen Biotopen vor. Auch manche Eriococciden an Gräsern und Zwergsträuchern wie *Rhizococcus (Eriococcus* s.l.) *insignis* und *Kaweckia (Eriococcus* s.l.) *glyceriae* können hier als typisch bezeichnet werden, ebenso die Asterolecaniide *Planchonia arabidis* und Diaspididen wie *Diaspidiotus labiatarum, Lepidosaphes ulmi* (bisexuelle Form) und *Rhizaspidiotus canariensis.* Die zuletzt genannte Asterolecaniide und die Diaspididen fallen auch dadurch besonders auf, dass sie ausgesprochen thermophil sind.

8.2.7.6 Heidebiotope

Biotope in Heidelandschaften, in denen es oft auch Sanddünen gibt, sind in der Regel durch die Dominanz von Zwergsträuchern wie *Calluna vulgaris* (Heidekraut) und von einigen Süßgräsern auf meist leichten, sandigen Böden charakterisiert. Als größere Büsche oder Bäume können der Wacholder (*Juniperus communis*) sowie Birken (*Betula* spp.) und Kiefern (*Pinus sylvestris*) hervortreten. An Wacholder lebt im typischen Fall die Pseudococcide *Planococcus vovae,* die sowohl oberirdische Pflanzenteile als auch unterirdische an der Basis der Wirtspflanzen besiedeln kann, wobei die subterran oder semi-subterran lebenden Kolonien meist unter der Betreuung von Ameisen der Gattung *Formica* stehen (Kap. 8.2.3). Die Diaspidide *Carulaspis juniperi* besiedelt Nadeln und Früchte. An unterirdischen Teilen von Gräsern saugen mehrere Pseudococcidenarten, z.B. *Fonscolombia tomlinii.* Von den Eriococciden sind *Acanthococcus (Eriococcus* s.l.) *munroi* an *Calluna vulgaris* und *Rhizococcus (Eriococcus* s.l.) *inermis* an Gräsern mehr oder weniger typisch. Am Heidekraut findet sich an der Basis der Triebe oft *Spinococcus calluneti* (Pseudococcidae), an Stämmchen und Zweigen leben *Diaspidiotus bavaricus* und *Lepidosaphes ulmi* (bisexuelle Form).

8.2.7.7 Biotope in menschlichen Siedlungen

Biotope im Umfeld des Menschen in Städten und Dörfern ziehen wohl v.a. deshalb eine größere Zahl von Schildausarten an, weil hier höhere Temperaturen herrschen als anderswo. Außerdem gibt es ein vielseitiges, günstiges Angebot an Wirtspflanzen in Gärten, Grünanlagen, Parken und Friedhöfen. Sicher hat auch Bedeutung, dass diese Wirtspflanzen vielfach besonders gut mit Stickstoff versorgt sind. Folgende Schildlausarten sind für Biotope im menschlichen Siedlungsbereich als typisch zu betrachten:

Pseudococcidae: *Phenacoccus aceris, Ph. piceae, Trionymus newsteadi, Heliococcus bohemicus;*

Coccidae: *Chloropulvinaria floccifera, Pulvinaria regalis, P. vitis, Eupulvinaria hydrangeae, Eulecanium tiliae, Parthenolecanium corni, P. fletcheri, P. rufulum, P. pomeranicum, Physokermes hemicryphus, Ph. piceae* und *Lichtensia viburni*;

Eriococcidae: *Acanthococcus* (*Eriococcus* s.l.) *aceris, Gossyparia* (*Eriococcus* s.l.) *spuria*;

Diaspididae: *Aulacaspis rosae, Pseudaulacaspis pentagona, Carulaspis juniperi, Chionaspis salicis, Epidiaspis leperii, Lepidosaphes ulmi* (parthenogenetische Form), *L. conchiformis, Leucaspis loewi, Diaspidiotus gigas, D. marani, D. pyri, D. ostreaeformis, D. zonatus, D. perniciosus* und *Unaspis euonymi*.

9 Ökonomie

9.1 Schädlinge und Nützlinge

9.1.1 Schädlinge

Unter den 151 Schildlausarten, die in Deutschland ganzjährig im Freien vorkommen, also vollgültige Angehörige der deutschen Fauna sind, können etwa 30 als mehr oder weniger wichtige Pflanzenschädlinge angesehen werden. Wildpflanzen werden nur in selteneren Fällen auffällig geschädigt, umso häufiger aber Nutzpflanzen einschließlich solcher, die in Gewächshäusern, zur Innenbegrünung in größeren Gebäuden und in Zimmern gehalten werden. Alle diese in einem künstlichen Millieu lebenden Schildläuse, die sämtlich aus wärmeren Ländern eingeschleppt worden sind und sich bei günstigen Bedingungen schnell und stark vermehren, können als Schädlinge gelten. Zu diesen sind auch solche Arten zu rechnen, die sich an Kübelpflanzen wie *Nerium oleander* (Oleander) oder *Laurus nobilis* (Lorbeer) im Sommer im Freiland aufhalten und fortpflanzen. Auch die häufige und polyphage Coccide *Coccus hesperidum* ist in diesem Zusammenhang erwähnenswert. Der Schaden, der durch Schildläuse verursacht wird, äußert sich an den Wirtspflanzen auf sehr unterschiedliche Weise (SCHMUTTERER et al. 1957). Durch Entzug von Wasser und Nährstoffen beim Saugakt sowie Injektion von toxischem Speichel kann die befallene Pflanze in Abhängigkeit von der sie besiedelnden Schildlausart, ihrem Saugverhalten und von der Größe der vorhandenen Schildlauspopulation mehr oder weniger geschwächt werden, weshalb der Zuwachs bzw. die Größe der einzelnen Pflanzenorgane wie der Nadeln von Koniferen sowie der Fruchtertrag bei Obstbäumen oder Beerensträuchern vermindert werden.

Phytotoxisch wirksamer Speichel, der freie Aminosäuren enthält, bewirkt bei einigen Arten in der Umgebung der Saugstellen infolge der Zerstörung des Chlorophylls die Bildung weißer, gelblicher oder nekrotischer brauner bis braunschwarzer Flecke wie z.B. bei den Diaspididen *Leucaspis loewi* an *Pinus* spp., *Carulaspis juniperi* an *Juniperus* spp. und *Unaspis euonymi* an *Euonymus japonicus* (Farbtafel 4d). Die San-José-Schildlaus *Diaspidiotus perniciosus* (SJS) verursacht an Äpfeln, Birnen und Pfirsichen rote Flecke, wodurch das befallene Obst unverkäuflich wird (Farbtafel 4c).

Die Stichkanäle der Stechborsten der Zitrusschmierlaus *Planococcus citri* (Pseudococcidae) verlaufen entweder ausschließlich interzellulär oder teils inter- und teils intrazellulär. Die Kanäle in Früchten und Blättern enden häufiger im Phloem oder dessen Umgebung als anderswo, was darauf schließen lässt, dass Phloemsaft die bevorzugte Nahrungsquelle darstellt. Die Pflanzenzellen in der Umgebung der Stichkanäle zeigen keinen auffälligen Schaden, lediglich in Früchten sind einige vergrößert und abweichend gefärbt, was auf ein Eindringen von Speichel aus den Stechborsten hindeutet. Die angestochenen Zellen erscheinen sonst aber gesund (SILVA & MEXIA 1999).

Bei der Matsucoccide *Matsucoccus pini* sterben an *Pinus sylvestris* Teile des Rindengewebes ab, was zur Bildung brauner Nekrosen unter der Borke führt (Farbtafel 4a).

Asterolecaniiden wie *Asterodiaspis* spp. und *Planchonia arabidis* verursachen einfache Gallen, die mit einer Aufwölbung des Pflanzengewebes umgebene Einsenkungen in der Rinde von Trieben, Ästen und Zweigen darstellen (SW-Tafel 4a, Abb. 114).

Auch die Xylococcide *Xylococcus filiferus* und die Diaspidide *Carulaspis visci* sind zu den gallenerzeugenden Schildlausarten zu rechnen. *X. filiferus* bildet in Zweigen und schwachen Ästen von Linden (*Tilia* spp.) von verholztem Gewebe umgebene, etwa zystenförmige, innen dunkel gefärbte Gallen (Abb. 115).

Schleimfluss an Eichen- und Buchenstämmen ist in der Regel ein selteneres Schadsymptom bei Schildlausbefall. Es wird der Saugtätigkeit der Kermeside *Kermes quercus* an Eiche bzw. der Cryptococcide *Cryptococcus fagisuga* an Rotbuche zugeschrieben. Starker Blattfall und damit verbundene Vitalitätsminderung kann an Laubbäumen wie Bergahorn und Linde bei Massenbefall durch die Coccide *Eupulvinaria hydrangeae* hervorgerufen werden. Im Extremfall kann es bei stark besiedelten Wirtspflanzen zum Absterben von Blättern (Nadeln), Zweigen, Ästen ja sogar von ganzen Pflanzen kommen, wie dies bei der San-José-Schildlaus (Apfel, Birne, Johannisbeere etc.), der Roten Austernschildlaus *Epidiaspis leperii* (Birne), der Wacholderschildlaus *Carulaspis juniperi* (Wacholder und verwandte Ziergehölze), der Spindelbaumschildlaus *Unaspis euonymi* (Japanischer Spindelstrauch) (Abb. 116), der Maulbeerschildlaus *Pseudaulacaspis pentagona* (Zier- und Obstgehölze) und der Kommaschildlaus *Lepidosaphes ulmi* (parthenog. Form; Obstbäume, Ziergehölze) beobachtet wird. Von *E. leperii* werden öfters auch starke Verkrümmungen an Ästen von Birnbäumen hervorgerufen. An Forstgehölzen wie Rotbuchen kann es bei Befall durch *C. fagisuga*, wie bereits erwähnt, neben Schleimfluss bis zum Verlust größerer Bäume, ja sogar ganzer Bestände kommen. Dieses Geschehen ist auf ein Zusammenwirken von Trockenheitsstress mit dem Pilz *Nectria coccinea* und Holzkäfern zurückzuführen (ALTENKIRCH et al. 2002). Beispiele für relativ seltene, starke Saugschäden durch Schildläuse an typischen Wildpflanzen sind die Weidenschildlaus *Chionaspis salicis* (Diaspididae), die das Absterben größerer Heidelbeerbestände (*Vaccinium myrtillus*) bewirken kann (Abb. 117) und die Eriococcide *Greenisca (Eriococcus s.l.) brachypodii*, deren Saugtätigkeit das Vertrocknen zahlreicher Blätter von *Brachypodium sylvaticum* beispielsweise an Waldrän-

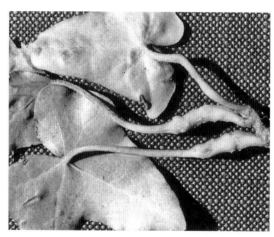

Abb. 114: Durch Saugtätigkeit von *Planchonia arabidis* (Asterolecaniidae) vergallte Blattstiele von Efeu (*Hedera helix*) im Kaiserstuhlgebiet (Foto: H. SCHMUTTERER).

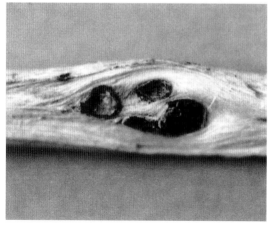

Abb. 115: Nach Entfernen der Rinde sichtbare Gallen von *Xylococcus filiferus* (Xylococcidae) an Linde (Foto: H. SCHMUTTERER).

Ökonomie 231

Abb. 116: Von *Unaspis euonymi* zum Absterben gebrachte Hecke von *Euonymus japonicus* im Stadtgebiet von Frankfurt/Main (Foto: H. SCHMUTTERER).

Abb. 117: Abgestorbene, entblätterte Heidelbeertriebe (*Vaccinium myrtillus*), geschädigt durch die Diaspidide *Chionaspis salicis* (Foto: H. SCHMUTTERER).

dern verursacht. Die Eriococcide *Acanthococcus* (*Eriococcus* s.l.) *devoniensis* verursacht eine auffällige Verkrümmung der Triebe von *Erica tetralix* (SW-Tafel 3b).

Andere Schildlausschäden an den Wirtspflanzen sind indirekter Natur. Die Abgabe relativ großer Mengen von Exkrementen, des sog. Honigtaues, durch einige im Phloem saugende Arten führt auf den unter den Schildlauskolonien befindlichen Teilen der Wirtspflanzen wie Blättern, Trieben und Früchten zur Bildung einer zunächst glänzenden klebrigen Schicht, die bei niederschlagsarmer Witterung nach einigen Tagen von Rußtaupilzen besiedelt wird, die einen schwarzen Belag bilden, durch welchen die Assimilation behindert wird (Farbtafel 4b). In Mitteleuropa ist es v.a. der Honigtau einiger Napfschildläuse (Coccidae), daneben auch von Schmierläusen (Pseudococcidae) und Filzschildläusen (Eriococcidae), der zu Rußtaubildung Anlass gibt. Beispiele sind die Cocciden *Parthenolecanium corni* (Obstgehölze und andere Laubbäume, Weinrebe), *P. pomeranicum* (Eibe), *P. fletcheri* (Lebensbaum), *P. rufulum* (Eiche), *P. persicae* (Weinrebe), *Sphaerolecanium prunastri* (Zwetschge u.a. *Prunus*-Arten), *Pulvinaria regalis* (Rosskastanie, Linde), *Eupulvinaria hydrangeae* (Linde, Bergahorn, Hartriegel), *Chloropulvinaria floccifera* (Japanischer Spindelstrauch, Stechpalme, Eibe), *Physokermes hemicryphus* (Fichte), die Pseudococcide *Phenacoccus aceris* (Obstgehölze) und die Eriococcide *Gossyparia* (*Eriococcus* s.l.) *spuria* (Ulme).

Wenn Personenkraftwagen für längere Zeit unter Straßenbäumem mit starkem Schildlausbefall geparkt wurden, so ist eine Verunreinigung durch Honigtau, an dem oft auch die Blattlaus *Eucallipterus tiliae* (Aphididae) an Linde beteiligt ist, v.a. bei Massenauftreten von *Pulvinaria regalis* und *Eupulvinaria hydrangeae* häufig sehr typisch.

In Gewächshäusern und in Räumen lebende Schildlausarten verursachen in manchen Fällen dadurch indirekten Schaden, dass sie durch ihre in größeren Gruppen (d.h. nesterweise) angelegten Eiersäcke und die Kokons der Männchen oder auch durch dicht an dicht krustenartig beieinander stehende Schilde die Wirtspflanzen verunreinigen (SW-Tafel 4c).

Schildläuse sind als Überträger von Viren, die Pflanzenkrankheiten hervorrufen, in Mitteleuropa bisher noch nicht besonders auffällig geworden. In wärmeren Ländern, insbesondere in den Tropen, spielen in diesem Zusammenhang v.a. Pseudococciden in manchen Gebieten eine sehr wichtige Rolle, z.B. an Kakao in Westafrika und Weinrebe in Lateinamerika.

9.1.2 Nützlinge

Im Vergleich zu den zahlreichen, direkt an ihren Wirtspflanzen oder indirekt schädlichen Schildlausarten gibt es einige wenige, die sich vom Blickpunkt des Menschen als Nützlinge oder Nutzinsekten bezeichnen lassen. Im Mittelalter war es in Mitteleuropa eine gängige Praxis, die heute bei uns ziemlich selten gewordene Margarodide *Porphyrophora polonica* (polnische Cochenille) im letzten, kugelförmigen Larvenstadium, am Wurzelhals und den Wurzeln ihrer Wirtspflanzen zu sammeln und aus ihnen einen wertvollen Purpurfarbstoff zum Färben von Kleidern zu gewinnen (Kap. 1). Die Bauern mancher Gebiete waren damals verpflichtet, um Johannis herum, d.h. Mitte Juni, ein bestimmtes Quantum an getrockneten Cochenillen bei den Sammelstellen abzuliefern. Mediterrane Kermesiden (*Kermes* spp.) an Eichen wurden noch wesentlich später für den gleichen Zweck gesammelt. Auf den Kanarischen Inseln und in Mexiko wird die Dactylopiide *Dactylopius coccus* an Opuntien angesiedelt und zur Farbstoffgewinnung für Lippenstifte und dgl. »geerntet« (Kap. 1). In China wird das von verschiedenen Entwicklungsstadien der Männchen von *Ericerus pela* (Coccidae) erzeugte »Chinawachs« u.a. zur Kerzenherstellung verwendet. Im tropischen Asien liefern Lackschildläuse (Tachardiidae) Schellack für industrielle Zwecke. Die Dactylopiidae *Dactylopius coccus* wurde mit Erfolg zur biologischen Bekämpfung schädlicher *Opuntia*-Arten in Afrika, Australien und Kalifornien (USA) eingesetzt.

Schließlich kann sich der Mensch auch den Honigtau mancher Schildlausarten direkt oder indirekt zu Nutze machen. Das in der Bibel erwähnte Manna, das nach dortigen Angaben vom Himmel gefallen ist und dadurch die »Kinder Israels« vor dem Hungertod bewahrt hat, wird heute auf den Honigtau der Pseudococcide *Trabutina mannipara* zurückgeführt, die in Ägypten und Israel an Tamarisken lebt (Abb. 3). In Mitteleuropa saugt die Kleine Fichtenquirlschildlaus *Physokermes hemicryphus* (Coccidae) in den Zweiggabelungen von *Picea abies* (Fichte), seltener auch *Abies alba* (Weißtanne) und erzeugt von Mai bis Juli beträchtliche Mengen an Honigtau (Abb.113) (Schmutterer 1956b), der von Honigbienen gesammelt und zu einem braunen, schmackhaften, sehr langsam kristallisierenden Waldhonig (»Fichtenhonig«) verarbeitet wird. Er enthält v.a. Hexosen (Fruktose, Glukose), Melezitose und in geringen Mengen noch weitere Zuckerarten (Kloft et al. 1985). In Österreich wurde geschätzt, dass im Frühsommer bis zu 80% der in manchen fichtenreichen Gebieten geernteten Honige auf Fichtenquirlschildlaushonigtau zurückzuführen sind. Auch in Süddeutschland werden oft Fichtenhonige geerntet. Der Honigtau von *Ph. hemicryphus* und der weniger häufigen Art *Ph. piceae* ist außer für die Honigbienen und damit indirekt für den Menschen auch für zahlreiche nützliche Insekten des Waldes wie die Kahlrückige Rote Waldameise *Formica polyctena* und viele Parasitoide von schädlichen Forstinsekten als Nahrung der Vollinsekten sehr wichtig (ZOEBELEIN 1956).

Der Honigtau ist bezüglich seiner Zusammensetzung von den Eigenschaften des Phloemsaftes der Wirtspflanze abhängig, der von den Systembibitoren beim Saugakt als Nahrung aufgenommen wird. Wesentliche Bestandteile sind Zucker, die auch schon im Siebröhrensaft nachweisbar sind (s.o.). Daneben gibt es aber auch Zuckerarten, die neu in Erscheinung treten, also von den honigtauproduzierenden Läusen selbst synthetisiert sein müssen, wobei Darm- und Speichelfermenten eine wesentliche Rolle zugeschrieben wird.

Das Zuckerspektrum des Honigtaues enthält in der Regel v.a. Saccharose, Fruktose und Glukose. Freie Fruktose herrscht mengenmäßig meist vor, Glukose ist in höheren Zuckern gebunden. Der Honigtau von *Ph. hemicryphus* (Coccide, Abb. 113) enthält Saccharose, Melizitose, Fruktomaltose (= Erinose) sowie Oligosaccharide und Fruktose. Letztere tritt nur in geringer Menge auf. Stickstoffverbindungen sind im Honigtau entsprechend dem niedrigen Gehalt des Siebröhrensaftes nur zu einem geringen Prozentsatz vertreten, woraus der Schluss gezogen werden kann, dass die Phloemsaftsauger gezwungen sind, relativ große Mengen Siebröhrensaft aufzunehmen, um ihren Eiweißbedarf decken zu können (KLOFT & KUNKEL 1985).

Der Honigtau mancher Coccidenarten wird, obwohl reichlich produziert, von Bienen und Ameisen entweder gar nicht oder höchstens ausnahmsweise gesammelt, z.B. bei den *Parthenolecanium*-Arten *P. corni*, *P. persicae*, *P. pomeranicum* und *P. rufulum*. Der Honigtau der *P. fletcheri*-Weibchen ist dagegen sehr attraktiv. Diese auffälligen Unterschiede kommen vielleicht dadurch zustande, dass der Honigtau mancher, auch nah verwandter Schildlausarten auf unterschiedlichen Wirtspflanzen sehr verschieden ist oder auf Pflanzen auf verschiedenartigen Böden z.B. im Zuckergehalt stark variiert.

9.2 Bekämpfung

9.2.1 Quarantäne

In Deutschland und in anderen Ländern wird seit langem versucht, die Einschleppung schädlicher Schildlausarten und anderer Schadinsekten durch mehr oder weniger strikte Quarantänemaßnahmen zu verhindern oder wenigstens zu verzögern. Zur Einfuhr vorgesehene Pflanzen und Pflanzenteile einschließlich Früchten werden auf dem Bestimmungsflughäfen inspiziert und bei Befall durch gefährliche Schädlinge (»Quarantäneschädlinge«) vernichtet. Infolge des weitgehenden Verzichts auf Quarantänemaßnahmen innerhalb der Europäischen Union ist heute eine Einschleppung von Schildläusen und anderen Schädlingen aus den Nachbarländern nach Deutschland sehr leicht möglich; lediglich aus Nicht-EU-Ländern ist sie durch die Quarantäne nach wie vor erschwert. Es muss damit gerechnet werden, dass im Laufe des 21. Jhs. und später eine größere Zahl von Schildlausarten, die sich bei den klimatischen Gegebenheiten in Mitteleuropa halten und vermehren können, wobei in Zukunft auch eine globale Erwärmung zu berücksichtigen sein dürfte, nach Deutschland eingeschleppt werden. Mehrere Immigranten wie die Cocciden *Eupulvinaria hydrangeae*, *Parthenolecanium persicae* und *Pulvinaria regalis* sowie die Diaspididen *Unaspis euonymi* und *Pseudaulacaspis pentagona* sind in den letzten Jahrzehnten bereits eingewandert oder eingeschleppt worden. Sie kamen vermutlich alle aus westeuropäischen Ländern; ihre ursprüngliche Heimat ist meist aber noch gar nicht bekannt.

9.2.2 Kulturmaßnahmen

Durch vorbeugende Kulturmaßnahmen ist eine indirekte Schildlausbekämpfung bis zu einem bestimmten Grad möglich. Sie sind v.a. dann erfolgversprechend, wenn es sich bei den einzudämmenden Arten um sog. Sekundärschädlinge handelt, die auf anderweitige Schädigungen ihrer Wirtspflanzen angewiesen sind, um sich ansiedeln und stark vermehren zu können, was zumindest bei einigen Cocciden zutreffend ist.

Sinnvolle Düngung und Bodenbearbeitung können wichtige prophylaktische Maßnahmen sein. Kalidüngung dürfte wegen ihres negativen Einflusses auf häufiger auftretende Cocciden wie *Parthenolecanium corni* zweckmäßig sein. Weiterhin kann das Auflockern von Pflanzungen, Beschattung oder Besonnung, Auslichten von Bäumen oder Sträuchern, Rückschnitt oder dgl. zum Rückgang schädlicher Schildlauspopulationen z.B. im Obstbau führen (SCHMUTTERER et al. 1957). Inwieweit auch widerstandsfähige (resistente) Sorten in Mitteleuropa zur indirekten Bekämpfung von Schildläusen verwendet werden können, ist bisher in Deutschland noch kaum untersucht worden. Es ist jedoch anzunehmen, dass es in dieser Hinsicht auch bei uns einige Möglichkeiten gibt (s.a. S. 222).

9.2.3 Mechanische Bekämpfungsmaßnahmen

Schildläuse an kleineren Zimmerpflanzen im Haus und in Gewächshäusern lassen sich durch Absammeln oder Abbürsten entfernen, besonders auffällige Napfschildläuse an Pflanzen mit kräftigen Blättern. Schmierläuse an Kakteen und dgl. können mit Hilfe eines Pinsels beseitigt werden. Im Freiland sind solche relativ arbeitsintensiven Maßnahmen außer an Kübelpflanzen geringer Größe aber kaum sinnvoll.

Von einer besonders ausgefallenen mechanischen Schildlausbekämpfungsmaßnahme wurde aus Zürich (Schweiz) berichtet (C. Hippe, mündl. Mitt.). Dort wurden während der Nacht von der städtischen Feuerwehr mit der Feuerspritze die Stämme und Äste von Rosskastanien und anderen Chausseebäumen abgespritzt, um *Pulvinaria regalis* loszuwerden. Die Vielzahl der weißen Eiersäcke hatte das Missfallen der Anwohner hervorgerufen, die trotz Ausbleiben von stärkeren Saugschäden die allerdings weitgehend umweltschonende Maßnahme veranlasst hatten.

9.2.4 Biologische Populationsregulierung

9.2.4.1 Einsatz von Sexualpheromonen zu Prognosezwecken

Pheromonfallen, die mit weiblichen Sexualpheromonen beködert sind und deshalb männliche Schildläuse anlocken und fangen, können wichtige Informationen hinsichtlich Vorkommen, Populationsstärke und Entwicklungszustand mancher Diaspididen liefern, woraus ein günstiger Zeitpunkt für direkte Bekämpfungsmaßnahmen abzuleiten ist (Hippe 2000). Bei der San-José-Schildlaus (SJS) *Diaspidiotus perniciosus* besteht das Sexualpheromon der Weibchen aus drei Komponenten, von denen jede für sich allein schon attraktiv ist (Abb. 97e). Die dritte ist zum Nachweis von Schildläusen in Obstpflanzungen am besten geeignet. Das Pheromon kann aber auch den Parasitoid *Encarsia perniciosi* (Aphelinidae) anlocken, also als Kairomon wirken. Das Abtöten von Nützlingen in Pheromonfallen (als »Beifang«) ist natürlich nicht wünschenswert. Auch das Pheromon von *Pseudaulacaspis pentagona* (Abb. 97c) ist in gleicher Weise wie das von *D. perniciosus* für Prognosezwecke verwendbar.

9.2.4.2 Verwendung von natürlichen Antagonisten (Nützlingen) im Freiland

Der Import des Marienkäfers *Rodolia cardinalis* von Australien nach Kalifornien (USA) im Jahre 1888 gegen die dort eingeschleppte, in Zitruskulturen sehr schädliche Australische Wollschildlaus *Icerya purchasi* (Monophlebidae), der zu einem durchschlagenden Bekämpfungserfolg geführt hat, war das erste gelungene Beispiel der sog. klassischen Methode der biologischen Schädlingsbekämpfung. Seither wurden zahlreiche Nützlinge aus den Herkunftsländern von Schädlingen mit unterschiedlichem, oft aber gutem bis sehr gutem Erfolg eingesetzt, besonders gegen Schildläuse.

Ein besonders spektakuläres Projekt der biologischen Schädlingspopulationsregulierung wurde in jüngerer Zeit in Westafrika durchgeführt. Dort hatte sich in den 80er- und 90er-Jahren des vergangenen Jahrhunderts die aus dem tropischen Amerika eingeschleppte Maniokschmierlaus *Phenacoccus manihoti* (Abb. 119, 120) stark ausgebreitet und bedrohte die Produktion der Knollenfrucht Maniok (Cassava), eines Grundnahrungsmittels der ländlichen Bevölkerung Afrikas so ernsthaft, dass letzten Endes sogar

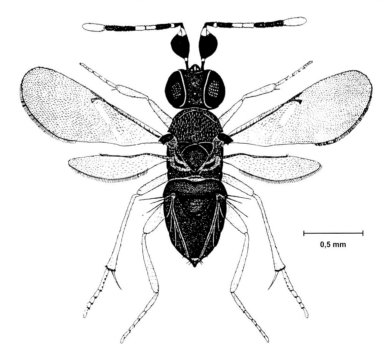

Abb. 118: Weibchen der Encyrtide *Apoanagyrus lopezi*, Parasitoid der Maniokschmierlaus *Phenacoccus manihoti* (Pseudococcidae) in Westafrika (nach GOERGEN 1992).

Abb. 119: Starker Befall von Maniokblattunterseite durch die Pseudococcide *Phenacoccus manihoti* (Foto: H. SCHMUTTERER).

Abb. 120: Eiersäcke von *Phenacoccus manihoti* an gestauchter Triebspitze von Maniok (Foto: H. SCHMUTTERER).

mit Hungersnöten gerechnet werden musste. Auf der Suche nach geeigneten Kandidaten zur Verwendung bei der biologischen Bekämpfung der Schmierlaus wurde im tropischen Amerika die Encyrtide *Apoanagyrus lopezi* (Abb. 118) als vielversprechender Antagonist ermittelt. Sie wurde in Massen gezüchtet und dann in Westafrika in den Befallsgebieten der Maniokschildlaus freigelassen. Unterstützt vom Menschen (Flugzeuge!) konnte sie sich rasch ausbreiten und in wenigen Jahren den Schädling eindämmen

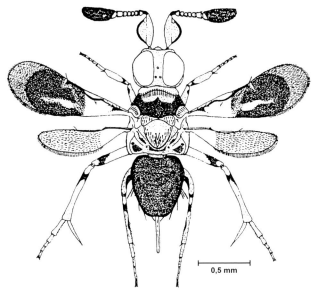

Abb. 121: Dorsalansicht des Weibchens der Encyrtide *Prochiloneurus insolitus*, Hyperparasitoid der Manioksschmierlaus *Phenacoccus manihoti* in Afrika (nach GOERGEN 1992).

(HERREN 1988, HERREN & NEUENSCHWANDER 1991). Etwas später erschien der Erfolg des Projekts dennoch ernsthaft gefährdet, da einheimische Hyperparasitoide wie die Encyrtide *Prochiloneurus insolitus* (Abb. 121) und die Signiphoride *Chartocerus hyalipennis* immer stärker in Erscheinung traten und durch Verminderung der Effizienz des Parasitoiden *A. lopezi* den Bekämpfungserfolg gefährdeten. Genaue Untersuchungen über mehrere Jahre hinweg (GOERGEN 1992) zeigten jedoch, dass die Gefahr durch Hyperparasitoide (Parasitoide 2. Grades) zu hoch eingeschätzt worden war. Die Reduzierung der Zahl der Parasitoide 1. Grades reichte nicht aus, um die Populationsdynamik erneut zugunsten der Schmierlaus zu verschieben.

In diesem Zusammenhang wurde auch dem sog. »host feeding«, der Nahrungsaufnahme der weiblichen Parasitoidenimagines am Wirtsinsekt, eine wesentliche Bedeutung beigemessen. Es ist für die Eierzeugung der Parasitoide wichtig. Die Wirtsschildläuse werden angestochen, ohne dass dabei eine Eiablage stattfindet. Die aus der Stichwunde austretende Hämolymphe wird begierig als Nahrung aufgenommen. Hyperparasitoide wie *Prochiloneurus insolitus* (Encyrtidae) führen ebenfalls ein »host feeding« durch, jedoch wird dabei nicht der Primärwirt, der Parasitoid *Apoanagyrus lopezi* angestochen, sondern der Sekundärwirt, die Schildlaus *Phenacoccus manihoti*. Dies führt zu negativen Folgen bei den betroffenen Schildläusen wie einer Verkürzung der Lebensdauer und einer signifikanten Verminderung der Eizahl. Hierdurch kann ein Teil des Schadens, der durch Reduzierung der Zahl der Primärparasitoide durch die Hyperparasitoide entsteht, als Folge wieder ausgeglichen werden (GOERGEN 1992).

Auch in Mitteleuropa gibt es ein Erfolgsbeispiel für die klassische Methode der biologischen Schädlingsbekämpfung bei Schildläusen im Freiland. Es handelt sich um die bereits im Zusammenhang mit Pheromonen erwähnte, für den Obstbau sehr gefährliche San-José-Schildlaus *D. perniciosus* (SJS), die kurz nach dem 2. Weltkrieg in SW-Deutschland erstmalig bei Mannheim gefunden wurde und sich in den folgenden Jahren rasch in klimatisch begünstigten Gebieten v.a. an Johannisbeersträuchern und Apfelbäumen ausgebreitet hatte. Zu ihrer biologischen Bekämpfung wurde nach großem Aufwand an chemischen Mitteln (Kap. 9.2.5) schließlich ein eingebürgerter Parasitoid, die Aphelinide *Encarsia perniciosi* eingesetzt. Schädling und Parasitoid stammten ursprünglich wahrscheinlich aus dem Fernen Osten (China, Korea). Für die umfangreichen Massenzuchten des wichtigsten Parasitoiden der San-José-Schildlaus wurden zunächst Stämme aus verschiedenen Teilen der USA und asiatischen Ländern herangezogen, die sich entweder parthenogenetisch und bisexuell oder nur bisexuell fortpflanzen. Nachdem sich im Laufe der Jahre eine Überlegenheit der bisexuellen Zehrwespen herausgestellt hatte, wurde ab 1961 nur noch ein bisexueller Stamm aus den USA weiter gezüchtet. Die Massenzucht erfolgte im Labor zunächst auf Wassermelonen aus Südfrankreich, später auch an Kürbissen, da sich diese als lang haltbar und wenig empfindlich erwiesen. Außerdem konnte eine aus Spanien stammende Kürbissorte in Südwestdeutschland im Sommer auch im Freiland angebaut werden, was die Kosten erheblich reduzierte. In der warmen Jahreszeit wurden die im Labor mit SJS infizierten Melonen oder Kürbisse, auf denen durch Zuführung von Parasitoiden auch die natürlichen Feinde vorhanden waren, im Freiland ins Geäst schildlausbefallener Apfelbäume gehängt, so dass die Nützlinge ihre Wirte auch an den Freilandpflanzen parasitieren konnten. Solche Freilassungen wurden einige Jahre wiederholt, bis ein höherer Parasitierungsprozentsatz erreicht war (NEUFFER 1990b; Abb. 122). Im Laufe der Jahre wurden in Südwestdeutschland schätzungsweise 30 Millionen gezüchteter Parasitoide in 62 Gemeinden mit SJS-Befall freigelassen. In den Folgejahren

Ökonomie 241

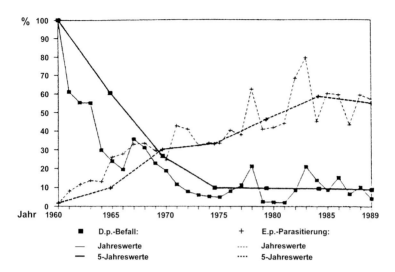

Abb. 122: Befall durch *Diaspidiotus perniciosus* (D.p.) an Apfel und Parasitierungsgrad durch freigelassene *Encarsia perniciosi* (E.p.) in % in Baden-Württemberg von 1960-1989 (nach NEUFFER 1990b).

ging der Schildlausbefall immer weiter zurück, bis keine oder nur noch gelegentliche Bekämpfungsmaßnahmen mit Insektiziden wie Mineralölen z.b. in Baumschulen erforderlich waren. Der Parasitierungsprozentsatz der Schildlauskolonien war dann etwa auf 95% angestiegen. Entsprechende Erfolge wurden auch in der Schweiz und in Frankreich erzielt.

In Südwestdeutschland und der benachbarten Schweiz wurde in den letzten Jahren wieder von einer Zunahme einiger örtlicher Populationen der SJS berichtet, wobei die globale Erwärmung im Spiele gewesen sein könnte. Auch ein Rückgang des Parasitierungsgrades ist beobachtet worden, wofür es bisher keine einleuchtende Erklärung gibt. Frühere Versuche, auch die aus Südeuropa stammende Aphelinide *Encarsia fasciata* zur biologischen Bekämpfung von *D. perniciosus* einzusetzen, führten nicht zum Erfolg. Der Parasitoid konnte zwar zunächst im Freiland angesiedelt werden, verschwand dort aber nach wenigen Jahren wieder vollständig.

9.2.4.3 Einsatz von Nützlingen in Räumen von Wohnhäusern und in Gewächshäusern

Einige Nützlingszuchtfirmen bieten im Handel zur biologischen Bekämpfung gezüchtete Schlupfwespen (Parasitoide) und Marienkäfer (Prädatoren) von Schildläusen an. Die Anwendung dieser Nützlinge an Zimmerpflanzen (z.B. in Blumenfenstern und dgl.), an der Innenraumbegrünung

Farbtafel 5: In Gewächshäusern zur biologischen Bekämpfung von Schildläusen verwendete Nützlinge. **a** Kopulierende Pärchen von *Cryptolaemus montrouzieri*, **b** Käfer (links) und Larve (rechts) von *C. montrouzieri* in Kolonie von *Planococcus citri*, **c** Weibchen von *Leptomastix dactylopii*, **d** Weibchen von *Microterys flavus* bei Eiablage in *Coccus hesperidum*, **e** Weibchen von *Encarsia citrina*, **f** Weibchen von *Coccophagus lycimnia* (Fotos: U. Wyss).

Ökonomie 243

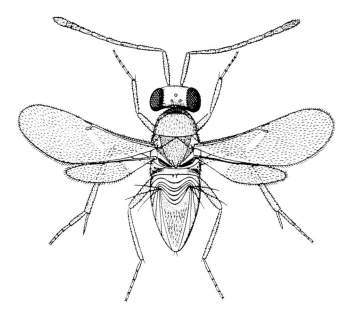

Abb. 123: Weibchen von *Leptomastix dactylopii* (Encyrtidae) (dorsal), verwendet zur biologischen Bekämpfung von Pseudococciden in Gewächshäusern (nach TRJAPITZIN 1989).

und unter Glas in Gewächshäusern muss manchmal nach einiger Zeit wiederholt werden, da sich die freigelassenen Parasitoide und Räuber bei suboptimalen Bedingungen auf die Dauer nicht in hohen Populationen halten können und dann zahlenmäßig ergänzt werden müssen, wenn der Schildlausbefall nicht ganz eliminiert werden kann, was wiederholt der Fall sein kann.

Die von den meisten deutschen Nützlingszuchtfirmen zur biologischen Bekämpfung von Woll- und Schmierläusen angebotene Schlupfwespe ist die Encyrtide *Leptomastix dactylopii* (Farbtafel 5c; Abb. 123), eine aus Nordamerika stammende Art. Ein Weibchen dieser Art kann bis zu 200 Eier einzeln in 3. Larvenstadien oder junge Weibchen der Wirtsinsekten wie z.B. *Planococcus citri* legen. Die parasitierten Wollläuse wandeln sich in tönnchenförmige Mumien um, aus denen nach einigen Tagen die jungen, gelbbraunen Wespen schlüpfen, die sich zunächst von Honigtau, später im Falle der Weibchen auch von der Hämolymphe der Wirtstiere ernähren. Neben *L. dactylopii* wird die nah verwandte Art *L. abnormis* zur Wolllausbekämpfung kommerziell vertrieben, darüber hinaus noch einige weitere Encyrtiden- und Aphelinidenarten, die für die Bekämpfung von Coccinen (Napfschildläusen) geeignet sind. Letztere sind z.B. *Coccophagus*-Arten wie

C. lycimnia (Farbtafel 5f). Die räuberische Coccinellide *Cryptolaemus montrouzieri* (Farbtafel 5a, b) stammt aus Australien und wird unter Glas wie *L. dactylopii* v.a. gegen Woll- und Schmierläuse (Pseudococcidae) zum Einsatz gebracht. Die schwarzbraunen, mit orangegelbem Halsschild versehenen Käfer leben als voll entwickelte Insekten von verschiedenen Entwicklungsstadien ihrer Wirtstiere, während ihre mit schneeweißen Wachssekreten bedeckten, schmierlausähnlichen Larven v.a. Eier und Junglarven aussaugen. Eine Generation von *C. montrouzieri* benötigt zur Entwicklung bei 18°C 70, bei 30°C nur 25 Tage (FORTMANN 1993).

9.2.5 Chemische Bekämpfung

9.2.5.1 Vorbemerkungen

Bei der chemischen Bekämpfung schädlicher Schildläuse sollte wie bei der anderer Schadinsekten der Grundsatz gelten, dass nur dann ein Gebrauch solcher Mittel gerechtfertigt ist, wenn alle anderen Bekämpfungsmöglichkeiten versagt haben oder nicht anwendbar sind. Bei manchen Produkten wie Organophosphaten ist überdies besondere Vorsicht geboten, da diese eine beträchtliche Giftigkeit auch für Warmblüter aufweisen können.

Wie kostspielig die chemische Bekämpfung von Schildläusen sein kann, soll am Beispiel der San-José-Schildlaus (SJS) beleuchtet werden (NEUFFER 1990a,b). 1954 wurden 15 Millionen Liter bezuschusste Spritzbrühe zur Winterspritzung (320t Carbonöl, 173t Gelböl und 8t Mineralöl) gegen den Schädling eingesetzt. Im früheren Kreis Brühl (Baden-Württemberg) wurden 1960 7000 Obstbäume und 12500 Johannisbeersträucher wegen SJS-Befalls gerodet, außerdem mussten um diese Zeit insgesamt 18 stationäre oder fahrbare Gashallen für Entwesungszwecke mit Blausäure unterhalten werden.

Die chemische Bekämpfung von Schildläusen im Freiland kommt in Deutschland im Haus- und Kleingarten, im Obst- und Weinbau sowie an Ziergehölzen in Frage, außerdem an Zimmerpflanzen, an der Innenbegrünung in Wintergärten und in Gewächshäusern. Im Handel werden einige amtlich zugelassene, also auch auf ihre Wirkung überprüfte Produkte angeboten, die im Folgenden kurz besprochen werden.

9.2.5.2 Insektizide zur Schildlausbekämpfung

9.2.5.2.1 Natürliche Insektizide aus Höheren Pflanzen (incl. Pflanzensamenöle) und Actinomycetenmetabolite

MICULA und NATUREN AF Schädlingsfrei/Schildlausfrei/Austriebsmittel (Fa. Scotts Celaflor, Mainz) sowie PROMANAL Austriebsmittel (Fa. Neudorff, Emmerthal) sind Produkte auf Rapsölbasis, also natürliche Insektizide und Akarizide. Sie verursachen den Erstickungstod kleiner Insekten und Milben. Die Herstellerfirmen empfehlen die Mittel u.a. zur Bekämpfung von Napfschildläusen (Coccidae) an Zwetschgenbäumen, wobei es sich v.a. um *Parthenolecanium corni*, in warmen Lagen (Weinbauklima) gelegentlich auch um *Sphaerolecanium prunastri* handelt. Die Mittel sind nicht bienengefährlich und dürfen deshalb auch in die offene Blüte gespritzt werden. Je Meter Kronenhöhe sind ca. 10l/ha erforderlich. Das Produkt GENOL Plant (Fa. Syngenta Agro AG, Dielsdorf, Schweiz) enthält ebenfalls Rapsöl als »Wirkstoff«. Es wird im Obstbau und bei Ziergehölzen zur Spritzung beim Austrieb gegen Napfschildläuse (Große Obstbaumschildlaus *Parthenolecanium corni*), Spinnmilben und andere Schädlinge empfohlen.

SPRUZIT AF Schädlingsfrei (Fa. Neudorff, Emmerthal) ist eine Mischung aus Rapsöl und Pyrethrinen, die aus Blüten von Korbblütlern wie *Tanacetum cinerariaefolium* gewonnen werden. Der Hersteller empfiehlt ihre Anwendung in Gewächshäusern und gegen Schild- und Schmierläuse an Zimmerpflanzen. Die Anwendungsmenge richtet sich nach der Größe der zu behandelnden Pflanzen. Die Giftigkeit der Mischung ist für Warmblüter gering, während bei Bienen keine Wirkung nachgewiesen worden ist.

Das NATUREN Pflanzenspray HORTEX NEU und weitere, ähnliche Produkte der Fa. Scotts Celaflor, Mainz enthalten Pyrethrine als natürliche Insektizide. Den Mitteln sind pflanzenverträgliche Öle zugesetzt. Sie sind in Haus- und Kleingärten an Zierpflanzen anwendbar. Da sie bienengefährlich sind, ist eine Spritzung offener Blüten nicht statthaft.

Manche Produkte wie COMPO Fazilo Garten-Spray enthalten Mischungen von Pyrethrinen und dem mikrobiellen Metaboliten Abamectin, der aus dem Strahlenpilz *Streptomyces avermitilis* gewonnen wird. Das Mittel ist gegen Schildläuse, andere kleine Insekten und Spinnmilben wirksam. Es gilt als bienengefährlich.

9.2.5.2.2 Mineralöle

KONTRALINEUM (Fa. biflor-Gesellschaft, Aiglsbach) ist ein Insektizid und Akarizid, das als Wirkstoffe Mineralöle enthält, die den Erstickungstod der Zielschädlinge bewirken. Es ist gegen Schildläuse im Zierpflanzenbau im Freiland zugelassen. Die Aufwandmenge beträgt 2%. Das Mittel ist für Bienen harmlos.

PROMANAL NEU Austriebsmittel (Fa. Neudorff, Emmerthal) ist eines von mehreren, bienenungefährlichen Austriebsspritzmitteln, die ebenfalls auf Mineralölbasis beruhen. Diese Präparate sind im Freiland an Kernobst von der Vegetationsruhe bis zum Mausohrstadium an Apfel (grüne Blattspitzen länger als die Knospenschuppen von 10mm Länge) anzuwenden. Je Meter Kronenhöhe reichen ca. 10l/ha aus. Die Mittel werden gegen die Coccide *Parthenolecanium corni* an Obstbäumen und gegen die Diaspididen *Diaspidiotus perniciosus, Epidiaspis leperii, Pseudaulacaspis pentagona* und andere Arten wie Schmierläuse angewendet.

PROMANAL AF Neu Schild- und Wolllausfrei und weitere Produkte des gleichen Herstellers (Fa. Neudorff, Emmerthal) sind ebenfalls mineralölhaltige Präparate, die gegen Cocciden (Napfschildläuse) und Pseudococciden (Woll- und Schmierläuse) an Zimmerpflanzen und in Kleingärten wirksam sind.

PARA SOMMER (Fa. Stähler, Stade) und ELEFANT-SOMMERÖL (Fa. Elefant, Hannover) sind zwei weitere Produkte auf Mineralölbasis, die zur Bekämpfung von Cocciden an Kern-, Stein- und Beerenobst sowie an Zierpflanzen im Freiland eingesetzt werden können.

9.2.5.2.3 Vollsynthetische Produkte

Bayer Garten Schädlingsfrei PROVADO® (Bayer CropScience Deutschland GmbH, Langenfeld) enthält das Nicotinoid Imidacloprid als Wirkstoff. Dieser zeichnet sich durch eine gute systemische Wirkung aus, d.h. die Wirksubstanz wird über die Leitgefäße in der gesamten Pflanze verteilt, so dass auch versteckt sitzende Schädlinge sicher erfasst werden. Das Produkt ist zugelassen gegen saugende Schädlinge, einschließlich Schild- und Schmierläuse, an Zierpflanzen im Haus- und Kleingartenbereich. Aufgrund der Bienengefährlichkeit kommt eine Spritzung in die offene Blüte nicht in Frage. Die Giftigkeit für Warmblüter ist relativ gering.

Die Bayer Garten Combistäbchen LIZETAN® neu (Bayer CropScience Deutschland GmbH, Langenfeld) enthalten gleichfalls Imidacloprid als Wirkstoff und einen Spezialdünger zur Basisernährung. Das Produkt zeichnet sich durch ein breites Wirkungsspektrum gegen saugende Schädlinge an Zierpflanzen in Zimmern, Büroräumen, Wintergärten sowie Gewächshäusern aus. Pro Liter Substrat ist ein Stäbchen, das in den Boden in der Nähe der Pflanzenbasis gesteckt wird, zu verwenden. Damit sind Langzeitschutz, Pflanzenstärkung und Düngung für bis zu 16 Wochen gewährleistet.

Das Bayer Garten Combigranulat LIZETAN® (Bayer CropScience Deutschland GmbH, Langenfeld) enthält ebenfalls Imidacloprid als Wirksubstanz und einen Spezialdünger zur Basisernährung. Es wird gegen saugende Schädlinge, einschließlich Coccicden (Napfschildläuse) wie *Saissetia coffeae* an Pflanzen in Zimmern, in Büroräumen sowie Wintergärten empfohlen. Das Streumittel eignet sich vor allem für größere Leitgefäße, wobei sich die Aufwandmenge nach der Größe des Topfes richtet (1-10g/Topf).

Bayer Garten Zierpflanzenspray LIZETAN® (Bayer CropScience Deutschland GmbH, Langenfeld) ist eine Mischung des Nicotinoids Imidacloprid mit dem Carbamat Methiocarb. Durch diese Wirkstoffmischung werden saugende und beißende Insekten sowie Spinnmilben an Zimmer- und Zierpflanzen im Haus und Garten erfasst. Da eine Bienengefährlichkeit besteht, darf es nicht bei blühenden Pflanzen angewendet werden.

Schädlingsfrei CAREO Spray, Schädlingsfrei CAREO Konzentrat, Schädlingsfrei CAREO Combi-Granulat, Schädlingsfrei CAREO Combi-Stäbchen und Schädlingsfrei CAREO Klick & Go der Fa. Scotts Celaflor, Mainz, enthalten das Neonicotinoid Acetamiprid als Wirkstoff, der sich besonders durch seine gute systemische Wirkung auszeichnet, also gefäßleitbar ist. Somit wird er in der behandelten Pflanze auch in äußerlich nicht kontaminierte Teile transportiert. Die Combi-Stäbchen werden in der Umgebung befallener Pflanzen in den Boden gesteckt. Sie enthalten auch Nährstoffe, was eine Düngewirkung nach sich zieht. Acetamiprid zeigt eine breite Wirkung auf pflanzensaftsaugende Insekten und andere Schädlinge incl. Raupen und Spinnmilben. Den Produkten Schädlingsfrei CAREO und Schädlingsfrei CAREO Rosenspray sowie CAREO Rosenspray sind pflanzenverträgliche Öle zugesetzt, die die Wirkung verstärken. Die Spritzmittel sind nicht bienengefährlich.

Das Neonicotinoid Thiacloprid ist in Bayer Garten Schädlingsfrei Calypso® (Bayer CropScience Deutschland GmbH, Langenfeld) enthalten. Dieser Wirkstoff ist hochwirksam gegen saugende und beißende Schädlinge an Zierpflanzen und Gehölzen im Haus und Garten, aber bienenungefährlich, da er von Bienen rasch in unschädliche Abbauprodukte überführt und ausgeschieden wird. Aufgrund der systemischen Eigenschaften kann das Produkt gespritzt oder gegossen werden und ist damit besonders anwenderfreundlich. Ein weiteres Neonicotinoid ist Thiamethoxam, das in COMPO Axoris Insekten-frei Quick-Granulat (COMPO GmbH & CO KG, Münster) enthalten ist. Auch diese Präparate zeigen bei Schild- und Schmierläusen eine systemische Wirkung. Thiamethoxam ist als Spritzmittel bienengefährlich. Bei COMPO Axoris Insekten-frei AF handelt es sich um ein Gemisch von Thiamethoxam und Abamectin (Streptomycetenmetabolit).

MOVENTO® (Bayer CropScience Deutschland GmbH, Langenfeld), das den Wirkstoff Spirotetramat aus der chemischen Klasse der Ketoenole enthält, wurde erst vor kurzem in den Handel gebracht. Das Insektizid hat eine vollsystemische Wirkung, d.h. es wird im Phloem und Xylem behandelter Pflanzen in beide Richtungen geleitet, auch in die Wurzeln, wobei es sich um eine einzigartige Wirkung handelt. Die translaminare Aufnahme des Wirkstoffes ist ebenfalls sehr gut. Infolge seiner spezifischen Wirkungsweise bei Insekten – Hemmung der Lipidbildung – ist MOVENTO® als Lipid-Biosynthesehemmer zu bezeichnen. Kreuzresistenz gegen andere Insektizide wurde nicht beobachtet.

MOVENTO® wirkt bei Deckelschildläusen (Diaspididen), Schmierläusen, Blattläusen, Weißen Fliegen sowie anderen saugenden Insekten und Spinnmilben. Trotzdem ist das Mittel für Nützlinge wie Marienkäfer und Florfliegen ungefährlich, was es für die Integrierte Schädlingsbekämpfung als geeignet erscheinen lässt. Das Abbauverhalten wird als günstig beurteilt. Gegenüber Honigbienenbrut erweist sich die Substanz als giftig. Das Mittel ist derzeit – gegen Ende 2008 – in Deutschland amtlich noch nicht zugelassen.

COMPO Zierpflanzen-Spray D (Fa. COMPO GmbH & Co KG, Münster) enthält als Wirkstoff das Organophosphat Dimethoat, das schon lange gegen saugende Insekten angewendet wird. Es hat eine starke systemische Wirkung. Das Mittel ist gegen Schildläuse im Haus- und Kleingartenbereich an Zierpflanzen nur unter Glas zugelassen. Wegen Bienengefährlichkeit kommt eine Spritzung in die offene Blüte nicht Frage. Da Dimethoat auch für Warmblüter nennenswert giftig ist, sollte es mit entsprechender Vorsicht eingesetzt werden.

PERFECTHION (Fa. BASF, Limburgerhof) und ROGOR 40 L (Fa. ISAGRO Sp. A., Mailand) sind zwei weitere, dimethoathaltige, zur Schildlausbekämpfung im Haus- und Kleingarten an Zierpflanzen unter Glas zugelassene Mittel, für die praktisch das Gleiche gilt wie für COMPO Zierpflanzen-Spray D.

9.2.6 Integrierte Bekämpfung

Unter integrierter Schädlingsbekämpfung (»Integrated Pest Management«) wird eine Verknüpfung aller möglichen vorbeugenden und direkten Bekämpfungsmaßnahmen verstanden, wobei eine sog. wirtschaftliche Schadensschwelle – genauer noch Bekämpfungsschwelle – zu berücksichtigen ist. Das Ziel ist eine Niederhaltung von Schädlingspopulationen unter den genannten Schwellen, wobei v.a. auch natürliche Begrenzungsfaktoren von Schadinsekten wie Prädatoren (Räuber) und Parasitoide zur Geltung kommen sollten. Um den Nützlingen die Möglichkeit zu möglichst optimaler Wirkung zu geben, sollten sie durch ein besonderes Ökosystem-Management gefördert werden, z.B. durch Anbau und Förderung nektar- und pollenliefernder Pflanzen in Obstbaumbeständen für räuberische und parasitische Coleopteren, Hymenopteren und Dipteren. Im Falle chemischer Bekämpfungsmaßnahmen ist die Wahl selektiver Mittel, bei der Schildlausbekämpfung z.B. von Mineral- und Pflanzenölen wichtig. Auch die Wahl des richtigen Anwendungszeitpunktes kann sogar bei nicht selektiven Mitteln zu Nützlingsschonung führen, wenn beispielsweise eine Spritzung zu Frühjahrsbeginn (Vorblütenspritzung) erfolgt, wenn die meisten Nützlinge noch nicht oder nur wenig aktiv sind und deshalb auch kaum getroffen werden können.

9.2.7 Insektizidresistenz

Wenn besonders synthetische Insektizide über längere Zeiträume in kurzen Zeitabständen gegen Insekten, darunter auch Schildläuse angewendet werden, kann es bei entsprechender genetischer Veranlagung der Schädlinge zu einer Anpassung an die chemischen Wirkstoffe kommen. Die Wirkung nimmt dann allmählich ab, bis eine Grenze erreicht ist, die eine weitere wirtschaftliche Anwendung der Bekämpfungsmittel ausschließt. Es muss dann nach neuen, noch wirksamen Produkten gesucht oder es müssen ganz neue synthetisiert werden.

Auch die Schildläuse gehören zu den Insektengruppen, bei denen im Laufe der Zeit mit zunehmender Intensivierung von Land- und Forstwirtschaft Resistenz beobachtet worden ist. Ein besonders spektakulärer Fall war die Anpassung von Zitrusschildläusen, v.a. Diaspididen, an die für Warmblüter sehr giftige Blausäure (HCN), die etwa in der Mitte des 20. Jhs. erfolgte. Die Vergasung der Schildläuse unter Zelten musste damals eingestellt werden, da die Blausäure die Schildläuse nicht mehr ausreichend schädigte, aber zu einem zunehmenden Problem für die Wirtspflanzen wurde (SCHMUTTERER et al. 1957). In der Folgezeit kam eine Vielzahl von Mitteln wie chlorierte Kohlenwasserstoffe, Organophosphate, Carbamate und Mineralöle oder Gemische aus mehreren Produkten zum Einsatz. Auch gegen einige von diesen Präparaten hat sich insbesondere im tropischen Obstbau Resistenz von Schildläusen eingestellt. Manche Mittel, v.a. systemische (= gefäßleitbare) wie Dimethoat haben sich aber erstaunlich lang gehalten und werden heute noch verwendet, u.a. an Zierpflanzen. Gegen junge Larvenstadien z.B. von Cocciden können Pflanzenöle wie Rapsöl mit gutem Erfolg eingesetzt werden, wobei wegen der besonderen Wirkungsweise der Öle (Erstickungstod) mit Resistenzentwicklung kaum zu rechnen ist.

Gegen das gefäßleitbare (systemische) Nicotinoid Imidacloprid, das schon seit einigen Jahren in der Praxis verwendet wird (Kap. 9.2.5.2.3), ist bei Schildläusen in Deutschland bisher noch keine Resistenz aufgefallen, aber in Spanien bei Mottenschildläusen (Aleyrodina) wie *Bemisia tabaci* an Paprika. Im Übrigen versucht die chemische Industrie mit beträchtlichem Aufwand ein »Resistenz-Management« in Gang zu bringen, um eine Resistenzentwicklung zu vermeiden oder wenigstens möglichst lang hinauszuschieben. Hierbei spielt die Beschränkung der Anwendung bestimmter Präparate oder Vermeidung ihres Einsatzes für bestimmte Zeiträume und Gebiete sowie andere Vorbeugungsmaßnahmen eine große Rolle. Auf diese Weise sind aber durchaus gute Erfolge zu erzielen, was bei den Anbauern aber große Kooperationsbereitschaft voraussetzt. Ein weiterer Weg zur Reduzierung der Insektizidresistenzbildung ist die integrierte Schädlingsbekämpfung (»Integrated Pest Management«) (Kap. 9.2.6).

10 Sammeln, Haltung und Zucht

10.1 Sammeln

Beim Schildlaussammeln sollten einige Verhaltensregeln berücksichtigt werden, damit es erfolgreich durchgeführt werden kann und auch versteckt lebende Arten erfasst werden. Sehr sinnvoll ist es, sich nach den weißen Wachsabsonderungen der Schildläuse zu orientieren, die oft fast das ganze Jahr über vorhanden sind oder zumindest in bestimmten Jahreszeiten vermehrt erzeugt werden. Wenn weiße Schilde gebildet werden wie bei weiblichen und männlichen Diaspididen der Gattungen *Leucaspis, Chionaspis, Aulacaspis, Diaspis* oder *Pseudaulacaspis*, so kann man die Schildläuse, die diese produzieren, relativ leicht entdecken. Das Gleiche gilt dann, wenn die Eiablage in weiße Eiersäcke erfolgt wie z.B. bei Cocciden (*Luzulaspis, Eriopeltis, Pulvinaria, Parafairmairia* u.a.). Auch die anfangs weißen, ovalen Eiersäcke der Eriococciden kann man an Blättern von Gräsern und anderen Pflanzen relativ leicht entdecken. Ziemlich auffällig sind solche Schildlausarten, die viel Wachs zum direkten Schutz ihres Körpers (z.T. auch ihrer Brut) produzieren. Dabei handelt es sich u.a. um die Ortheziiden, die Putoiden und manche Pseudococciden wie *Puto pilosellae* (Abb. 15), *Dysmicoccus walkeri* und *Heliococcus bohemicus*. Bei der Orientierung allein nach weißer Farbe kann es natürlich auch zahlreiche Enttäuschungen geben, v.a. durch Vogelkot oder Gespinste von Spinnen. Insbesondere dann, wenn es längere Zeit nicht mehr ergiebig geregnet hat, hält sich Vogelkot teilweise sehr lang an Bäumen und Sträuchern und täuscht so Eiersäcke von Schildläusen vor. Wenn Kolonien eierlegender Schildläuse gefunden sind, so sollten diesen nach Möglichkeit nur jüngere Weibchen entnommen werden, um auf diese Weise Material zu gewinnen, das sich für die Anfertigung von Dauerpräparaten besonders gut eignet, was bei alten Weibchen weniger zutreffend ist.

Im Frühjahr ist eine erfolgreiche Sammeltätigkeit manchmal auch mit Hilfe honigtausammelnder Ameisen möglich, die meist nicht ziellos an Sträuchern und Bäumen umherwandern, sondern gezielt Schildläuse, insbesondere Cocciden aufsuchen und dadurch den Sammler direkt zu ihnen führen.

Die Suche nach Schildläusen in der Krautschicht ist bei bewölktem Wetter oft erfolgreicher als bei sonnigem, da sich dann bei Vorhandensein von Wassertropfen weniger störende Lichtreflexe ergeben.

Beim Sammeln von Schildläusen an Wurzeln, am Wurzelhals oder unter Blattscheiden an Gräsern sind andere Methoden anzuwenden als bei den oberirdisch lebenden Arten. An »schildlausverdächtigen« Standorten wie warmen Südhängen sind einzelne Grashorste sorgfältig auszugraben und zunächst in Plastikbeuteln unterzubringen. Im Labor sind die Pflanzen dann entweder vorsichtig in ihre einzelnen Teile zu zerlegen oder sie sind in Berlesetrichtern, die mit einer Lichtquelle versehen sind, für mehrere Tage unterzubringen, bis alle Schildläuse aus ihnen ausgewandert sind und sich in dem am Grunde des Trichters befindlichen Gefäß gesammelt haben. Bei sehr leichtem Boden lassen sich die Wurzeln von Gräsern schon im Freiland leicht nach Schildläusen, die sich meist – wie Pseudococciden – durch weiße Wachsabsonderungen verraten, untersuchen.

Auf intensiv landwirtschaftlich genutztem Gelände, das oft mit Anwendung von Chemikalien in Verbindung steht, kommt in der Regel in der Krautschicht nur eine geringe Zahl von Schildlausarten und -individuen vor. Wenig artenreich ist auch die Schildlausfauna in dichten, schattigen Wäldern, wenn man von den oft vegetationsreichen Waldrändern absieht. Am artenreichsten erweisen sich sonnige, trockene, von zahlreichen Pflanzenarten besiedelte und vom Menschen nur wenig oder nicht gestörte Standorte mit günstigen Klimabedingungen, z.B. im sog. Weinbauklima Westdeutschlands. Als besonders günstige Monate für das Sammeln von Schildläusen können nach eigenen Erfahrungen die Monate Mai, Juni, Juli, eingeschränkt auch September gelten. Wenn das Frühjahr sehr warm ist, kann auch schon in der zweiten Aprilhälfte eine erfolgreiche Sammeltätigkeit erfolgen. Wie bei vielen anderen Insekten kann auch eine Suche nach Schildläusen unter Steinen sehr sinnvoll sein. Arten wie *Ortheziola vejdovskyi, Phenacoccus hordei, Fonsolombia europaea* und *F. tomlinii* sind hier ziemlich regelmäßig anzutreffen. Die Steine sollten nach dem Umdrehen wieder an ihren alten Platz verbracht werden.

10.2 Haltung und Zucht

Die Schildläuse sind als spezialisierte Pflanzensaftsauger in der Regel so stark von ihren Wirtspflanzen abhängig, dass normalerweise nur ein ständiger intensiver Kontakt mit diesen eine Haltung über längere Zeit und auch Zucht ermöglicht. Eine Ausnahme bilden die Ortheziiden, die selbst nach mehrtägiger oder noch längerer Hungerzeit nicht absterben. *Newsteadia floccosa* hält sich monatelang in feuchtem, verrottendem Laub und anderem organischem Material, ohne dadurch Schaden zu nehmen, vielleicht auch deshalb, weil sie an Pilzhyphen Nahrung aufnehmen kann (SCHMUTTERER 1952b). Wenn Schildläuse für längere Zeit, d.h. Tage, Wochen oder Monate unter kontrollierten Bedingungen an ihren Wirtspflanzen gehalten werden sollen, so müssen im Hinblick auf Temperatur und relative Luftfeuchtigkeit günstige Bedingungen herrschen, da sonst eine hohe Mortalität die Folge ist. Als relativ leicht erweist sich die Haltung und Zucht eingeschleppter Arten an Zimmer- und Gewächshauspflanzen. Auch im Sommer im Freiland stehende Kübelpflanzen können zu diesem Zweck gute Dienste leisten.

Im Labor oder in anderen geeigneten Räumen ist eine langfristige Zucht bestimmter Arten wie der Diaspidide *Diaspidiotus perniciosus* an Früchten wie Melonen oder Kürbissen sehr gut möglich. Auf ein- und derselben Frucht ist die Entwicklung mehrerer Generationen hintereinander möglich. Für andere Arten wie z.B. Pseudococciden ist die wochenlange Haltung an Kartoffelknollen oder Kartoffeltrieben eine gängige Praxis, v.a. wenn z.B. viele Schildläuse für Versuchszwecke mit Schädlingsbekämpfungsmitteln benötigt werden. Hierzu eignet sich u.a. die Pseudococcide *Planococcus citri*, also eine in mitteleuropäischen Gewächshäusern und an Zimmerpflanzen häufige Art. Auch manche Diaspididen können an Kartoffelknollen gezüchtet werden.

Sorgfältig und mit reichlich Wurzelwerk getopfte Wildkräuter und -gräser lassen sich unter den Bedingungen des gemäßigten Klimas bei guter Pflege im Sommer monatelang am Leben erhalten, was auch für einige Schildlausarten, die an den Wurzeln oder Blätter leben, gültig ist, z.B. Pseudococciden und Eriococciden.

Sehr spezialisierte Arten wie Asterolecaniiden und Diaspididen können nur zu Beginn des 1. Larvenstadiums mit Hilfe eines feinen Haarpinsels erfolgreich von Pflanze zu Pflanze übertragen werden. Sie beginnen nach meist kurzer Wanderphase und dem Festsetzen mit der Sekretion ihres Schildes bzw. ihrer kapselartigen Hülle und sind dann nicht mehr zur Ortsveränderung befähigt.

Bei einigen Pseudococciden und manchen Cocciden (z.B. *Pulvinaria* spp.) sind schon die Eigelege von einer Pflanze zur anderen übertragbar. Die Junglarven suchen sich dann nach dem Schlüpfen selbst geeignete Plätze, an denen sie sich festsetzen und weiter entwickeln können.

Eine kurzfristige Haltung über mehrere Tage bis Wochen z.B. für die Beobachtung von Häutungen ist bei Zweit- und Drittlarven von Cocciden wie *Parthenolecanium* spp. und *Eulecanium* spp. gut möglich, wenn man Zweige oder kleine Äste, an denen die Insekten im Frühjahr sitzen, ins Labor verbringt und in Wasser stellt. Die Entwicklung zur Imago lässt sich hier im Vergleich zum Freiland erheblich beschleunigen und man kann zur Herstellung von Dauerpräparaten besonders geeignetes Material, z.B. junge Weibchen, anhand hängengebliebener Exuvien leicht erkennen. Auf ähnliche Weise lassen sich männliche Entwicklungsstadien halten, wenn die Larven kurz nach der Bildung des Männchen-Schildes oder der Männchen-Kokons ins Labor an Wirtspflanzenteilen in verschlossene Glasgefäße verbracht werden, bis die voll entwickelten Männchen den Schild/Kokon verlassen haben, umherwandern und gesammelt werden können.

10.3 Präparation und Aufbewahrung

10.3.1 Präparation

Schon beim Sammeln oder kurz danach werden Schildläuse in der Regel in 70-75%igem Äthanol konserviert. In dieser Flüssigkeit verbleiben sie solange, bis sie zur Herstellung mikroskopischer Dauerpräparate Verwendung finden. Ohne solche Präparate von möglichst guter Qualität wäre eine wissenschaftliche Arbeit mit Schildläusen nicht ergiebig, ja praktisch unmöglich, wobei auch zu bedenken ist, dass viele Arten mit bloßem Auge praktisch nicht identifizierbar sind.

Wenn zytogenetische oder histologische Untersuchungen beabsichtigt sind, kann man lebende Weibchen und Männchen in einer frisch angesetzten Mischung aus 4 Teilen Chloroform, 3 Teilen 100%igem Äthanol und 1 Teil Eisessig für 48 Stunden fixieren und anschließend in 70%igem Äthanol aufbewahren.

Für die Herstellung von Dauerpräparaten werden mehrere Methoden vorgeschlagen, von denen die lang bewährte von WILKEY (1952) für kleine Arthropoden in mehr oder weniger abgewandelter Form oft auch mit Erfolg für Schildläuse verwendet wird (KOSZTARAB & KOZÁR 1988). Sie wird hier in sieben Schritten beschrieben:

1. Trockene oder in Äthanol konservierte Schildläuse werden direkt in 10%ige Kalilauge gebracht. Lebende Läuse werden zunächst in erhitztes 70-75%iges Äthanol überführt und dann in solches mit normaler Temperatur für 2 Stunden gebracht, anschließend in 10%ige Kalilauge.
2. Die Kalilauge wird allmählich erhitzt, wobei ein Kochen zu vermeiden ist. Das Erhitzen wird solange fortgesetzt, bis sich die Schildläuse aufhellen. Empfindliche Arten werden über Nacht in 5%iger Kalilauge belassen und brauchen dann nicht mehr erhitzt zu werden.
3. In den Seitenrandbereich oder in den Rücken der Schildläuse wird mit einer feinen Nadel ein Loch gestochen, durch das der aufgelöste Körperinhalt mit Hilfe eines Spatels langsam und vorsichtig herausgedrückt wird.
4. Wenn die Schildläuse durchsichtig geworden sind, werden sie für 10 bis 15 Minuten in destilliertes Wasser oder 95%iges Äthanol übertragen.
5. Die Schildläuse werden in Essig's Blattlausflüssigkeit, die auch Färbemittel wie Säurefuchsin, Ligninrosa und Erythrosin enthält, übertragen und vorsichtig 5 bis 10 Minuten lang erhitzt (Cocciden ca. 5 bis 20, Pseudococciden 10 bis 60, Diaspididen 10 bis 30 Minuten). Essig's Blattlausflüssigkeit setzt sich wie folgt zusammen: 20 Teile Milchsäure (85%ig), 6 Teile Eisessig, 2 Teile Phenol (in destilliertem Wasser gesättigt) und einem Teil destilliertem Wasser.
6. Die Objekte werden in 95%iges Äthanol übertragen, wo sie verbleiben, bis überschüssiges Färbemittel entfernt ist. Anschließend erfolgt eine Übertragung in Nelkenöl für 5 bis 15 Minuten und schließlich die Einbettung in Canadabalsam auf Objektträgern. Am Schluss wird der Canadabalsamtropfen durch ein Deckgläschen abgedeckt.
7. Schließlich werden die Präparate für ca. 2 Wochen in einen Wärmeschrank (40°C) gebracht. Nach dem Trocknen erfolgt die Etikettierung und Unterbringung in einer Sammlung für Dauerpräparate.

Eine einfachere Methode, bei der auf eine Färbung der Objekte verzichtet wird, kann in fünf Schritten wie folgt angewendet werden (SCHMUTTERER 1959):

1. Die Schildläuse werden bis zu 3 Tage in einer Mischung von Tetrachlorkohlenstoff und 95%igem Äthanol (1:1) entfettet. Diese Entfettung ist besonders dann erforderlich, wenn die Objekte weniger als 2 Jahre in Alkohol gelegen haben.
2. Die Schildläuse werden nun mit einer feinen Nadel angestochen und anschließend in 10%ige Kalilauge überführt, in der sie etwa 1 Stunde bleiben. Anschließend erfolgt ein vorsichtiges Erhitzen, das dann beendet wird, wenn sich die Insekten aufgehellt haben.

3. Die Schildläuse werden unter dem Stereomikroskop mit einem Spatel vorsichtig ausgedrückt, bis sie vollkommen leer erscheinen.
4. Die Läuse werden in Chloralphenol (verflüssigtes, mit Chloralhydrat gesättigtes Phenol) gebracht und vorsichtig erhitzt.
5. Die Objekte werden auf Objektträgern in einem Polyvinyl-Lactophenolgemisch eingebettet, nachdem ihnen auf einem saugfähigen Material überschüssiges Chloralphenol entzogen worden ist. Abschließend erfolgt die Trocknung der Dauerpräparate im Trockenschrank bei 40°C.

Auf eine Färbung kann, wie schon erwähnt, wegen des guten Lichtbrechungsindexes des Polyvinyl-Lactophenolgemisches verzichtet werden.

Die Dauer der Erhitzung in Kalilauge (2. Schritt) ist von Art zu Art sehr verschieden. Bei Cocciden und bestimmten Eriococciden ist sie in der Regel länger bis wesentlich länger als bei den meisten Pseudococciden und Diaspididen.

Einige der für die Schildlauspräparation verwendeten Chemikalien sind toxisch bis sehr toxisch, weshalb beim Umgang hiermit Vorsicht geboten ist. Dasselbe gilt bei der Entsorgung.

10.3.2 Aufbewahrung

Schildläuse können feucht in 70-75%igem Äthanol, trocken oder in Form von Dauerpräparaten aufbewahrt werden. Bei feuchter Aufbewahrung muss von Zeit zu Zeit Alkohol nachgefüllt werden, wenn er aus Gläschen oder selbst Plastikfläschchen verdunstet sein sollte. Bei trockener Aufbewahrung werden Zweige, Rindenstücke, Blätter und andere von Schildläusen besiedelte Pflanzenteile getrocknet und dann in dichten Behältern untergebracht. Vorher sollten diese Proben nach Möglichkeit desinfiziert werden, d.h. Vorratsschädlinge und dgl. sind zu beseitigen, was z.B. durch Räuchern mit Schwefel möglich ist.

Dauerpräparate werden am besten in Kästen für mikroskopische Präparate, wie sie im Handel angeboten werden, untergebracht. Vorher sollten sie noch sorgfältig etikettiert werden (Gattung, Art, Wirtspflanze, Autor, Sammler, Fundort, Datum, Einbettungsmaterial).

11 Naturschutzmaßnahmen für seltene Schildlausarten

Obwohl Schildläuse den meisten Menschen wohl überhaupt nicht bekannt sind und selbst für Entomologen gewöhnlich keine so attraktiven Insekten darstellen wie z.b. Schmetterlinge oder Käfer, sollten sie von uns geschützt werden, um ein Aussterben seltener Arten zu verhindern und damit die Artenvielfalt der Insekten und anderer Tiere in Mitteleuropa zu erhalten oder zu fördern. Viele Schildläuse haben besonders über ihren Honigtau Kontakte mit anderen Kerbtieren oder dienen diesen oft als Wirte oder Beute.

Da Schildläuse in Deutschland v.a. dort vorkommen, wo der Mensch nicht oder nur wenig in Natur und Landschaft eingreift, z.B. in Naturschutzgebieten, sind diese Insekten hier in der Regel ziemlich regelmäßig anzutreffen und oft auch durch seltene Arten vertreten. Die sinnvolle Pflege dieser Schutzgebiete, wenn möglich auch ihre Erweiterung und Vernetzung sowie die Einrichtung neuer Räume für den Tier- und Pflanzenschutz unter besonderer Berücksichtigung xerothermer, d.h. trockenwarmer Standorte (z.B. Südhänge und Südwesthänge von Mittelgebirgen) wären wichtige Maßnahmen, die der Erhaltung und Förderung seltener Schildlausarten (und anderer Insekten) dienen können.

Die Mahd von Wiesen in Naturschutzgebieten sollte so selten wie möglich erfolgen oder zumindest stellenweise ganz unterbleiben, um beispielsweise die Vernichtung der Eiersäcke von Eriococciden und Cocciden, die sich oft an Grasblättern finden, zu verhindern. In der näheren Umgebung von Sträuchern und Bäumen sollte überhaupt nicht gemäht werden, ebenso sollte die Mahd von Trockenrasen unterbleiben, da diese vielen Pseudococciden, die unter den Blattscheiden leben, als Aufenthaltsort dienen. Die Verbuschung ist – was allgemein als Grundsatz gilt – auf ein Minimum zu reduzieren, da durch sie andere Pflanzen verdrängt werden und sich eine starke Beschattung negativ auf wärmeliebende Arten auswirken muss.

Feuchtgebiete einschließlich Moore verdienen vom Blickpunkt des Schildlausschutzes besondere Beachtung, da hier etwa ein Dutzend mehr oder weniger seltener Arten an Sauergräsern lebt. Auch an Zwergsträuchern gibt es hier mehrere seltenere, d.h. besonders schutzbedürftige Arten.

Besondere Beachtung vom Blickpunkt der Erhaltung und Schonung seltener Schildlausarten gebührt Naturschutzgebieten in den westlichen Seitentälern des Rheins in Rheinland-Pfalz und Nordrhein-Westfalen (Nahe-, Mosel- und Ahrtal), da sich hier aus klimatischen Gründen und wegen charakteristischer Florenelemente einige interessante Schildlausarten, die v.a. aus dem Südwesten eingewandert sein dürften, mit Vorliebe konzentrieren. Ende der 50er- und in den 60er-Jahren des vergangenen Jahrhunderts wurden vom Verfasser die Margarodide *Porphyrophora polonica*, die Pseudococciden *Antoninella parkeri*, *Atrococcus achilleae*, *Chaetococcus sulci*, *Coccidohystrix samui*, *Dysmicoccus multivorus*, *Heliococcus sulci*, *Metadenopus festucae* und *Ripersiella caesii*, die Putoide *Puto pilosellae*, die Coccide *Rhizopulvinaria artemisiae*, die Eriococcide *Acanthococcus* (*Eriococcus* s.l.) *munroi*, die Cerococcide *Cerococcus cycliger*, die Asterolecaniide *Planchonia arabidis* und die Diaspidide *Rhizaspidiotus canariensis* hier nachgewiesen (SCHMUTTERER 1955b). Manche von diesen Arten wurden nur auf dem Gelände der Burgruine Rheingrafenstein bei Bad Münster a. St. gesammelt (Abb. 124), darunter *P. polonica*, *C. samui* und *D. multivorus*. An diesem außergewöhnlichen Standort hatte sich im Laufe der Zeit ein durch viele große Steine und Felsbrocken typischer trockenwarmer Biotop mit zahlreichen Charakterpflanzen entwickelt, der im Frühjahr und Sommer fast den ganzen Tag über von der Sonne beschienen werden kann, was zu hohen Temperaturen Anlass gibt. In den 60er- und 70er-Jahren des vergangenen Jahrhunderts ließen die für den Tourismus zuständigen Behörden das Ruinengrundstück auf dem Gipfel des Rheingrafensteins »aufräumen«, um es Touristen besser zugänglich zu machen.

Abb. 124: Porphyrfelsen bei Bad Münster a.St. im Nahetal mit Burgruine Rheingrafenstein im Gipfelbereich (Teilansicht eines kleinen Naturschutzgebietes). In den sechziger Jahren des 20. Jahrhunderts und später Fundort mehrerer seltener Schildlausarten (Foto: H. SCHMUTTERER).

Eine in der Nähe stationierte Garnison der US-Armee stellte Hubschrauber für den Abtransport großer Steine zur Verfügung. Manche Flächen wurden eingeebnet, außerdem auch starke Eingriffe in die Flora vorgenommen, z.B. durch Bepflanzung mit mehreren Felsenbirnensträuchern (*Amelanchier grandiflora*). Wohl als Folge dieser Veränderungen sind heute fast alle Schildlausarten auf dem Gipfel des Rheingrafensteins verschwunden; jedenfalls konnte dort keine der seltenen Arten trotz wiederholter Suche wieder gefunden werden. An sich können sich manche seltenen Schildlausarten relativ lang halten, wenn sie ungestört bleiben, wie das Beispiel der Xylococcide *Xylococcus filiferus* an Linde auf dem Gipfel des Hohenkrähen bei Singen am Hohentwiel gezeigt hat. In diesem Naturschutzgebiet konnte das einzige aus Deutschland bekannte Vorkommen, das bereits von WÜNN 1915 entdeckt worden ist, bis zum Jahr 2000 weiter existieren (SCHMUTTERER 2003, s. SW-Tafel 1a).

Es ist zu hoffen, dass es sich bei der geschilderten unbeabsichtigten Zerstörung der örtlichen Populationen seltener Schildlausarten um eine Ausnahme gehandelt hat. Trotzdem sollten solche Ereignisse bekannt gemacht werden, um in Deutschland das Bewusstsein auch für den Schutz der Insektenfauna einschließlich Pflanzensaugern zu schärfen. Bei Eingriffen in Naturschutzgebiete müssen Entomologen zu Rate gezogen werden, um irreparable Schäden an der Insektenfauna nach Möglichkeit zu vermeiden.

12 Danksagung

Ohne die tatkräftige Hilfe von Fachkollegen wäre es kaum möglich gewesen, die Schildläuse Deutschlands (d.h. Mitteleuropas i.e.S.) in monographischer Form zu bearbeiten. Besonderen Dank schuldet der Autor Herrn Prof. Dr. F. Kozár (Budapest) für viele wertvolle Hinweise, Literaturangaben und in einigen Fällen auch bei der Bestätigung der Bestimmung problematischer Arten. Andere Schildlauskenner aus dem europäischen Ausland waren ebenfalls sehr kooperativ, besonders Prof. Dr. J. Koteja † (Krakow), Dr. E. Danzig (St. Petersburg), Dr. D. Matile-Ferrero (Paris), M. Jansen (Wageningen) und Dr. D.J. Williams (London). Herr Prof. Dr. U. Wyss (Kiel) stellte Farbaufnahmen von Prädatoren und Parasitoiden zur Verfügung, wodurch die Ausstattung des Buches deutlich bereichert werden konnte. Herr Dr. Ch. Hoffmann (Bernkastel-Kues) war für den Autor gegen Ende des 20. Jhs. bei Exkursionen in Südwestdeutschland eine wertvolle Unterstützung. Herr Dr. M. Verhaagh (Karlsruhe) bestimmte einen Teil der trophobiosebetreibenden Ameisenarten. Herr Prof. Dr. T. Basedow (Gießen) war bei der Nutzung der Einrichtungen des Feldversuchslabors des Institutes für Phytopathologie und Angewandte Zoologie (IPAZ) der Universität Gießen jederzeit sehr hilfsbereit, Herr Prof. Dr. H. Hummel (Gießen) vom gleichen Institut half v.a. bei der Beschaffung einschlägiger Literatur. Die Herren Dr. M. Richter (Potsdam) und K. Schrameyer (Heilbronn) unterstützten den Autor wiederholt durch Sammeln einiger seltener oder wenig bekannter Arten. Herr Prof. Dr. H.H. Dathe und Herr Dr. S. Blank (beide Müncheberg) halfen v.a. mit Literatur aus der Bibliothek des Deutschen Entomologischen Instituts. Mitarbeiter des Hessischen Pflanzenschutzdienstes in Wetzlar, besonders Frau Dr. M. Frosch, stellten freundlicherweise Unterlagen über die amtlich gegen Schildläuse zugelassenen Pflanzenschutzmittel zur Verfügung.

Meine Familie, besonders aber meine Frau, hat mir während der Arbeiten an dem vorliegenden Buch jederzeit großes Verständnis entgegen gebracht.

Im vorliegenden Band sind zahlreiche Abbildungen enthalten, die aus dem umfassenden Werk von Kosztarab & Kozár »The Scale Insects of Central Europe« (1988) stammen. Sie wurden hier deshalb verwendet, da nicht sinnvoll gewesen wäre, mit großem Zeitaufwand neues Bildmaterial herzustellen, wenn solches von sehr guter Qualität bereits vorhanden war. Den genannten Autoren sei an dieser Stelle noch einmal für ihre Zustimmung zur Verwendung ihres Abbildungsmaterials gedankt.

Besonderer Dank gilt auch der Leitung und den Mitarbeitern des Verlags WESTARP WISSENSCHAFTEN (Hohenwarsleben) für vielseitige, v.a. technische Hilfestellung und Betreuung des Buchprojektes. Herr W.-G. SCHMUTTERER (Berlin) war bei der Erstellung von Grafiken und Farbfotografien stets hilfreich.

Last but not least haben die folgenden Sponsoren die gute Ausstattung des Buches mit vielen Schwarzweiß- und Farbaufnahmen mit ermöglicht, wofür auch an dieser Stelle gedankt sei.

 Bayer CropScience Deutschland GmbH, Langenfeld
 Scotts Celaflor GmbH & Co. KG, Mainz
 W. Neudorff GmbH KG, Emmerthal
 Syngenta Agro GmbH, Maintal

13 Literaturverzeichnis

ABDEL-KAREM, A.L. & KOZÁR, F. (1988): Extraction and bioassay of the sex pheromone of the red pear scale, *Epidiaspis leperii*. – Entomol. Exp. Appl. 46: 79-84.

ALDRICH, J.R. (1996): Sex pheromones in Homoptera and Heteroptera. – Proc. Thomas Say Publ., Entomol. Studies on Hemipteran Phylogeny, Entom. Soc. America.

ALTENKIRCH, W., MAJUNKE, C. & B. OHNESORGE (2002): Waldschutz auf ökologischer Grundlage. – E. Ulmer, Stuttgart, 434 S.

ANDERSON, R.J., GIESELMANN, M.J., CHINN, H.R., ADAMS, K.G., HENRICK, C.A., RICE, R.E. & W.L. ROELOFS (1981): Synthesis and identification of a third component of the San José scale sex pheromone. – J. Chem. Ecol. 7: 695-706.

BACHMAIER, F. (1965): Untersuchungen über die Insekten- und Milbenfauna der Zwergbirke (*Betula nana* L.) in süddeutschen und österreichischen Mooren, unter besonderer Berücksichtigung der phytophagen Arten und ihrer Parasiten. – Veröffentl. Zool. Staatssamml. München 9: 55-158.

BACHMANN, F. (1953): Untersuchungen an den gelben Austernschildläusen *Quadraspidiotus piri* Licht. und *Quadraspidiotus schneideri* n.sp. – Z. angew. Entom. 34: 357-404.

BÄRENSPRUNG, F.V. (1849): Beobachtungen über einige einheimische Arten der Familie der Coccinen. – Ztg. Zool., Zoot, Palaeozool. 1: 165-171, 173-176.

BALACHOWSKY, A.S. (1937): Le Conchenilles de France, d'Europe, du Nord de l'Afrique, et du Bassin Mediterranéen I-VII. – Actualit. Ci. et Industr. Entomol. Apl., Hermann & Cie., Paris.

BALACHOWSKY, A.S. (1942): Essai sur le classification des cochenilles (Homoptera Coccidea). – Ann. Grign. École Nat. Agr. 3: 34-48.

BALACHOWSKY, A.S. (1954): Les cochenilles paléarctiques de la tribu des Diaspidini. – Mem. Scient. Inst. Pasteur, Paris, 450 S.

BEARDSLEY, J.W. (1969): A new fossil scale insect (Homoptera: Coccidea) from Canadian amber.- Psyche 76: 270-279.

BEN-DOV, Y. (Hrsg.) (1994): A systematic catalogue of the mealybugs of the world. – Intercept Ltd., Andover, 636 S.

BEN-DOV, Y. & HODGSON, C.J. (Hrsg.) (1997): Soft scale insects. Their Biology, Natural Enemies and Control. – Vol. 7 A, Elsevier, Amsterdam.

BENASSY, C. (1961): Les sécrétions tégumentaires chez les Coccides. – Annee biol., Ser. 3, Paris 37: 321-341.

BENASSY, C. (1986): Diaspididae. In: Traité d'Entomologie Oleicole. Edit. Y. Arambourg – Intern. Olive Oil Council, 206-286.

BIERL-LEONHARDT, B.A., MORENO, D.S., SCHWARZ, M., FARGERLUND, J. & J.R. PLIMMER (1961): Isolation, identification and synthesis of the sex pheromone of the citrus mealybug, *Planococcus citri* (Risso). – Tetrahedr. Lett. 22: 389-392.

BODENHEIMER, F.S. (1953): The Coccidae of Turkey I, II, III. – Istanbul Univ. Fac. Sci. Rev. Ser. B 17: 315-351, 18: 1-61, 91-164.

BORATYŃSKY, K. (1952): Observations on *Matsucoccus pini* (Green) and a species of *Matsucoccus* Ckll. from Russia (Homoptera, Coccoidea, Margarodidae). – Ann. & Mag. Nat. Hist. 5: 507-508.

BORATYŃSKY, K. (1960): *Matsucoccus pini* (Green) (Homoptera: Coccoidea, Margarodidae) in Norfolk. – Entom. Month. Magaz. 95: 240.

BORATYŃSKY, K. (1970): On some species of »Lecanium« (Homoptera, Coccidae) in the collection of the Naturhistorisches Museum in Vienna, with description and illustration of the immature stages of *Parthenolecanium persicae*. – Ann. Naturhist. Mus. Wien 74: 63-76.

BORATYŃSKY, K. & DAVIES, R.G. (1971): The taxanomic value of male Coccidae with an evaluation of some numercial techniques. – Biol. J. Linn. Soc. 3: 57-102.

BORATYŃSKY, K., PANCER-KOTEJA, E. & KOTEJA, J. (1982): The life history of *Lecanopsis formicarum* NEWSTEAD (Homoptera, Coccinea). – Ann. Zool. 36: 517-537.

BORCHSENIUS, N.S. (1950): Mealybugs and scale insects of the USSR (Coccoidea) (in Russ.). – Akad. Nauk. USSR, Zool. Inst., 32-250.

BORCHSENIUS, N.S. (1957): Fauna of USSR Homoptera Coccoidae (in Russ.). – Zool. Inst. Akad. Nauk SSSR 9, 493 S.

BORCHSENIUS, N.S. (1958): On the evolution and phylogenetic interrelations of the Coccoidea (in Russ.). – Zool. Zhnr. 37: 765-780.

BORCHSENIUS, N.S. (1963): Die Schildläuse (Coccoidea) der UdSSR (in Russ.), Moskau, Leningrad, 311 S.

BOUCHÉ, P.F. (1833): Naturgeschichte der schädlichen und nützlichen Garten-Insekten, Berlin.

BOUCHÉ, P.F. (1844): Beiträge zur Naturgeschichte der Scharlachläuse (Coccina). – Stettin. Ent. Ztg. 5: 293-302.

BRÜNING, D. (1967): Befall mit *Eulecanium corni* Bouché, f. *robiniarum* Dgl. und *Eulecanium rufulum* Ckll. in Düngungsversuchen zu Laubgehölzen. – Arch. Pflanzensch. 3: 193-200.

BUCHNER, P. (1953): Endosymbiose der Tiere mit pflanzlichen Mikroorganismen. – Birkhäuser, Basel, Stuttgart, 771 S.

BUCHNER, P. (1965): Endosymbiosis of animals with plant microorganisms. – Interscience Publ., John Wiley & Sons, New York, 909 S.

DALCHOW J. & H. BATHON (1995): Die Schildlaus *Pulvinaria regalis* Canard neu in Hessen – Hess. Faun. Ber. 14: 29-31.

DANZIG, E.M. (1980): Coccids of the Far East of the USSR with phylogenetic analysis of the coccids of the world fauna (in Russ.). – Nauka Leningrad. 368 S.

DANZIG, E.M. (1994): Zur subalpinen und alpinen Schildlausfauna (Homoptera, Coccinea) in den Schweizer Alpen. – Mitt. Ent. Ges. Basel, 44: 45-48.

DANZIG, E.M. (1997): Species of the genus *Trionymus* from Russia and neighbouring countries. – Zoosyst. Res. 6: 95-114.

DOANE, C.C. (1966): Evidence for a sex attractant in females of the red pine scale. – J.Econ. Entom. 59, 1539-1540.

DÜBELER, A., VOLTMER, G., GORA, V., LUNDERSTÄDT & A. ZEECK (1997): Phenols from *Fagus sylvatica* and their role in defense against *Cryptococcus fagisuga*. – Phytochem. 45: 51-57.

DUNKELBLUM, E. (1999): Scale Insects. In: MARDIE, J. & MINKS, A.K. (Hrsg.): Pheromones of non-lepidopteran insects associated with agricultural plants. CAB Publ. Wellingford, UK.

DUNKELBLUM, E., MORI, K. & Z. MENDEL (1999): Semiochemical activity of pheromones and analogues of the *Matsucoccus* species (Hemiptera: Coccoidea: Matsucoccidae). – Entomologica 33: 229-250.

DUSKOVÁ, F. (1953): Die morphologischen Merkmale und ökologischen Bemerkungen zu den Weibchen der Schildläuse *Quadraspidiotus piri* (LICHT.), *Q. ostreaeformis* CURT. und *Q. perniciosus* (COMST.) (Homoptera, Coccoidea) (in Tschech.). – Acta Soc. Zool. Bohemoslovenicae 17: 229-250.

EISENSCHMIDT, J. (1954): Die Schildläuse (Homop., Coccoidea) des mittleren Saaletales. – Diplomarb., Univ. Jena.

FABER, T. & C. ŞENGONCA (1997): Laboruntersuchungen zur Lebensdauer und Fruchtbarkeit von *Coccophagus scutellaris* (Dalm.) (Hym., Aphelinidae) als Parasitoid der wolligen Napfschildlaus, *Pulvinaria regalis* Canard (Hom., Coccidae). – Ges. Pflanze, 49: 84-89.

FERRIS, G.F. (1941): Contribution to the knowledge of the Coccoidea (Homoptera) IX. A forgotten genus of the familiy Margarodidae 8: 8-10.

FOLDI, I. (1973): Etude de la chambre filtrante de *Planococcus citri* (Insects, Homopt.) histochemie et ultrastructure. – Z. Zellforschg. mikrosk. Anatom. Wien 143: 549-568.

FÖRSTER, G. (1973): Zur Biologie und Morphologie von *Anthribus nebulosus* Förster (Col. Anthr.). – Entom. Nachr. 17: 117-121.

FORTMANN, M (1993): Das große Kosmosbuch der Nützlinge. Neue Wege der biologischen Schädlingsbekämpfung. – Franck-Kosmos Verlags GmbH & Co., Stuttgart, 319 S.

GEIER, P.W. (1949): Contribution à l'étude de la Cochenille rouge de Poirier (*Epidiaspis leperii* SIGN.) en Suisse. – Rev. Pathol. veget. Ent. agr. France 28: 144-266.

GERMAR, E.F. & G.C. BEHRENDT (1856): Die in Bernstein befindlichen Hemipteren und Orthopteren der Vorwelt. – Organische Reste im Bernstein 2: 221-224.

GOERGEN, G. (1992): Biologie und Bedeutung von in Afrika einheimischen Hyperparasitoiden von *Epidinocarsis lopezi* (De Santis), einem eingeführten Parasitoiden der eingeschleppten Maniokschmierlaus *Phenacoccus manihoti* (Matile-Ferrero). – Diss. Univ. Gießen.

GORA, V., KÖNIG, J. & J. LUNDERSTÄDT (1996): Population dynamics of beech scale (*Cryptococcus fagisuga*) (Coccina, Pseudococcidae) related to the physiological defense reactions of attacked beech trees (*Fagus sylvatica*). – Chemoecology 7: 112-120.

GULLAN, P.J. (1997): Relationship with ants. Soft scale insects. Their Biology, Natural Enemies and Control in BEN-DOV, Y. & C.J. HODGSON (Hrsg.). – Elsevier Sience B.V., 351-373.

HARDIE, J. & A.K. MINKS (Hrsg.) (1999): Pheromones of non-lepidopteran Insects associated with agricultural plants. – CABI Publishing, Wellingford.

HARTIG, T. (1839): Jahresbericht über die Fortschritte der Forstwissenschaft und forstlichen Naturkunde nebst Original-Abhandlungen aus dem Gebiete dieser Wissenschaften, 640-649.

HENNIG, W. (1981): Insect phylogeny. – John Wiley & Sons, Chichester, New York, Brisbane, Toronto, 576 S.

HERBERG, M. (1918): Die Schildlaus *Eriopeltis lichtensteini* Sign. – Arch. Naturgesch. 12 (Abt.A, No. 10): 1-107.

HERREN, H.R. (1988): The biological control program of IITA: from concept to reality. In: JANINEK, I.S. & H.R. HERREN (Hrsg.) Biological control: a sustainable solution to crop pest problems in Africa. – IITA, Ibadan, 18-30.

HERREN, H.R. & P. NEUENSCHWANDER (1991): Biological control of cassava pests in Africa. – Ann. Rev. Entom. 36: 225-242.

HERZIG, J. (1938): Ameisen und Blattläuse. – Z. angew. Entom. 24, 367-435.

HIPPE, C. (2000): Untersuchungen zur Wirkung von Insektenwachstumsregulatoren auf die San-José-Schildlaus, *Quadraspidiotus perniciosus* (Comstock) (Homoptera- Diaspididae), zu Nebenwirkungen auf den Parasitoiden *Encarsia perniciosi* (Tower) (Hymenoptera: Aphelinidae) und zum Einsatz von Pheromonfallen. – Diss. Techn. Univ. Berlin.

HIPPE, C. & J.E. FREY (1999): Biology oft he horse chestnut scale, *Pulvinaria regalis* Canard (Homoptera, Coccoidea: Coccidae) in Switzerland. – Entomologica 33, 305-309.

HÖLLDOBLER, B. & H. ENGEL-SIEGEL (1984): On the metapleural glands of ants. – Psyche 91: 201-224.

HYAT, M. (1997): Aphelinidae. Soft scale insects. Their Biology, Natural Enemies and Control. In: BEN-DOV, Y. & C.J. HODGSON (Hrsg.), 111-145.

HOFFMANN, CH. (2002): Schildläuse im Weinbau und ihre Antagonisten. – Diss. Univ. Karlsruhe, Edition Jungbluth, Freiburg/Br.

HOFFMANN, CH. & H. SCHMUTTERER (1999): Die Pfirsichschildlaus *Parthenolecanium persicae* (F.) in Südbaden – ein für Deutschland neuer Schädling der Weinrebe *Vitis vinifera*. – Anz. Schädlingsk. 72: 52-54.

HOFFMANN, CH. & H. SCHMUTTERER (2003): Beitrag zur Kenntnis der deutschen Fauna von Schildlausantagonisten mit Schwerpunkt Süddeutschland (Coccina). – Entom. Nachr. Ber. 47: 157-163.

JAKUBSKI, A.W. (1965): A critical revision of the families Margarodidae and Termitococcidae (Hemiptera, Coccidea). – Publ. Trust. Brit. Mus. (Nat. Hist.), 187 S.

JANSEN, M.G.M. (2000): The species of *Pulvinaria* in the Netherlands (Hemiptera, Coccidae). – Ent. Ber. Amsterd. 60: 1-11.

KAWECKI, Z. (1948): Some Coccidae from Poland (in Poln.). – Polska Akad. Umiej. Mater. Fiz. Kraju 10: 1-10.

KLAUSNITZER, B. & G. FÖRSTER (1975): Zur Kenntnis der Parasitierung weiblicher »Brutblasen« der Fichtenquirlschildläuse *Physokermes piceae* Schrk. und *Physokermes hemicryphus* Dalm. – Herzynia N.F. 13: 85-92.

KLOFT, W. (1960): Wechselwirkungen zwischen pflanzensaugenden Insekten und den von ihnen besogenen Pflanzengeweben. Teil I und II. – Z. angew. Entom. 45: 337-381, 46: 42-70.

KLOFT, W., MAURIZIO, A. & W. KAESER (1985): Waldtracht und Waldhonig in der Imkerei. – Ehrenwirth, München.

KÖHLER, G. (1983): Saisonale Entwicklung und Dormanz bei der Nesselröhrenschildlaus, *Orthezia urticae* (L.) (Coccina: Ortheziide). – Zool. Jb. Syst. 110: 443-454.

KÖHLER, G. & J. EISENSCHMIDT (2005): Schildläuse (Insecta: Coccina) in Thüringen. Faunistische Einführung in eine vergessene Insektengruppe. – Thüring. Faun. Abh. 10: 155-171.

KOSZTARAB, M. (1968): Cryptococcidae, a new family of Coccoidea (Homoptera). – Virg. J. Sci. 19: 12.

KOSZTARAB, M. (1990): Why study the scale insects? (Homoptera: Coccinea). – Issis –, Part II, 7-10.

KOSZTARAB, M. (1997): Transylvanian roots. The true life adventures of an Hungarian American – Pocahontas Press, Inc., Blacksburg, Virginia, 223 S.

KOSZTARAB, M. & F. KOZÁR (1988): Scale Insects of Central Europe. – Akad. Kiadó, Budapest, 456 S.

KOTEJA, J. (1964): Notes on scale insects (Homoptera, Coccoidea) in Poland's fauna (in Poln.). – Bull. Ent. Pologne 34: 177-184.

KOTEJA, J. (1966): Studies on the morphology and biology of *Luzulaspis frontalis* GREEN (Homoptera, Coccoidea). – Bull. Ent. Pologne 36: 17-43.

KOTEJA, J. (1974a): Comparative studies on the labium of the Coccinea (Homoptera). – Res. Pap. Agric. Univ. Krakow 89: 160 S.

KOTEJA, J. (1974b): On the phylogeny and classification of the scale insects (Homoptera, Coccinea). Discussion based on the morphology of the mouthparts. – Acta Zool. Cracov. 19: 267-325.

KOTEJA, J. (1976): The clypeolabral shield in the taxonomy of the Coccinea (Homoptera). – Pols. Pism. Entom. 46: 653-681.

KOTEJA, J. (1979): Revision of the genus *Luzulaspis* COCKERELL (Homoptera, Coccidae). – Bull. Ent. Pologne 49: 585-638.

KOTEJA, J. (1981): Frequency of honeydew excretion in relation to circadian activity in scale insects (Homoptera, Coccinea). – Pols. Pism. Entom. 51: 365-376.

KOTEJA, J. (1983): Coccidea (Homoptera) from Batlic amber. – Wied. Entom. 6: 195-206.

KOTEJA, J. (1984): The Baltic Amber Matsucoccidae (Homoptera, Coccinea). – Ann. Zool. 37: 437-496.

KOTEJA, J. (1986a): Matsucoccidae (Homoptera, Coccinea), living fossils. – Bull. Lab. Ent. Agr. Filippo Silvestri 43: 41-44.

KOTEJA, J. (1986b): *Matsucoccus saxonicus* sp. n. from Saxonian amber (Homoptera:Coccinea). – Dtsch. Ent. Z. 33: 55-63.

KOTEJA, J. (1989): Palaeontology. In: ROSEN, D.: Armoured scale insects. Their Biology, Natural Enemies and Control. Vol. 4: 149-163. Elsevier Science Publ. B.V. Amsterdam.

KOTEJA, J. (1990): Life History. In: ROSEN, D. (Hrsg.): Armored Scale Insects – Their Biology, Natural Enemies and Control. Elsevier, Amsterdam, 243-254.

KOTEJA, J. (1996): Scale Insects (Homoptera: Coccinea) a day after. In: SCHAEFER, W. (Hrsg.), Studies on Hemipteran Phylogeny. Thomas Say Public. Entom. Ent. Soc. America, 65-88.

KOTEJA, J. (2000): Advances in the study of fossil coccids (Homoptera: Coccinea). – Pols. Pism. Entom. 69: 187-218.

KOTEJA, J. (2001): Essays on coccids (Hemiptera: Coccinea), Palaeontology without fossils? – Prace Muz. Ziemi Nr. 46: 41-54.

KOTEJA, J., PYKA-FOSCIAK, VOGELSANG, M. & T. SZK LARZEWICZ (2003): Structure of the ovary of *Steingelia* (Sternorrhyncha: Coccinea), and its phylogenetic implications. – Arthrop. Struct. Devel. 32: 247-256.

KOTEJA, J. & B. ZAK-OGAZA (1981): The life history of *Steingelia gorodetskia* Nassonov (Homoptera, Coccinea). – Ann. Zool. 36: 171-186.

KOZÁR, F. (Hrsg.) (1998): Catalogue of the palaearctic Coccoidea. – Plant. Prot. Inst. Hung. Acad. Sci. Budapest, 526 S.

KOZÁR, F. (2004): Ortheziidae of the world. – Plant Prot. Institute, Hungar. Acad. Sciences, Budapest, Hungary, 525 S.

KRAUSE, G. (1950): Erkennung der San-José-Schildlaus und anderer Deckelschildläuse auf einheimischem und importiertem Obst. – Z. Pflanzenb. Pflanzensch. 1: 1-36.

KREKL, K. (1996): Zur Schildlausfauna von Köln (Hemiptera-Homoptera: Coccina). – Decheniana-Beihefte (Bonn) 38: 175-194.

KUNKEL, H. (1967): Systematische Übersicht über die Verteilung zweier Ernährungsformtypen bei den Sternorrhynchen (Rhynchota, Insecta). – Z. angew. Zool. 54: 37-74.

KUNKEL, H. (1997): Scale insect honeydew as forage for honey production. In: BEN-DOV, Y. & C.I. HODGSON (Hrsg.): Soft scale insects. Morphology, Natural Enemies and Control. – Elsevier Science B.V., 291-308.

KUNKEL, H. & KLOFT, W. (1997): Die Honigtau-Erzeuger des Waldes. In: KLOFT, W., MAURIZIO, A. & W. KAISER (Hrsg.): Waldtracht und Waldhonig in der Imkerei. Ehrenwirth, München, 48-83.

KUTSCHER, M. & KOTEJA, J. (2000): Coccids and aphids (Homoptera: Coccinea, Aphidinea), prey of ants (Hymenoptera: Formicidae): evidence from Bitterfeld amber. – Pol. Pism. Entom. 69: 171-185.

ŁAGOWSKA, B. (1987): Chalcidoidea (Hymenoptera) parasites of *Pulvinaria betulae* (L.), *Parthenolecanium corni* (BOUCHÉ) und *Eulecanium coryli* (L.) (Homoptera, Coccidae). – Pol. Pism. Entom. 57: 383-398.

ŁAGOWSKA, B. (1996): *Pulvinaria* Targioni-Tozzetti (Homoptera, Coccidae) in Poland. – Wydaw. Akad. Rolnic. Lublinie, 119 S.

ŁAGOWSKA, B. (1997): The effect of temperature on morphological characters in *Pulvinaria vitis* (L.) (Homoptera: Coccidae). – Pols. Pism. Entom. 66: 17-25.

LEYDIG, I. (1854): Zur Anatomie von *Coccus hesperidum*. – Z. wiss. Zool.: 1-12.

LINDINGER, L. (1912): Die Schildläuse Europas, Nordafrikas und Vorderasiens, einschließlich der Azoren, der Kanaren und Madeiras. – E. Ulmer, Stuttgart, 385 S.

LINDINGER, L. (1924): Die Schildläuse der mitteleuropäischen Gewächshäuser. – Ent. Jahrb. 33-34: 167-191.

LUNDERSTÄDT, J. (1990): Untersuchungen zur Abhängigkeit des Buchensterbens von der Stärke des Befalls durch *Cryptococcus fagisuga* in Buchen (*Fagus sylvatica*) Wirtschaftswäldern. – EJFP 20: 65-76.

LUNDERSTÄDT, J. (1992): Stand der Ursachenforschung zum Buchensterben. – Forstarch. 63: 21-24.

MENGE, A. (1856): Lebenszeichen vorweltlicher, im Bernstein eingeschlossener Thiere. – Programm der öffentlichen Prüfung der Schüler der Petrischule, Danzig, 32 S.

MILLER, D.R. (1984): Phylogeny and classification of the Margarodidae and related groups (Homoptera: Coccoidea). – Verh. SIEEC X (1983), Budapest, 321-324.

MILLER, D.R., BEN-DOV, Y. & G.A.P. GIBSON (1999): ScaleNet: a searchable information system on scale insects. – Entomologica 33: 37-46.

MILLER, D.R. & M.E. GIMPEL (2000): A systematic catalogue of the Eriococcidae (Felt Scales) (Hemiptera: Coccidae) of the world. – Andover Intercept 589 S.

MORENO, D.S. (1972): Location of the site of production of the sex pheromone in the yellow scale and the California red scale. – Ann. Entom. Soc. America 65: 1283-1286.

NEUFFER, G. (1962): Zur Zucht und Verbreitung von *Prospaltella perniciosi* Tow. (Hym. Aphelidiidae) und anderen Parasiten der San-José-Schildlaus (*Quadraspidiotus perniciosus* Comst.) (Hom. Diaspididae) in Baden-Württemberg. – NachrBl.

Dtsch. Pflanzenschutzd., Braunschweig. 14: 97-101.

NEUFFER, G. (1964): Bemerkungen zur Parasitenfauna von *Quadraspidiotus perniciosus* Comst. und zur Zucht bisexueller *Prospaltella perniciosi* Tow. im Insektarium. – Z. PflKrankh. PflSchutz 71: 1-11.

NEUFFER, G. (1969): Biological control of the San José scale with *Prospaltella perniciosi* Tow. in South-Western Germany. – OEPP EPPO Public. Ser. A No. 48: 49-55.

NEUFFER, G. (1990a): Zur Abundanz und Gradation der San-José-Schildlaus *Quadraspidiotus perniciosus* Comst. und deren Gegenspieler *Prospaltella perniciosi* Tow. – Gesunde Pflanzen 3: 89-96.

NEUFFER, G. (1990b): Zur Situation in den Befallsgebieten der San-José-Schildlaus (*Quadraspidiotus perniciosus* Comst.) in Baden-Württemberg und zwanzig Jahre Freilassungen von *Prospaltella perniciosi* Tow. – Z. PflKrankh. PflSchutz 82: 503-514.

NIXON, E.G.J. (1959): The association of ants with aphids and coccids. – Inst. Entom., London, 36 S.

PESSON, P. (1951): Ordre des Homoptéres (Homoptera, Leach 1815). In: GRASSÉ, Traite de Zoologie 10: 1390-1656.

PETERCORD, R. (2006): Holzbrütende Borkenkäfer als Schädlinge der Rotbuche (*Fagus sylvatica* L.). – Mitt. Dtsch. Ges. allg. ang. Entom. 15, 225-229.

PFLUGFELDER, O. (1937): Vergleichende anatomische, experimentelle und embryologische Untersuchungen über das Nervensystem und die Sinnesorgane der Rhynchoten. – Zoologica 34: 1-102.

PONSONBY, D.J. & W. COPLAND (1997): Coccinellidae and other Coleoptera. Soft scale insects. Their Biology, Natural Enemies and Control. In: BEN-DOV, Y. & C.J HODGSON (Hrsg.), 29-60.

PRELL, M. (1925): Beiträge zur Biologie des grauen Schildlausrüßlers *Anthribus nebulosus* Forst. – Z. Forst- und Jagdwesen 57: 245-250.

RATZEBURG, J.T.C. (1844): Fünfte Ordnung Hemiptera Linn. Die Forstinsekten oder Abbildung und Beschreibung der in den Wäldern Preussens und der Nachbar-Staaten als schädlich oder nützlich bekannt gewordenen Insekten, 314 S.

REH, L. (1900): *Aspidiotus ostreaeformis* Curt. und *A. pyri* Licht. – Zool. Anz. 23: 497-499.

REH, L. (1901): Über die postembryonale Entwicklung der Schildläuse und Insekten-Metamorphose. – Allg. Z. Ent. 6: 51-54, 65-68, 85-89.

REH, L (1904): Zur Naturgeschichte mittel- und nordeuropäischer Schildläuse. – Allg. Z. Ent. 8: 301-308, 351-356, 407-419, 457-469.

REHAČEK, J. (1954): Contribution to the knowledge of the scale insect fauna Fam. Lecaniidae of Czechoslovakia (in Tschech.). – Acta Soc. Entom. Czechosl. 51: 219-223.

REHAČEK, J. (1956): Trois espèces nouvelles des lecaniides pour la faune Tchechoslovaque (Hem. Cocc. Lecaniidae) (in Tschech.). – Acta Mus. Nat. Pragae 1: 47-48.

REHAČEK, J. (1957): Neue Schildlausfunde aus der Unterfamilie Lecaniinae in der Tschechoslowakei. – Acta Faun. Entom. Mus. Nat. Pragae 2: 13-18.

REYNE, A. (1954): A redescription of *Puto antennatus* Sign. (Homoptera, Coccoidea) with notes on *Ceroputo pilosellae* Šulc and *Macrocerococcus superbus* Leon. – Rijks. Mus. Natuurl. Mist. Zool. Medel. 32: 291-324.

REYNE, A. (1965): Nederlandse Schildluizen III. – Entomol. Ber. 25: 96-97.

RIEUX, R. (1975): La spécificité alimentaire dans le genre *Matsucoccus* (Homoptera: Margarodidae) avec référence spéciale aux plantes-hôtes de *Matsucoccus pini* Green. Classement des Matsucoccus d'après leurs hôtes. – Ann. Sci. Forest. 32: 157-168.

RIEUX, R. (1976): *Matsucoccus pini* Green (1925) (Homoptera, Margarodidae) dans le Sud-Est de la France. Variations intraspécifiques. Comparision avec des espèces les plus proches. – Ann. Zool.-Ecol. Anim. 8: 231-263.

ROELOFS, W, GIESELMANN, M., TASHIRO, H, MORENO, D., HENRICK, C & R. ANDERSON (1978): Identification oft he California red scale sex pheromone. – J. Chem. Ecol. 4: 211-224.

ROSEN, D. (Hrsg.) (1990): Armored Scale Insects. Their Biology, Natural Enemies and Control. – Elsevier, Amsterdam.

SCHIMITSCHEK, E. (1980): Manna. – Anz. Schädlingsk. Pflanzensch. Umweltsch. 53: 113-121.

SCHMUTTERER, H. (1951): Zur Lebensweise der Nadelholz-Diaspidinen (Homoptera, Coccoidea, Diaspidinae) und ihrer Parasiten in den Nadelwäldern Frankens. – Z. angew. Entom. 33: 111-136.

SCHMUTTERER, H. (1952a): Die Lebensbaumschildlaus *Eulecanium arion* Ldgr. (Homoptera, Coccoidea), die Erzeugerin des Lebensbaum-Honigtaues. – Z. Bienenforsch. 1: 1-5.

SCHMUTTERER, H. (1952b): Die Ökologie der Cocciden (Homoptera, Coccoidea) Frankens. – Z. angew. Entom. 33: 369-420, 544-584, 34: 65-100.

SCHMUTTERER, H. (1952c): *Plastophora rufa* (Wood) (Diptera, Phoridae) als Eiräuber und Parasit von *Eulecanium corni* (Bché) (Homoptera, Coccoidea). Anz. Schädlingsk. 25: 145-148.

SCHMUTTERER, H. (1953): Ergebnisse von Zehrwespenzuchten aus Schildläusen (Hymenoptera: Chalcidoidea) (1. Teil). – Beitr. Ent. 3: 55-69.

SCHMUTTERER, H. (1954): Zur Kenntnis einiger wichtiger mitteleuropäischer *Eulecanium*-Arten (Homoptera: Coccoidea: Lecaniidae). – Z. angew. Entom. 36: 62-83.

SCHMUTTERER, H. (1955a): Bemerkenswerte Schildlausfunde in Süd- und Südwestdeutschland. – Nachrichtenbl. Bayer. Entom. 4: 98-102.

SCHMUTTERER, H. (1955b): Ergebnisse von Zehrwespenzuchten aus Schildläusen (Homoptera: Chalcidoidea) (2. Teil). – Beitr. Ent. 5: 510-521.

SCHMUTTERER, H. (1956a): Neue *Rhizoecus*-Arten in Mitteleuropa. – Beitr. Entom. 6: 516-528.

SCHMUTTERER, H. (1956b): Zur Morphologie, Systematik und Bionomie der *Physokermes*-Arten an Fichte (Homop. Cocc.). – Z. angew. Entom. 39: 445-466.

SCHMUTTERER, H. (1957a): Beitrag zur deutschen Schildlausfauna. – Nachrichtenbl. Bayer. Entom. 5: 65-67.

SCHMUTTERER, H. (1957b): Untersuchungen über die Schildlausfauna einiger botanischer Gärten in Westdeutschland. – Ber. Oberhess. Ges. Natur- Heilkde. Giessen, N.F. Naturwiss. Abt. 28: 133-140.

SCHMUTTERER, H. (1959): Schildläuse oder Coccoidea I. Deckelschildläuse oder Diaspididae. In: DAHL, M. & H. BISCHOFF (Hrsg.). Die Tierwelt Deutschlands und der angrenzenden Meeresteile. – Gustav Fischer, Jena, 243 S.

SCHMUTTERER, H. (1965): Zur Ökologie und wirtschaftlichen Bedeutung der *Physokermes*-Arten an Fichte in Süddeutschland (Homoptera, Coccoidea). – Z. angew. Entom. 56: 300-325.

SCHMUTTERER, H. (1972): Coccoidea (Lecaniidae), Napfschildläuse. In: SCHWENKE, W. (Hrsg.): Die Forstschädlinge Europas, Bd. 1, 405-418.

SCHMUTTERER, H. (1998): Die Spindelstrauch-Deckelschildlaus *Unaspis euonymi* (COMST.) als neuer Zierpflanzenschädling in Deutschland. – Nachrichtenbl. dtsch. PflSchutzd. 50: 170-172.

SCHMUTTERER, H. (2002): Weitere Erstnachweise von Schildlausarten in Deutschland und Beschreibung von *Spinococcus kozari* n.sp. (Coccina). – Ent. Nachr. Ber. 46: 239-241.

SCHMUTTERER, H. (2003): Verzeichnis der Schildläuse (Coccina) Deutschlands. – In: KLAUSNITZER, B. (Hrsg.): Entomofauna Germanica 6: 194-208, Ent. Nachr. Ber. Beiheft 8.

SCHMUTTERER, H. (2005): Unterordnung Coccina Schildläuse. In: KLAUSNITZER, B. (Hrsg.): Stresemann Exkursionsfauna von Deutschland, Bd. 2, 238-247, Elsevier, Heidelberg und Berlin.

SCHMUTTERER, H. & CH. HOFFMANN (2003): Zur Schildlausfauna von Baden-Württemberg und benachbarter Gebiete (Coccina). – Ent. Nachr. Ber. 47: 13-17.

SCHMUTTERER, H. & J. HUBER (2005): Natürliche Schädlingsbekämpfungsmittel. – E. Ulmer Verlag, Stuttgart.

SCHMUTTERER, H. KLOFT, W. & M. LÜDICKE (1957): Coccoidea, Schildläuse, Scale Insects, Cochenilles. In: H. BLUNCK (Hrsg.): Handbuch der Pflanzenkrankheiten. Tierische Schädlinge an Nutzpflanzen, Homoptera. II Teil. – P. Parey, Berlin und Hamburg, 403-520.

ŞENGONCA, C. (1996): Studies on developmental stages of the horse chestnut scale insect, *Pulvinaria regalis* Canard (Hom. Coccidae), in the open land and in the laboratory. – Anz. Schädlingskd., PflSchutz, Umweltsch. 69: 59-63.

ŞENGONCA, C. & T. FABER (1995): Beobachtungen über die neu eingeschleppte Schildlausart *Pulvinaria regalis* Canard an Park- und Alleebäumen in einigen Stadtgebieten im nördlichen Rheinland. – Z. PflKrankh., PflSchutz 102: 121-127.

SIEWNIAK, M. (1971): *Matsucoccus mugo* n.sp. (Homoptera, Coccoidea: Margarodidea) – Ent. Nachr. 14: 168-172.

SIEWNIAK, M. (1976): Zur Morphologie und Bionomie der Kiefernborkenschildlaus, *Matsucoccus pini* (Green) (Hom., Coccoidea: Margarodidae). – Z. angew. Entom. 81: 337-362.

SILVA, E.M.B. & MEXIA, A. (1999): Histological studies on the stylet pathway, feeding sites and nature of feeding damage by *Planococcus citri* (Risso) (Homoptera: Pseudococcidae) in sweet orange. – Entomologica 33: 347-350.

STRÜMPEL, H. (1983): Handb. Zool. Bd. IV Homoptera (Pflanzensauger), Band 14, Teilband 28. – Walter de Gryter, Berlin & New York, 282 S.

ŠULC, K. (1932): Die tschechoslowakischen *Lecanium*-Arten. – Acta Soc. Sci. Nat. Morav. 7: 1-134.

ŠULC, K. (1936): Die weiblichen Geschlechtsorgane von *Xylococcus filiferus* Löw 1882 (in Tschech.). – Ceskoslov. Zool. Společ. Vĕst. 3 (1935): 60-68.

SUTER, P. (1932): Untersuchungen über Körperbau, Entwicklungsgang und Rassendifferenzierung bei der Kommaschildlaus *Lepidosaphes ulmi* L. – Mitt. Schweiz. Ent. Ges. 15: 347-420.

THIEM, H. (1938): Über die Bedingungen der Massenvermehrung von Insekten. – Arb. phys. angew. Ent. Berlin-Dahlem 5: 229-255.

THIEM, H. (1948): Betrachtungen zur Lage und Bekämpfung der San-José-Schildlaus im südwestdeutschen Befallsgebiet. – Z. PflKrankh. PflSchutz 55: 17-29.

THIEM, H. (1954): Die Wirtspflanzen der San-José-Schildlaus (*Aspidiotus perniciosus*). – Z. Pflkrankh. Pflschutz 41: 529-555.

THIEM, H. & R. GERNECK (1934): Verbreitung, Entwicklung und Bestimmung der bisher in Deutschland aufgefundenen Austernschildläuse (*Aspidiotini*) unter Einschluß der Roten Austernschildlaus (*Epidiaspis betulae*) und der San-José-Schildlaus (*Aspidiotus perniciosus*). – Z. PflKrankh. PflSchutz 41: 529-555.

TREMBLAY, E. (1977): Advances in endosymbiont studies in Coccoidea. – Bull. Virgin. Polytech. Instit., Res. Div. 127: 23-33.

TREMBLAY, E. (1997): Embryonic Development, Oviparity and Viviparity. In: BEN-DOV, Y. & E.J. HODGSON. Soft Scale insects. Their Biology, Natural Enemies and Control. – Elsevier Science B.V., 257-260.

TRIERWEILER, P. & BALDER, H. (2005): Spread of the horse chestnut scale (*Pulvinaria regalis*) in Germany. In ALFORD, D. V. & BACKHAUS, G. F. (Hrsg.), Plant Protection and Plant Health in Europe: Introduction and Spread of Invasive Species, Symp. Proc. No. 81, 285-286.

TRJAPITZIN, V.A. (1989): Parasitic Hymenoptera of the family Encyrtidae of *Palearctica* – Nauca Leningrad, UdSSR, (in Russ.).

VAN DINTHER, J. (1950): Morphologie en Biologie von de Schildluis *Chionaspis salicis* L., Diss. Univ. Wageningen.

WALCZUCH, A. (1932): Studien an Coccidensymbionten. – Z. Morph. Okol. Tiere 25: 623-728.

WASHBURN, J.O. & I. WASHBURN (1984): Active aerial dispersal of minute wingless arthropods: exploitation of boundary-layer velocity gradients. – Science 223: 1088-1089.

WEBER H. (1929-35): Hemiptera I-III. In: SCHULZE, P. (Hrsg.): Biologie der Tiere Deutschlands. Teil 31, Berlin. 71-355.

WEBER H. (1930): Die Biologie der Hemipteren. Eine Naturgeschichte der Schnabelkerfe. Biol. Stadtb. Berlin 11: 537.

WELSCH, I. (1937): Die Massenvermehrung der Pflaumenschildlaus (*Eulecanium corni* (Bché.) March.) und ihre Ursachen. – Landwirtsch. Jahrb. 84: 431-492.

WILKEY, R.F. (1962): A simplified technique for clearing, staining and permanently mounting small arthropods. – Ann. Ent. Soc. Amer. 55: 606.

WILLIAMS, D.J. (1962): The British Pseudococcidae (Homoptera: Coccoidea). – Bull. Brit. Mus. (Nat. Mist.) Ent. 12: 1-79.

WILLIAMS, D.J. (1978): The anomalous ant-attended mealybugs (Homoptera: Pseudococcidae) of south-east Asia. – Bull. Brit. Mus. (Nat. Hist.) Ent. London 37: 1-72.

WILLIAMS, D.J. (1985): The British and some other European Eriococcidea (Homoptera: Coccoidea). – Bull. Brit. Mus. (Nat. Hist.) Ent. 51: 347-393.

WILLIAMS, M.I. & M. KOSZTARAB (1972): Morphology and systematics of the Coccidae of Virginia with notes on their biology (Homoptera, Coccoidea). – Vs. Polytechn. Inst. & State Univ. Res. Div. Bull. 74: 215 S.

WÜNN, H. (1924): Südliche Schildläuse im Rheintal. – Z. angew. Entom. 10: 390-397.

WÜNN, H. (1925a): Die Coccidenfauna Badens. – Z. angew. Entom. 11: 273-296, 427-451.

WÜNN, H. (1925b): Zehn für die deutsche Fauna neue und einige schon bekannte seltenere Cocciden. – Entom. Mitt. 202-205.

WÜNN, H. (1929): Zur Coccidenfauna von Württemberg. 11. Mitteilung über Cocciden. – Jb. Verb. vaterl. Naturk. Württemberg 85: 278-280.

WÜNN, H. (1937): Zur Coccidenfauna von Schleswig-Holstein. – Schr. naturw. Ver. Schlesw.-Holstein, 22: 1-69.

YOUNG, B. & Y. HONG-REN (1986): Studies on ultrastructure and function of epidermal glands on female *Matsucoccus matsumurae* (KUWANA) (Coccoidea: Margarodidae). – Bull. Lab. Entom. Agrar. Portici 43, 79-82.

ZAG-OGAZA, B. (1961): Studien über Zehrwespen (Hymenoptera, Chalcidoidea), die auf in der Fauna Polens bekannten Schildläusen (Homoptera, Coccoidea) schmarotzen. – Bull. Ent. Pologne 31: 349-410.

ZAHRADNÍK, J. (1951): Contribution to the study of scale insects (Homopt. Coccidea) (in Tschech.). Acto Soc. Entom. Cech. 48: 198-200.

ZAHRADNÍK, J. (1952a): Note sur le biologie des larves d'*Hyperaspis campestris* Suffr., predatrice des Coccides en Tchécoslovaquie. – Folia Zool. Entom. 3: 181-184.

ZAHRADNÍK, J. (1952b): Revision der tschechoslowakischen Arten der Schildläuse aus der Unterfamilie der Diaspididae. – Acta Entom. Mus. Nat. Pragae 27: 89-200.

ZAHRADNÍK, J. (1956): Remarques sur la présence de quelques espèces de Cochenilles Pseudococcidae en Tchécosloslovaquie (Hem.: Coccoidea, Pseudococcoidea). – Acta. Faun. Entom. Mus. Nat. Prague 1: 40-52.

ZAHRADNÍK, J. (1968): Schildläuse unserer Gewächshäuser. Neue Brehm Bücherei, Wittenberg.

ZAHRADNÍK, J. (1990): Die Schildläuse (Coccina) auf Gewächshaus- und Zimmerpflanzen in den tschechischen Ländern. – Acta Univ. Carol. Biologica 34: 1-160.

ZIELKE, O. (1942): Über die Eschenwollschildlaus *Fonscolombia fraxini* (KALT.) CKLL. (Hom. Cocc.) und die örtlichen Befallsfaktoren bei der Esche, *Fraxinus excelsior*. – Arb. Biol. Reichsanst. Berlin-Dahlem 23: 293-386.

ZILLIG, H. & I. NIEMEYER (1929): Massenauftreten der Schmierlaus, *Phenacoccus hystrix* (Bär.) Ldgr. im Weinbaugebiet der Mosel, Saar und Ruwer. – Arb. Biol. Reichsanst. Berlin-Dahlem 17: 67-102.

ZOEBELEIN, G. (1956): Der Honigtau als Nahrung der Insekten. – Z. angew. Entom. 38: 369-416, 39: 129-167.

14 Glossar

Atrium: erweiterter vorderer Abschnitt der Stigmen (Atemöffnungen) primitiver Schildläuse (Orthezioidea).

Arrhenotokie: Form der Parthenogenese, bei der aus befruchteten Eiern Weibchen, aus unbefruchteten Männchen entstehen. (→ **Telytokie**)

Cerarien (Cerarii): meist segmental und paarweise am Körperrand von Pseudococciden angeordnete Drüsendornen und assoziierte Hautdrüsen.

Cicatrixen: rundliche »Narben« v.a. auf der Dorsalseite des Abdomens von Matsucocciden und anderen Orthezioiden, werden manchmal mit der Erzeugung von Sexualpheromonen in Verbindung gebracht.

Circulus: in seiner Funktion noch nicht genau bekanntes, in Ein-, Zwei- oder Mehrzahl vorhandenes, bei Pseudococciden ventral in der Mitte der vorderen Abdominalsegmente liegendes, meist rundliches Gebilde. Wird manchmal mit dem Festheften der Schildlaus an der Unterlage (z.B. Blatt) in Verbindung gebracht.

Crumena: unter der Haut des Vorderkörpers auf der Ventralseite liegende Tasche zur Unterbringung des Stechborstenbündels in der Ruhelage.

Drüsendorn: dornartige Strukturen der Cuticula mit basaler Hautdrüse für die Produktion von Wachs oder anderen Sekreten.

Ektoparasit: setzt sich außen an den Wirtstieren fest und entnimmt ihnen Nährstoffe, meist ohne sie abzutöten. (→ **Endoparasit**)

Ektoparasitoid: setzt sich außen an den Wirtstieren fest und entnimmt ihnen Nährstoffe, was meist zum Tode führt. (→ **Endoparasitoid**)

Endoparasit: entwickelt sich im Inneren des Körpers der Wirtstiere, meist ohne sie abzutöten. (→ **Ektoparasit**)

Endoparasitoid: entwickelt sich im Inneren des Körpers der Wirtstiere, was meist zum Tode führt. (→ **Ektoparasitoid**)

Hamulohalteren: umgewandelte Hinterflügel der Schildlausmännchen, bestehend aus einem leistenförmigen, basalen Teil und mehreren hakenförmigen Fortsätzen zum Festhalten der Vorderflügel.

Helioporen: tubulöse (röhrenförmige) Hautdrüsen mit strahlenartiger Struktur am Ende ihrer kraterförmigen Mündung, typisch für die Pseudocoddengattung *Heliococcus*.

Hermaphrodit: Zwitter, z.B. *Icerya purchasi* (Monophlebidae).

Honigtau: zuckerhaltige Exkremente pflanzensaftsaugender Insekten wie Schildläuse und Blattläuse, oft von Ameisen und Bienen gesammelt.

Hyperparasitoid: Parasitoid 2. Grades, entwickelt sich in → **Parasitoiden 1. Grades**.

Kairomon: biogener Signalstoff, der auf andere Insektenarten wie z.B. Parasitoide wirkt und nur dem Empfänger, nicht aber dem Sender nutzt.

Marsupium: aus Wachsplatten bestehender, Eier und junge Larven schützender Brutraum am Hinterende der Orthezidenweibchen.

Mikrobielle Metabolite: Stoffwechselprodukt von Mikroorganismen (Bakterien, Pilze).

Mutualismus: gegenseitige Beziehungen zwischen Organismen zum beiderseitigen Nutzen (z.B. Schildläuse und Ameisen).

Ostiolen: schlitzförmige, paarige (1 oder 2 Paare) Öffnungen auf der Dorsalseite von Pseudococciden. Geben in funktionstüchtigem Zustand bei Belästigung der Schildlaus ein schnell erhärtendes Sekret ab, offenbar v.a. zur Abwehr von Prädatoren.

Parasit: schädigt seine Wirtstiere auf unterschiedliche Weise, tötet sie aber meist nicht ab. (→ **Parasitoid**)

Parasitoid (Parasitoid 1. Grades): schädigt seine Wirtstiere so stark, dass sie meist abgetötet werden. (→ **Parasit**, → **Hyperparasitoid**)

Sexualpheromon: biogener Lockstoff, durch den das andere Geschlecht zur Paarung angelockt wird.

Systemische Wirkung (eines Pflanzenschutzmittels): der Wirkstoff wird in der behandelten Pflanze in den Leitgefäßen (Phloem, Xylem) transportiert.

Thelytokie: Form der Parthenogenese, aus den unbefruchteten Eiern entwickeln sich Weibchen, Männchen fehlen. (→ **Arrhenotokie**)

Trophobiose: mutualistische Beziehungen zwischen Pflanzensaugern (Schildläuse, Blattläuse) und Ameisen, die Honigtau zum Nahrungserwerb sammeln und die Pflanzenläuse gegen Feinde schützen.

Wachsraife: am Hinterende von Schildlausmännchen (besonders Pseudococciden) befindliche lange, von Hautdrüsengruppen erzeugte Wachsfäden.

15 Register

15.1 Namen der Schildlaustaxa

Acanthococcus (*Eriococcus* s.l.) *aceris* 77, 159, 161, 166, 171, 192, 196, 198, 215, 227
Acanthococcus (*Eriococcus* s.l.) *azaleae* 77
Acanthococcus (*Eriococcus* s.l.) *cantium* 77, 183
Acanthococcus (*Eriococcus* s.l.) *coccineus* 84
Acanthococcus (*Eriococcus* s.l.) *devoniensis* 84, 105, 159, 187, 232
Acanthococcus (*Eriococcus* s.l.) *greeni* 84, 113, 159, 183, 284
Acanthococcus (*Eriococcus* s.l.) *munroi* 84, 115, 159, 161, 170, 184, 187, 216, 226, 258
Acanthococcus (*Eriococcus* s.l.) *reynei* 84
Acanthococcus (*Eriococcus* s.l.) *uvaeursi* 84, 113, 159, 187, 188, 215, 225
Acanthococcus 32
Acutaspis perseae 89
Adiascaspis barrancorum 89
Allococcus vovae 58
Antoninella parkeri 53, 172, 177, 181, 189, 193, 212, 214, 258
Aonidia lauri 89, 195
Aonidiella inornata 89
Arctorthezia 26
Arctorthezia cataphracta 41, 42, 113, 159, 160, 164, 173, 187, 188, 225
Aspidiotus destructor 89
Aspidiotus nerii 89, 108, 162, 163, 177
Aspidiotus spinosus 89

Asterodiaspis 164, 178, 224, 229
Asterodiaspis quercicola 84, 87, 160, 185, 190
Asterodiaspis variolosa 84, 108, 160, 171, 185, 190
Atrococcus achilleae 15, 53, 118, 158, 188, 189, 214, 258
Atrococcus cracens 53, 113
Aulacaspis 137, 251
Aulacaspis rosae 89, 92, 94, 160, 161, 190, 201, 224, 227
Australische Wollschildlaus 237

Baisococcus 25
Balanococcus 225
Balanococcus boratynskii 53, 181, 193
Balanococcus diminutus 53
Balanococcus scirpi 53, 160, 172, 188, 224
Balanococcus singularis 53, 119, 120, 122, 158, 181, 193
Bambusaspis sp. 84
Brevennia 225
Brevennia pulveraria 53, 181, 220
Buchenwollschildlaus 22, 222

Carulaspis 203
Carulaspis juniperi 89, 160, 161, 171, 191, 196, 198, 204, 226, 227, 229
Carulaspis visci 89, 160, 177, 229
Cerococcus cycliger 77, 78, 79, 112, 159, 258
Cerococcus quercus 18

Ceroputo p. 50, 53
Chaetococcus 35, 225
Chaetococcus phragmitis 53, 54, 103, 115, 140, 160, 177, 181, 224
Chaetococcus sulcii 53, 108, 115, 140, 160, 168, 178, 181, 189, 193, 214
Chionaspis 143, 158, 251
Chionaspis cacti 89
Chionaspis salicis 15, 89, 90, 93, 118, 159, 161, 168, 171, 179, 187, 191, 195-199, 220, 223, 224, 227, 230, 231
Chloropulvinaria floccifera 66, 68, 106, 107, 159, 177, 191, 194, 199, 227, 232
Chloropulvinaria psidii 68
Chrysomphalus aonidum 89, 94
Chrysomphalus dictyospermi 89
Coccidohystrix samui 53, 258
Coccura comari 53, 102, 123, 164, 168, 184, 192, 213, 214, 224
Coccus 169
Coccus bromeliae 68
Coccus hesperidum 67, 68, 132, 135, 161, 168, 203, 210, 217, 228, 242
Coccus longulus 68
Cryptococcus aceris 77, 184, 190
Cryptococcus fagisuga 22, 77, 82, 105, 140, 159, 164, 179, 185, 190, 222, 229, 230

Dactylopius coccus 17, 233
Diaspidiotus 20, 32, 125, 137, 152, 155

Diaspidiotus alni 89, 185, 191
Diaspidiotus bavaricus 89, 159, 168, 187, 191, 226
Diaspidiotus gigas 89, 159, 161, 159, 171, 191, 227
Diaspidiotus labiatarum 97, 159, 226
Diaspidiotus marani 97, 129, 160, 184, 191, 227
Diaspidiotus ostreaeformis 97, 113, 127, 131, 159, 161, 168, 171, 179, 184, 191, 196-199, 220, 227
Diaspidiotus perniciosus 18, 21, 91, 93, 94, 97, 107, 111, 113, 125, 130, 136, 144, 157, 159, 162, 163, 167, 170, 179, 185, 196-199, 207, 209, 220, 227, 229, 236, 240, 241, 246, 253
Diaspidiotus pyri 16, 92, 97, 110, 153, 159, 161, 171, 185, 197, 199, 227
Diaspidiotus wuenni 97, 160, 186, 191
Diaspidiotus zonatus 97, 160, 161, 171, 186, 191, 196, 198, 224, 227
Diaspis 203, 251
Diaspis boisduvalii 97
Diaspis bromeliae 97
Diaspis echinocacti 97
Dynaspidiotus 203
Dynaspidiotus abietis 95, 97, 159, 161, 168, 179, 186, 191, 196, 198, 204, 220, 223
Dysmicoccus 32, 225
Dysmicoccus brevipes 53
Dysmicoccus multivorus 53, 179, 189, 258
Dysmicoccus walkeri 53, 55, 181, 251

Electrococcus 25
Electrococcus canadensis 26, 29
Eomatsucoccus 25
Epidiaspis leperii 18, 21, 97, 113, 125, 160, 163, 185, 191, 220, 221, 227, 229, 230, 246
Ericerus pela 233
Eriococcus 32
Eriococcus buxi 84
Eriopeltis 139, 168, 205, 226, 251
Eriopeltis festucae 68, 104, 113, 126, 157, 158, 170, 171, 179, 183, 199, 201, 206, 214
Eriopeltis lichtensteini 20, 68, 102, 129, 158, 179, 183, 195, 224

Eriopeltis stammeri 68, 183, 193
Eucalymnatus tessellatus 68, 210
Eulecanium 21, 36, 154, 168, 170, 198, 201, 202, 211, 254
Eulecanium ciliatum 68, 104, 113, 121, 159, 161, 171, 184, 185, 192, 198, 199, 214
Eulecanium corni 21
Eulecanium coryli 136
Eulecanium douglasi 68, 159, 192, 214
Eulecanium franconicum 68, 151, 159, 171, 187, 214
Eulecanium sericeum 68, 104, 159, 164, 171, 178, 186, 198, 199, 214, 224
Eulecanium tiliae 68, 69, 101, 114, 121, 159, 161, 170, 171, 179, 184, 185, 192, 194, 196, 198, 199, 201, 205, 206, 211, 214, 227
Eupulvinaria hydrangeae 68, 106, 111, 112, 159, 165, 184, 194-196, 198, 199, 211, 214, 220, 223, 227, 229, 232, 235

Fiorinia fioriniae 97
Fonscolombia 225
Fonscolombia europaea 58, 157, 164, 168, 170, 181, 189, 193, 195, 207, 211, 212, 214, 252
Fonscolombia fraxini 21
Fonscolombia tomlinii 58, 56, 157, 159, 164, 170, 171, 181, 188, 189, 193, 207, 211, 212, 214, 226, 252
Furchadiaspis zamiae 97

Geococcus coffeae 58
Gossyparia 32
Gossyparia (*Eriococcus* s.l.) *spuria* 37, 41, 83, 84, 108, 126, 127, 131, 159, 164, 168, 171, 192, 196, 198, 213, 216, 227, 232
Graminorthezia tillandsiae 41
Greenisca (*Eriococcus* s.l.) *brachypodii* 84, 102, 119, 120, 126, 183, 196, 198, 199, 230
Greenisca (*Eriococcus* s.l.) *gouxi* 84, 113, 126, 159, 183
Große Obstbaumschildlaus 245
Gymnaspis aechmeae 97

Heliococcus 133, 225
Heliococcus bohemicus 20, 57, 58, 157, 184-187, 192, 220, 226, 251

Heliococcus sulci 58, 117, 123, 189
Hemiberlesia cyanophylli 97
Hemiberlesia lataniae 97
Hemiberlesia palmae 97
Hemiberlesia rapax 97
Heterococcus nudus 58, 113, 119, 121, 181, 220
Howardia biclavis 97

Icerya purchasi 46, 103, 165, 168, 237
Insignorthezia insignis 41
Ischnaspis longirostris 97

Kaweckia (*Eriococcus* s.l.) 32
Kaweckia (*Eriococcus* s.l.) *glyceriae* 84, 85, 115, 159, 164, 171, 183, 193, 226
Kermes 15, 32, 114, 115, 140, 178, 201, 233
Kermes gibbosus 77
Kermes quercus 77, 80, 81, 105, 125, 159, 170, 185, 190, 196, 198, 211, 216, 229
Kermes roboris 77, 185, 190
Kommaschildlaus 21, 165, 191, 230
Kuwanaspis pseudoleucaspis 97
Kuwania sp. 46

Lecanium 21
Lecanopsis 226
Lecanopsis formicarum 68, 115, 140, 145-147, 157, 159, 171, 178, 183, 189, 193, 207, 211, 215
Lepidosaphes 125, 128, 152, 158, 169, 203
Lepidosaphes conchiformis 94, 99, 160, 161, 185, 227
Lepidosaphes newsteadi 99, 161, 171, 179, 186, 191, 204, 220, 223
Lepidosaphes pinnaeformis 99
Lepidosaphes ulmi 21, 96, 108, 159, 165, 168, 185, 191, 195, 207, 220
Lepidosaphes ulmi bisexualis 165, 186, 187, 204, 224, 226
Lepidosaphes ulmi unisexualis 165, 185, 227, 230
Leucaspis 152, 155, 160, 167, 169, 203, 204, 251
Leucaspis loewi 93, 99, 159, 161, 170, 178, 186, 191, 204, 220, 223, 227, 229

Register

Leucaspis pini 92, 99, 159, 161, 171, 179, 186, 191, 204, 223
Lichtensia viburni 68, 112, 159, 195, 227
Lopholeucaspis cockerelli 99, 100
Lopholeucaspis japonica 99
Luzulaspis 22, 139, 168, 251
Luzulaspis dactylis 68, 70, 158, 188
Luzulaspis frontalis 68, 126, 151, 153, 154, 158, 171, 178, 188
Luzulaspis luzulae 68, 158
Luzulaspis nemorosa 68, 158, 174, 177, 224
Luzulaspis pieninica 68, 104, 158, 188
Luzulaspis scotica 68, 188, 224

Maniokschmierlaus 237, 239
Mannaschildlaus 18
Matsucoccus 19, 26, 216
Matsucoccus matsumurae 124, 162
Matsucoccus mugo 26, 46, 177, 186, 211
Matsucoccus pini 26, 46, 107, 113, 115, 124, 139, 141, 157, 159, 162, 163, 178, 186, 190, 211, 223, 229
Matsucoccus pinnatus 26, 28
Matsucoccus resinosae 163
Matsucoccus saxonicus 27
Maulbeerschildlaus 18, 111, 229
Melanaspis bromiliae 99
Melanaspis sulcata 99
Mesococcus asiaticus 24, 25
Metadenopus 225
Metadenopus festucae 58, 181, 193, 258
Mirococcopsis 225
Mirococcopsis nagyi 58, 177, 182
Milviscutulus mangiferae 72
Monophlebus irregularis 26
Mycetaspis personata 99

Nemolecanium 168
Nemolecanium graniforme 72, 159, 178, 186, 191, 224
Newsteadia 26
Newsteadia floccosa 41-43, 113, 160, 174, 175, 181, 184, 185, 187, 188, 224, 253
Nesselröhrenschildlaus 22
Nipaecoccus nipae 58

Odonaspis secreta 99

Opuntiaspis 99
Opuntiaspis philococcus 99
Orthezia 26
Orthezia urticae 22, 41, 44, 45, 103, 113, 113, 157, 160, 165, 171, 173, 174, 175, 180, 181, 184, 187, 197, 198, 224
Ortheziola vejdovskyi 46, 160, 164, 174, 181, 184, 187, 188, 252

Palaeococcus fuscipennis 46, 185, 186, 190
Palaeolecanium bituberculatum 72, 150, 158, 161, 168, 170, 171, 184, 192
Parafairmairia 139, 167, 251
Parafairmairia bipartita 72, 158, 183, 188, 193
Parafairmairia gracilis 72, 158, 161, 167, 171, 183, 188, 224
Parasaissetia nigra 72
Parlatoria 203
Parlatoria oleae 99
Parlatoria parlatoriae 94, 98, 99, 159-161, 170, 178, 186, 191, 204
Parlatoria pergandii 99
Parlatoria proteus 99
Parlatoria pseudaspidiotus 99
Paroudablis p. 58
Parthenolecanium 21, 23, 36, 110, 133, 154, 168, 193, 199-203, 219, 252
Parthenolecanium corni 21, 71, 72, 101, 121, 124, 126, 129, 135, 136, 138, 142, 149, 159, 164, 170, 172, 177, 184, 191-193, 195, 196, 198, 199, 203, 207, 215, 218, 220, 221, 222, 227, 232, 234, 235, 245, 246
Parthenolecanium fletcheri 72, 159, 164, 170, 171, 196, 198, 215, 222, 221, 227, 232, 234
Parthenolecanium persicae 72, 112, 139, 150, 159, 164, 180, 184, 193, 198, 199, 203, 207, 211, 215, 220, 232, 234, 235
Parthenolecanium pomeranicum 72, 102, 159, 164, 170, 171, 177, 191, 215, 220, 222, 227, 232, 234
Parthenolecanium rufulum 72, 159, 164, 170, 171, 184, 185, 187, 193, 195, 198, 199, 215, 220, 222, 224, 227, 232, 234
Peliococcus 225
Peliococcus balteatus 58, 59, 182, 193

Pflaumenschildlaus 21
Phenacoccus 32, 225
Phenacoccus aceris 58, 60, 159, 161, 170, 171, 180, 184, 185, 192, 197, 199, 204, 211, 213, 214, 220, 226, 232
Phenacoccus evelinae 58, 178, 182
Phenacoccus hordei 58, 182, 189, 193, 252
Phenacoccus interruptus 58, 182
Phenacoccus manihoti 19, 201 237, 238-240
Phenacoccus phenacoccoides 58, 171, 182
Phenacoccus piceae 58, 113, 161, 171, 178, 186, 196, 204, 223, 226
Phenacoccus sphagni 58, 182, 224
Phyllostroma myrtilli 72, 161, 171, 178, 187, 192, 197, 198, 224
Physokermes 15, 18, 21, 40, 114, 115, 125, 140, 197, 198, 201, 211, 223
Physokermes hemicryphus 72, 73, 113, 159, 164, 178, 186, 197, 199, 206, 211, 215, 219, 220, 222, 224, 227, 232-234
Physokermes piceae 72, 103, 159, 161, 170, 172, 178, 186, 197-201, 206, 211-213, 215, 221, 227, 232, 233
Pinnaspis aspidistrae 99
Pinnaspis buxi 99
Pinnaspis strachani 99
Planchonia 38
Planchonia arabidis 88, 89, 112, 159, 180, 226, 229, 230, 258
Planococcus citri 58, 125, 128, 131, 162, 163, 176, 229, 242, 243, 253
Planococcus vovae 58, 113, 178, 211, 214, 226
Polnische Cochenilleschildlaus 17
Porphyrophora polonica 17, 46, 47, 115, 127, 131, 159, 180, 181, 184, 189, 193, 211, 233, 258
Protopulvinaria pyriformis 72
Pseudaonidia tricuspidata 99
Pseudaulacaspis 251
Pseudaulacaspis cockerelli 100
Pseudaulacaspis pentagona 18, 100, 111, 113, 160, 161-163, 180, 185, 221, 227, 229, 235, 236, 246

Pseudochermes fraxini 21, 37, 84, 86, 113, 159, 161, 164, 170, 190, 196, 198, 200
Pseudococcus 169
Pseudococcus affinis 58, 61, 62, 106, 133, 152
Pseudococcus calceolariae 58
Pseudococcus longispinus 65, 133
Pseudoparlatoria ostreata 100
Pseudoparlatoria parlatorioides 100
Psilococcus ruber 72, 158, 224
Pulvinaria 23, 251, 254
Pulvinaria regalis 23, 72, 106, 110-112, 139, 159, 165, 220, 223, 227, 232, 235, 236
Pulvinaria salicis 72
Pulvinaria vitis 22, 72, 74, 113, 139, 160, 164, 170, 172, 173, 180, 184, 199, 201, 211, 212, 215, 220, 223, 227
Pulvinariella mesembryanthemi 72
Puto 27, 200
Puto antennatus 53, 113, 122, 123, 157, 164, 173, 178, 186, 225
Puto pilosellae 50, 53, 113, 157, 167, 170, 184, 188, 200, 251, 258
Puto superbus 35, 51-53, 109, 111, 112, 119, 120, 124, 157, 181

Quadraspidiotus 32
Quadraspidiotus perniciosus 18, 21

Rhizaspidiotus canariensis 100, 160, 189, 226, 258
Rhizococcus (Eriococcus s.l.) araucariae 84
Rhizococcus (Eriococcus s.l.) herbaceus 84, 159, 170, 183
Rhizococcus (Eriococcus s.l.) inermis 84, 159, 178, 183, 193, 226
Rhizococcus (Eriococcus s.l.) insignis 84, 113, 159, 170, 175, 180, 183, 226
Rhizococcus (Eriococcus s.l.) pseudinsignis 84, 159, 183, 193
Rhizoecus 111, 126
Rhizoecus albidus 63, 64, 65, 119, 121, 123, 178, 182, 189, 207, 214
Rhizoecus cacticans 65
Rhizoecus dianthi 65

Rhizoecus falcifer 65
Rhizoecus franconiae 65, 189
Rhizopulvinaria 226
Rhizopulvinaria artemisiae 77, 160, 189, 215, 216, 258
Rhodania 225
Rhodania occulta 65, 120, 121, 160, 182
Rhodania porifera 65, 160, 171, 182, 193, 212, 214
Ripersiella 111, 118, 225
Ripersiella caesii 65, 182, 189, 193, 258
Ripersiella halophila 65, 182, 189
Rote Austernschildlaus 18, 21, 229

Saissetia 169, 203
Saissetia coffeae 75, 77, 126, 128, 210, 247
Saissetia neglecta 77, 203
Saissetia oleae 77
San-José-Schildlaus 18, 21, 23, 111, 229, 236, 240, 244
Selenaspidus albus 100
Selenaspidus pertusus 100
Selenaspidus pumilus 100
Selenaspidus rubidus 100
Sphaerolecanium 154
Sphaerolecanium prunastri 76, 77, 101, 126, 139, 151, 159, 164, 168, 170, 172, 178, 184, 192, 195, 211-213, 215, 217, 220, 232, 245
Spilococcus mamillariae 65
Spilococcus nanae 65, 177, 192, 207
Spindelbaumschildlaus 229
Spinococcus calluneti 15, 65, 118, 124, 158, 161, 170, 184, 187, 188, 197, 198, 207, 213, 214, 226
Spinococcus kozari 65, 123, 158, 207
Steingelia 29
Steingelia gorodetskia 46, 48, 113, 115, 127, 131, 148, 157, 172, 184, 189, 211, 217, 224
Syngeniaspis 203

Trabutina mannipara 18, 233
Trionymus 32, 168, 220, 225
Trionymus aberrans 65, 120-122, 158, 182, 193, 197, 199
Trionymus dactylis 65, 158, 182, 193
Trionymus isfarensis 65, 182

Trionymus levis 65
Trionymus newsteadi 65, 123, 178, 185, 190, 227
Trionymus perrisii 65, 171, 182, 189, 193, 197, 198, 207, 214
Trionymus phalaridis 65, 193
Trionymus radicum 65, 189
Trionymus subterraneus 65, 182, 189, 212, 214
Trionymus thulensis 65, 182, 189, 193
Trionymus tomlini 65, 182

Unaspidiotus cortinispini 100
Unaspis euonymi 93, 100, 107, 160, 161, 191, 227, 229, 231, 235

Vinsonia stellifera 77
Vittacoccus longicornis 77, 178, 224
Vryburgia 65
Vryburgia amaryllidis 65

Wacholderschildlaus 191, 229

Xylococcus filiferus 46, 49, 101, 133, 140, 158, 164, 179, 190, 211, 229, 230, 259

15.2 Namen der Wirtspflanzentaxa

Abies 165, 178, 179, 186, 204
Abies alba 171, 224, 233
Abies concolor 104
Acer 184, 186, 189, 190
Acer pseudoplatanus 37, 171
Agropyron 178, 181-183
Agrostis 178, 179, 181-183
Agrostis vulgaris 193
Alnus 191
Alopecurus 182
Alyssum 189
Alyssum montanum 115
Ammophila 182, 183
Arbutus 187
Arctostaphylos 178, 187
Arrhenaterum 178, 181-283
Arve 157, 225
Azadirachta indica 177

Bergahorn 37, 229, 232
Betula 34, 165, 189, 226
Betula nana 177, 207
Birke(n) 39, 207, 226
Birne(n) 191, 229
Brachypodium 181-183, 193
Brachypodium pinnatum 171
Brachypodium sylvaticum 196, 230
Bromus 181, 182, 183

Calamagrostis 181-183
Calluna 165, 178, 184, 187, 191
Calluna vulgaris 170, 171, 197, 226
Carex 104, 178, 188, 193, 224
Carex brizoides 171
Carex digitata 171
Castanea 185, 191
Castanea sativa 179
Cedrus 178, 179, 186
Coleus 176
Corylus avellana 171
Corynephorus 178, 181-283
Crataegus 184, 185, 191
Crataegus laevigata 170, 171, 172, 191, 193

Dactylis 178, 181-183
Deschampsia 178, 181-183

Efeu 38, 40, 230

Eibe 102, 106, 170, 177, 232
Eiche(n) 36, 38, 40, 80, 105, 114, 196, 224, 229, 232, 233
Elymus 178, 181-183
Erica 178, 187, 225
Erica tetralix 232
Eriophorum 188
Euonymus japonicus 107, 191, 229, 231

Fagus 178, 179, 185, 186, 190, 191
Fagus sylvatica 37, 222
Festuca 178, 181-183, 189
Festuca ovina 170, 171, 177, 178, 181, 189, 193, 195
Fichte(n) 40, 197, 199, 219, 221, 223, 232
Fragaria 184, 192
Fraxinus 190, 191
Fraxinus excelsior 170

Hieracium 179
Holcus 182

Ilex aquifolium 191

Japanischer Spindelstrauch 229, 232
Johannisbeere 170, 229
Juniperus 178, 179, 186, 204
Juniperus communis 171, 226

Karthäusernelke 216
Koeleria 178, 181, 183
Koeleria gracilis 177

Lebensbaum 232
Ledum 187
Linde 35, 39, 101, 229, 230, 232, 259
Lolium 182, 183
Luzula nemorosa 177, 224

Malus 184, 185, 191
Malus domestica 171
Manihot utilissima 19
Maniok 19, 237, 238
Melampyrum sylvaticum 171, 224
Melica 183

Melica nutans 224
Molinia 181, 182, 183
Molinia caerula 182, 224

Nardus 178, 182, 183
Nerium oleander 177, 195, 228
Niembaum 177

Oleander 177, 195, 228

Perlgras 224
Phalaris 183
Phleum 182, 183
Phragmites 183
Phragmites australis 177, 181, 224
Phyllostachys 182
Picea 178, 179, 186, 204
Picea abies 170-172, 223, 233
Pinus 26, 29, 34, 39, 178, 179, 185, 186, 190, 204, 229
Pinus cembra 157, 225
Pinus mugo 177, 186
Pinus sylvestris 170, 171, 179, 220, 223, 226, 229
Poa 178, 179, 181-183
Populus 191
Populus nigra 171
Potentilla 184
Prunus 178, 184, 185, 191, 232
Prunus spinosa 172
Pseudotsuga 186
Pyrus 184, 185

Quercus 36, 38, 39, 114, 165, 178, 184-187, 189-191
Quercus cerris 177
Quercus robur 171
Quercus rubra 222

Rhododendron 187
Ribes rubrum 170
Robinia pseudoacacia 170, 172, 222
Robinie 170, 222
Rosa 184, 190
Rosskastanie 232, 236
Rotbuche 222, 224, 229
Roteiche 222
Rubus 184, 192
Rubus fructicosus 224

Salix 191
Salix caprea 171
Scirpus 188
Setaria 178, 182
Stechpalme 232
Stipa 181, 183
Stipa pennata 177, 182
Syringa 185

Taxus baccata 170, 171, 177, 191
Teucrium 189
Thuja occidentalis 171

Thymus 189
Thymus serpyllum 193
Tilia 35, 179, 190, 191, 229
Triticum 178, 182
Tsuga 178, 186

Ulmus campestris 171

Vaccinium 165, 178, 187
Vaccinium myrtillus 171, 187, 197, 224, 230, 231
Viscum album 177

Vitis 184
Vitis vinifera 180

Wacholder 226, 229
Waldwachtelweizen 224
Weinrebe 20, 203, 232
Weißtanne 224, 233

Zirbelkiefer 157
Zwetschge 232

15.3 Namen der natürlichen Antagonisten und Trophobiose betreibenden Ameisenarten

Adalia bipunctata 196, 198
Allotropa 202
Allotropa mecrida 204, 207
Anabrolepis zetterstedti 204
Anagyrietta pantherina 207
Anagyrus apicalis 204
Anagyrus schmuttereri 204
Anagyrus schoenherri 204
Anomalicornia tenuicornis 207
Anthemus pini 204
Anthocoris nemorum 195
Anthocoris minki 195
Anthribus nebulosus 197, 199, 213
Aphycoides clavellatus 206
Aphytis 201, 202
Aphytis mytilaspidis 203, 204, 207
Aphytis proclia 207, 209
Apoanagyrus lopezi 19, 201, 237, 239, 240
Aprostectus trjapitzini 206
Aspidiotiphagus citrinus 210
Azotus pinifoliae 204

Baeocharis pascuorum 205, 206
Beryscapus sugonjaevi 206
Blastothrix britannica 206

Blastothrix hungarica 203, 207
Blastothrix longipennis 203, 207
Blastothrix sericea 206
Blaumeise 200
Brachytarsus nebulosus 197, 199

Camponotus 216
Camponotus ligniperda 213, 215
Cantharis fusca 198, 199
Cantharis obscura 198, 199
Cephalosporium lecanii 194
Chartocerus hyalipennis 239
Cheiloneurus claviger 203, 206, 207
Cheiloneurus paralia 206
Cheiloneurus phenacocci 204
Chilocorus bipustulatus 196, 198
Chilocorus quadripustulatus 198
Chilocorus renipustulatus 196, 198
Choreia inepta 207
Chrysoperla carnea 196
Cladosporium aphidis 195
Cladosporium coccidarum 195
Coccinella septempunctata 196, 198
Coccophagus 202, 203, 243
Coccophagus insidiator 206, 207

Coccophagus lycimnia 200, 203, 206, 207, 242
Coccophagus scutellaris 200
Coccophagus semicircularis 207
Cryptolaemus montrouzieri 242, 244
Cybocephalus politus 197, 199

Dendrocopus major 200

Eichhörnchen 200
Encarsia aurantii 204
Encarsia citrina 207, 208, 210, 242
Encarsia fasciata 241
Encarsia leucaspidis 204
Encarsia perniciosi 202, 207-209, 236, 240, 241
Encyrtus infelix 210
Encyrtus infidus 205, 206
Epitetracnemus intersectus 207
Ericydnus baleus 207
Ericydnus longicornis 207
Erithacus rubecula 200
Eucoccidophagus semiluniger 207
Eusemion cornigerum 204, 206, 207
Exochomus quadrimaculatus 196

Register

Fichtenquirllausrüssler 197, 198, 213
Formica 216, 226
Formica cinerea 215, 216
Formica fusca 214, 215
Formica gagates 215
Formica lugubris 214, 215
Formica polyctena 212, 214, 234
Formica pratensis 212, 214, 215
Formica rufa 212
Formica rufibarbis 215, 216
Formica sanguinea 215

Gemeine Florfliege 196
Großer Buntspecht 200
Grünspecht 200

Hemisarcoptes malus 195
Hippeococcus 210
Hyperaspis campestris 197, 198
Hypoelinea 210

Lasius 213, 216
Lasius alienus 212-216
Lasius brunneus 214-216
Lasius emarginatus 213-216
Lasius fuliginosus 214-216
Lasius niger 210, 213-216
Lasius psammophilus 214
Leptomastidea bifasciata 207
Leptomastix 207
Leptomastix abnormis 243
Leptomastix dactylopii 242, 243
Leptomastix epona 207
Leptothorax 216
Leptothorax acervorum 216
Leucopomyia 199
Leucopomyia silesiaca 199, 200, 223

Mayridia bifasciatella 207
Mayridia myrlea 207
Megaselia rufa 199, 203
Metaphycus 206
Metaphycus insidiosus 203, 207
Metaphycus maculipennis 207
Metaphycus punctipes 206, 207
Metaphycus stagnorum 206
Metaphycus unicolor 206
Metaphycus zebratus 206
Microterys chalcostomus 204
Microterys duplicatus 206
Microterys flavus 242
Microterys fuscipennis 206
Microterys lunatus 201, 206
Microterys nietneri 210
Microterys sceptriger 207
Microterys tessellatus 206
Microterys sylvius 206
Myrmica 216
Myrmica rubra 214-216
Myrmica ruginodis 213-216

Nephus quadrimaculatus 197
Nierenfleckiger Kugelmarienkäfer 196
Novius cruentatus 197-199

Pachyneuron coccorum 200
Pachyneuron muscarum 200, 202, 203, 206, 207
Parus caeruleus 200
Physcus sumavicus 204
Physcus testaceus 204
Picus viridis 200
Plagiolepis 216
Plagiolepis vindobonensis 214-216
Prochiloneurus insolitus 239, 240
Prosternon holosericeus 198, 199

Pseudaphycus austriacus 204
Pseudoleptomastix brevipennis 207
Pseudorhopus testaceus 206

Rhopus brachypterus 207
Rhopus parvulus 207
Rhopus sulphureus 207
Rotkehlchen 200

Schildlausglanzkäfer 197, 199
Sciurus vulgaris 200
Scymnus rubromaculatus 197, 199
Scymnus suturalis 197
Sesia vespiformis 196
Siebenpunkt-Marienkäfer 196
Solenopsis 216
Solenopsis fugax 214-216
Strichfleckiger Marienkäfer 196, 198
Synanthedon vespiformis 196

Tetracnemodia spilococci 207
Tetracnemus piceae 204
Tetramorium caespitum 214, 215
Tetrastichus 200, 206
Thysanus ater 207
Trichomastus cyaneus 206
Trichomastus dignus 206

Verticillium lecanii 194
Vierfleckiger Kugelmarienkäfer 196

Zaomma lambinus 207
Zweipunkt-Marienkäfer 180, 196

Pflanzensaftsaugende Insekten

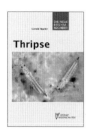

MORITZ, GERALD
Die Thripse
Fransenflügler - Thysanoptera
Pflanzensaftsaugende Insekten Bd. 1
Die Neue Brehm-Bücherei Bd. 663
1. Auflage 2006
384 S., 95 SW-Abb., 150 Farb-Abb., Pb.
ISBN 3-89432-891-6

BÄHRMANN, RUDOLF
Die Mottenschildläuse
Aleyrodina
Pflanzensaftsaugende Insekten Bd. 2
Die Neue Brehm-Bücherei Bd. 664
1. Aufl. 2002
240 S., 4 Farb-Abb., 82 S/W-Abb., Pb.
ISBN 3-89432-888-6

SCHMUTTERER, HEINRICH
Die Schildläuse
Coccina
Pflanzensaftsaugende Insekten Bd. 4
Die Neue Brehm-Bücherei Bd. 666
1. Auflage 2008
278 S., 25 Farb- und 137 S/W-Abb., Pb.
ISBN 3-89432-892-4

STRÜMPEL, HANS
Die Zikaden
Auchenorrhyncha
Pflanzensaftsaugende Insekten Bd. 6
Die Neue Brehm-Bücherei Bd. 668
1. Aufl. 2009
320 S., zahlr. Farb- und S/W-Abb., Pb.
ISBN 3-89432-893-2

weitere Bände in Vorbereitung:

Die Blattflöhe – Psyllina, Band 3, 3-89432-889-4
Die Blattläuse – Aphidina, Band 5, 3-89432-890-8
Die Wanzen – Heteroptera, Band 7, 3-89432-894-0

mehr Infos unter: **www.neuebrehm.de**